日本国防史

世界の動きとつなげて学ぶ

宗像久男
（元陸将）

並木書房

はじめに

人生の大半を幹部自衛官として、わが国防衛の第一線で「国防」の気概溢れる隊員たちと汗と泥にまみれて訓練に明け暮れ、また、国防の中枢である防衛省陸上幕僚監部などで勤務した経験を有する筆者は、「憲法9条を守れ！」とか「憲法があれば、わが国の平和と独立を維持できる」との考えがどうしても理解できなかった。

この一種の宗教とも言えるような考えが戦後、なぜ日本に根付いているのか、との疑問を追究するうちに、憲法の制定過程や終戦後のGHQの占領政策に興味を持ち始めた。

そのような時、「私たちは自分たちの行為なら犯罪と思わないことで日本を有罪にしている。これは正義ではない。明らかにリンチだ」あるいは「近代日本は西洋列強がつくり出した鏡であり、そこに映っているのは西洋自身の姿なのだ。つまり、近代日本の犯罪は、それを裁こうとしている連合国の犯罪である」などとして東京裁判や占領政策を真っ向から批判する一冊の著作に出会った。アメリカ人ジャーナリストのヘレン・ミアーズ女史が書いた『アメリカの鏡・日本』

である。この原書は1948（昭和25）年に出版されるが、ダグラス・マッカーサーの逆鱗に触れ、発売禁止・翻訳禁止の烙印を押されてしまった。そして、1995（平成7）年、翻訳者が泣きながら訳出したといわれる日本語版が刊行され、ようやく私たちも読めるようになった。

この書籍から受けたショックを今でも鮮明に覚えているが、これがきっかけとなり、これまでに学び、そしていつの間にか自分の頭の中に定着していた「歴史」に疑問を持ちつつ、占領政策、大東亜戦争、昭和初期、大正、明治、江戸、ついには、初めて欧州人と関わり合いを持った戦国時代までさかのぼって「歴史」を自学研鑽するようになった。

その中で、最大の関心事は「国防」だった。国防とは、端的に言えば「外敵の侵略から国家を防衛すること」である。一般には、そのための「軍事的手段」とか、それを行使する「軍隊」など軍事的な分野に焦点が行きがちであるが、いつの時代にあっても、国家の究極の目的が「主権」を守り、国民の生命・財産を守ることにあるととらえれば、国防の範囲は、国家の統治制度、そして国家の舵取りにあたる政治や軍事のリーダーたちがその時代時代にどのように情勢を分析し、判断し、国家を動かしたか、までを含むばかりか、「第1次世界大戦」以降は、国家総力戦時代を迎えたことによって、国防の範囲は、経済的・社会的・思想的な分野にまで拡大してきたと考えたところ、濫読する書籍の範囲も広がった。

それから20年あまりの歳月が流れた。巷には、歴史学者のみならず、作家、ジャーナリストなどさまざまな有識者によって著された歴史書や歴史小説が溢れている。手当たり次第にこれらを渉猟しているうちに、さまざまな視点で書かれた「歴史」に出会うことになった。

歴史学者の岡田英弘氏は「歴史は物語であり、文学である。（中略）歴史は一回しか起こらないことなので、この点、科学の対象にならない」、また「それを観察する人がどこにいるかの問題がある。科学では、粒子の違いは問題にならない。みんな同じだとして、それらを支配する法則を問題にする。ところが歴史では、ひとりひとりはみんな違う。それが他人に及ぼす機能も違う・・・」（『歴史とはなにか』）と指摘し、「歴史の見方」は「立つ位置」によりまったく違ってくると解説する。

岡田氏はまた「外部の世界がない、内側だけの歴史などというのは、歴史ではない」とも断言しているが、歴史を探求しているうちに、わが国の歴史教育が「日本史」と「世界史」に分けられ、「日本の動き」と「世界の動き」を別々に教えていることに問題があることにも気がついた。ようやく、日本史と世界史を統合した「歴史総合」が２０２２年度より高校の必修科目となるのは、遅きに失するとはいえ、一歩前進と考える。

本書は、筆者の自学研鑽の集大成として、日本の歴史、なかでも「日本の『国防史』」をメインテーマに、西欧列国や周辺国など世界の動きとつなげて振り返って「史実」をあぶり出し、「なぜ日本が江戸、明治、大正時代を経て激動の昭和時代を経験せざるを得なかったのか」を学び、この国防史からさまざまな教訓や課題を把握し、それらを未来にどう活かすか、を考えることを目的としている。

もとより、歴史学者でもない筆者がこのような大胆な企ての資格があるかどうか自問自答しているが、岡田氏の「歴史は物語である」との言葉に背中を押され、「日本国防史」の物語を一介の元自衛官の視点から語ってみたいと考える。読者の皆様の頭の中にいつの間にか出来上がっている先入観や常識を覆す、新たな国防史の入門書になればと願っている。

目次

1　幕末までの「国防史」の概要

日本および日本人の特色

本書は「ペリー来航」以降の「国防史」に焦点を置いているが、はじめに、幕末までの国防史について概観しておこう。

まず、国防を考える時、日本および日本人の特性は重要な要素である。細部の説明は要しないと考えるが、よくいわれるのが次の四つである。

第1の特性は「四面環海（しめんかんかい）」の島国であることだ。科学技術が発達した現代はさておき、長い間、人類にとって海を渡ることは越えがたい障壁だった。日本はユーラシア大陸の東端に位置し、大陸と日本列島を隔てる対馬海峡はわずかに約200キロメートル弱しかなく、その先に朝鮮半島が横たわっており、古来よりさまざまな文化や技術などが大陸から伝わってきた。かつては、わずか約200キロメートルといえども、大陸と「海を隔てている」ことは、国防上重要な価値を持っていた。

特性の第2は「単一民族」である。日本は単一民族（先住民族は長い歴史の中ですでに同化している）で「一国家」を形成し、文化や価値観を共有してきた。世界には大小約800の民族が存在するが、現在、国家は200か国足らずなので、計算上は、25パーセントの民族しか自前の国家を保有していないことになる。逆に中国には漢族のほかに56の少数民族が存在するし、朝鮮半島はひとつの民族が二つの国家に分断されている。日本のように、長く「一民族一国家」を維持できたのは極めてまれで、幸運といえる。そして「日本民族が『黄色人種』であること」もつけ加えておこう。歴史の中で白人である欧米列国との関係、そして同じ黄色人種でありながら、どうしても共通の価値観を持てない中国や朝鮮半島が近傍に所在していることも特色であろう。

特性の第3は「農耕民族」であることだ。縄文時代はさておき、日本人は、生活の主体が稲作など農業活動により形成されている農耕民族に分類される。「狩猟民族」と違い、天の恵みに感謝し、お互いに助け合って仕事をしないと耕作物を収穫できないという本質を有する農耕民族は、基本的には争いを好まない。他方、今や日本人の専売特許のようになっている「物づくり」技術は、その源流をたどると、農業を効率的に実施するための農機具に行き着く。それを基に外国から渡ってきた技術に改善を加え、わが国独自の専門技術として発達してきた。

特性の第4は宗教が「多神教」であることだ。現在の日本人には無神論者（無宗教の人）もいるが、日本は、古来より八百万の神々が共生する「神道」を基本としてきた。よって、さまざまな

「仏」が共存共栄している仏教の導入には違和感を持たなかったが、「一神教」のキリスト教やイスラム教は、一部の人々を除き、広く普及することはなかった。

そのような環境の中で、万世一系の天皇家を王朝として護持してきた。現王朝は、記録の確かな6世紀以降、つまり少なくとも1500年間は王朝交代の証拠はなく存続している。これは他国に類がない。

このような特性を背景にして、礼儀正しさ、勤勉さ、賢さ、寛容さ、争いを好まず平和を尊ぶ精神が日本人の資質として育まれてきた。他方、見方や考え方が狭隘になりがちな「島国根性」のような資質も出来上がった。これらによって、日本人には「安全はタダ」とのDNAが培養され、安全や防衛に関する意識や気概が、日本人共通の資質として十分発達してこなかった。

最後に、特に西欧列国との関わりで言えば、日本は地理的位置にも恵まれた。「FAR EAST」（極東）、つまり、ユーラシア大陸西側の欧州列国からちょうど地球の反対側に位置する。15世紀中頃から17世紀中頃まで、ポルトガルやスペインによる「大航海時代」といわれる大規模な大洋航海が行なわれ、欧州以外の地域がその覇権主義の餌食となった。日本は、この地理的位置などが功を奏して致命的な影響を回避できたのだが、その後の欧米列国による植民地拡大の歴史においても、もし日本がインド洋とかカリブ海あたりに位置していたらまったく違った歴史になっていたことだろう。

「大航海時代」と信長・秀吉の「国防」

さて「大航海時代」である。15世紀中頃の欧州は、オスマン朝が全盛を極め、地中海を支配していた。オスマン帝国から最も離れ、なおかつ大西洋に面しているという地理的利点があったことから、当初の主役はポルトガルとスペインだった。

コロンブスらの活躍による新航路発見後、発見した土地や島の帰属をめぐる無用な争いを避けるため、１４９４年、スペインとポルトガルの間で「トルデシリャス条約」を結び、現在の西経45度線付近を「分界線」とし、西方全域をスペイン、東方全域をポルトガルの進出範囲と定め、当時の教皇アレクサンデル6世の承認も得た。そして１５２２年、マゼラン艦隊の生き残りが世界一周の航海から帰還し、地球が丸いことが実証されると、両国の間に「もう一本、線を引かないと分割の意味がない」との議論が沸き、１５２９年、「サラゴア条約」を結び、地球の反対側の「分界線」を定めた。この「分界線」は、東経１３５度付近といわれ、ちょうど日本列島の真上を分断するものだった（資料によっては東経１４４度30分付近との説もある）。

日本は、15世紀前半に出版されたマルコ・ポーロの『東方見聞録』の中に、「黄金の国・ジパング」と紹介されていたこともあって、ポルトガル・スペイン両国は、未開の地、日本にわれ先に行き着くことを目指した。しかし、日本は「ＦＡＲ　ＥＡＳＴ」、その道のりははるか遠く、欧州人が初来日したのは、大航海時代が始まってから約1世紀弱の歳月が流れた16世紀半ばだった。このようにして、ポルトガル人による「鉄砲の伝来」（1543年）や「フランシスコ・ザビエル（スペイン北部に住むバスク人）の鹿児島上陸」（1549年）をはじめ、わが国は本格的に西洋列国と関わりを持つことになった。

当時の日本は、戦国時代の末期、幸運にも織田信長が国土の約半分を統一しようとしていた頃だった。全国の至る所に刀や槍や弓矢などの兵器が溢れており、それらを使いこなす経験豊富な武士全盛の時代だった。そのような矢先に伝来した鉄砲は、すぐに刀鍛冶や鉄砲鍛冶が改良・国産化して当時の戦場を支配する主力兵器として活用され、戦術や築城技術に大きな変化をもたらす「軍事革命」を引き起こした。異論はあるが、信長は鉄砲伝来からわずか30年余りの1575年、「長篠の戦い」における鉄砲の「三段撃ち」を採用するなど、先見の明がある「軍事的天才」だった。

その信長は、仏教など既存の宗教勢力を牽制するため、キリスト教の布教を認めた。天皇や幕府を超えた権力を保持し、「最大の君主」と言わしめた信長の存在と相当量の武力は、宣教師たちに「力づくで植民地化するのは難しい」と悟らせるのに十分だったと推測される。つまり、信長の存在そのものが宣教師たちの横暴を阻止する「防波堤」になっていたのである。

信長自身は、国外に目を向け、行動を起こす前に「本能寺の変」（1582年）で自刃してしまい、信長の「国防」政策は少し形を変えて秀吉に受け継がれる。

秀吉の時代になると、国外との貿易が盛んになり、秀吉は朱印状を与えた商人だけに対外貿易を許可した「朱印船貿易」を行なった。秀吉は、信長の「キリスト教保護方針」を受け継いでいたので、急速な勢いでキリスト教が広まり、キリシタン大名も現れた。しかし、この頃から、権力のお墨付きを得たイエズス会やキリシタン大名などが日本の天皇制や自然信仰まで否定し、独善的な布教や破壊活動を開始するなど、一神教の本性を暴露し始めた。そして日本人を奴隷として国外に連れ出していることも判明した。

日本人奴隷については、あまり知られていないが、この時代のキリスト教徒たる欧州人が全世界で奴隷交易として人身売買を行なっていたのは事実で、日本人に対する扱いもけっして例外ではなかった。その数は最大50万人だったとの記述がある一方で、実際は1万人前後だったとする説もある。

秀吉はこのような事実を知って、突然、方針を転換、1587年、キリスト教の布教を禁じて宣教師らの国外退去を命じた（「伴天連（バテレン）追放令」）。ただし、「朱印船貿易」については引き続き許可したこともあって、追放令は不徹底なものとなったうえ、庶民の信仰までは禁じなかったので、キリスタン信徒はその後も増え続けた。

このようななか、「朝鮮出兵」が始まった。「文禄の役」（1592年5月～93年7月、総勢15万9千人）では、日本軍は釜山に上陸し、朝鮮半島を縦走、現在の北朝鮮と中国・ロシアの国境付近まで兵を進めたが、朝鮮軍に加え、明軍も参戦し、兵糧が尽きたこともあって1年あまりで撤退した。

その後、「布教は侵略の手段」との「手口」を見破った秀吉は、国内の宣教師や信徒を長崎で処刑（二十六聖人殉教）し、２度目の「朝鮮出兵」が始まったのが「慶長の役（１５９７年1月～９８年12月、総勢14万2千人）」である。当初から明の反撃を受けて朝鮮南部から先に進むことができないまま、秀吉が死去（１５９８年）したことで、撤兵して終結した。

「朝鮮出兵」については諸説あるが、スペインやポルトガルの日本征服計画を牽制し、抑止するための手段だった。その結果、失敗したとはいえ「朝鮮出兵」は当時、世界最強を自負するスペインの心胆を寒からしめる効果があった。

晩年の秀吉は、その不可解な行動から「暗愚」だったことが「歴史の常識」になっているようだが、少なくとも「国防」の嗅覚は正常だったと考えられ、結果として、わが国の植民地化を実力で阻止した。この事実を受け、「歴史の常識」を見直す必要があろう。江戸時代に入り、家康は秀吉の政策を発展するような形でついに「鎖国」に至るのである。

江戸時代前半の「国防」

「大航海時代」が始まってからしばらく過ぎた16世紀前半、欧州では「宗教改革」が起こり、カトリックとプロテスタントの新旧両派がキリスト教世界を二分する激しい宗教戦争へ転化・拡大し、17世紀まで続く。日本に最初にたどり着いた「イエズス会」は急進的なカトリックの一派だったが、宗教戦争の結果、「大航海時代」の主役がカトリック国のスペイン・ポルトガルからプロテスタント国のオランダ・イギリスへ交代した。

1600年の「関ヶ原の戦い」に勝利し、天下人になった家康は、秀吉が存命中に発布した禁教令を取り消すこともキリスト教を受け入れる意向もなかったが、貿易には熱心で、引き続き「朱印船貿易」を許可していた。この結果、東南アジアや中国南部などとの交易がますます盛んになり、各地に「日本人町」も誕生した。

やがて家康は、現在の大分県の海岸に漂着したイギリス人航海士ウイリアム・アダムスやオランダ人航海士ヤン・ヨーステンから、スペインやポルトガルがキリスト教を広めて日本を征服しようとしていることを知る。

家康のキリスト教への姿勢は、あくまで「黙認」だったが、当時まだ健在していた豊臣秀頼が大のキリシタン贔屓(びいき)で、秀頼がスペインの支援を受けることへの警戒心もあって、次第に態度を硬化させていった。ついに、「大坂の陣」に先立つタイミングの1612年、家康の命により2代将軍秀忠は、江戸、京都、駿府など直轄地に対して教会の破壊と布教の禁止を命じた「キリシタン禁止令」を発令、翌13年には「伴天連追放文(ぶみ)」を起草するなど、キリスト教禁止を全国に広めた。

秀忠は、さらに危機感を強め、布教と貿易の分離政策を断念、ついには「キリスト教的文明化を拒否した国家体制」に行き着き、「鎖国」に至る。鎖国は1633年の「第1次鎖国令」以降、4度にわたる「鎖国令」の発令をもって完成する（近年は「鎖国」ではなく「海禁政策」だったとの見方が主流になっているが、このような解釈を承知のうえ、なじみのある「鎖国」という呼称を使用する）。鎖国は欧州列強が世界中を侵略していた時代にあって、植民地化防止の手段として有効な国防政策だった。

当時の日本は、①自給自足で国を維持できる経済力があり、特に「米本位制経済」が可能となっていた。②江戸幕府には鎖国という強権を発動しても国内を統治できる能力、そして、鎖国を力づくでも踏みにじろうとする外国に対してそれを阻止できる武力があった。また、外的な要因として、③この時期の欧州列国は「宗教戦争」「独立戦争」「領土争奪戦争」などに明け暮れ、欧州外への影響力は限定的だった（「17世紀の危機」といわれる）。中国大陸において約３００年続いた明が衰退し、１６４４年、北東から清の侵攻を受けて滅亡してしまう。ロシアの「南下」もまだまだ先のことで当時はまったく視野に入っていなかった。

鎖国を可能にした江戸時代前半は、このように国防という観点では外敵を意識する必要がない平和な時代が続いた。一方、「島原の乱」などもあったことから、幕府は「武家諸法度（ぶけしょはっと）」を発布し、もっぱら国内の治安維持体制の強化に努めた。

さて、信長・秀吉・家康の「国防」を総括すると、信長の「抑止」、秀吉の「積極防衛」（戦略攻勢）、そして家康から秀忠に至る鎖国は現在の「専守防衛」と共通点があることから、国防という観点に立てば、日本は、戦国時代から江戸時代にかけて、現代にも通ずる３形態を経験したことになる。その結果として「植民地化防止」という目的を達成したのだった。

時代、そして洋の東西を問わず国防の成否は、〝その時々の状況を的確に判断し、最適な選択肢を選ぶ〟「決断力」がある為政者が存在するかどうかにかかっていると考えるが、日本はこの時代にのちの手本となるような強いリーダーたちを輩出したのだった。

半面、武家諸法度によって領土争いなども禁止されていたので、隣接国に備える必要がなくなったため、軍事技術の発達や兵法の研究などはほとんどないまま廃れてしまうなど、「世界」を認識しながらも交流を閉じ、西欧や周辺国と峻別して独自性を優先する「日本の文明」ともいうべき特有の思想や行動様式が江戸時代の特異な環境下で出来上がった。

欧州諸国の「大変革」と周辺情勢の変化

250年以上にわたる鎖国と同時期の17世紀から19世紀にかけて、欧州では「宗教改革」から「宗教戦争」、そして封建的な「絶対王政」の時代を経て、「市民革命」そして「産業革命」が起こるなど様変わりする。

細部の説明は必要ないと考えるが、宗教戦争のうちの最大の戦争だった「三十年戦争」（1618～48年）の結果、疲弊した欧州諸国は、「ウェストファリア条約」（1648年）を結び、各国王のもとの「主権国家」を認め、欧州諸国は主権国家として独立した。本条約は人類史上初の「多国間条約」で「国際法の始まり」ともいわれている。しかし、この絶対王政という時代も長くは続かなかった。

イギリスにおいては「清教徒革命」や「名誉革命」を経て、「権利の章典」を承認した国王が「立憲君主制」に移行して、絶対王政は終了する。フランスにおいては「フランス革命」によって国王が斬首され、「共和制」に移行する。やがて、ナポレオンがクーデターで政府を倒し、新たな政権を樹立、全欧州を巻き込む「ナポレオン戦争」へ突き進む。

一方、18世紀半ば、イギリスで「産業革命」が起こり、瞬く間に欧州列国やアメリカに広がり、工業社会の変革が進む。これが「市民革命」と融合し、都市化や資本主義が発達するなど社会構造そのものが大変革を起こし、近代化が一挙に進むことになる。産業革命の技術は、やがて「軍事技術」に発展し、産業革命の開拓国イギリスの力は増大し、オランダやナポレオンのフランスに勝利して、第1次世界大戦まで世界の覇権を握ることになる。

また、工業製品の大量生産を可能にする原料供給地と市場の確保のため、海外進出の重要性がますます増大、各国は再び競って植民地獲得を企て、「たとえ、その地域に事実上支配する住民がいても、国際法の主体たり得る国家によって支配されていない限り『無主の地』であり、最初に実効支配した国家の所有が認められる」との「先占(せんせん)の原則」のもと、「西洋文明至上主義」に基づき、自らの行動を正当化した。

このようにして、欧州諸国は、イギリスを筆頭に競いながら、すさまじい勢いで世界の各地を植民地化した。その結果、アメリカ独立前の18世紀後半、欧州諸国は、わがもの顔で世界の約85パーセントを支配した。辛くも独立を維持していたのは、日本、朝鮮半島、タイ、サウジアラビア、アフガニスタン、中国などごく一部だけだった。欧州列国は、有色人種を動物や獣のように扱うなど、徹底した人種差別によって迫害や搾取、そして吐き気をもよおすような殺戮も繰り返された。

「太平の眠り」の真っただ中にあった日本が、西欧諸国の大変革や植民地拡大の脅威を直接知るのは幕末近くなってからであり、幕末から明治にかけた大混乱を引き起こす要因ともなる。

次に「清」の興亡である。江戸時代の始まりとほぼ同時期、女真族のヌルハチが満州を平定して「後金国」を建国、１６３６年、国号を「清」と改称した。そして１６４４年に「明」が滅んだのを機に、首府を北京に遷都し、中国支配が始まった。

その後、清は領土を拡張し続け、１６８９年には、ロシアとの間に「ネルチンスク条約」を結び、両国の国境を外満州の北側、つまり黒竜江・外興安嶺（ロシア名はスタノヴォイ山脈）に定めた。「ネルチンスク条約」は中国が外国と対等に結んだ最初の近代的条約であり、ロシアにとっては、19世紀後半までこの正面の「南下」を阻まれた。清はまた台湾、北モンゴル、東トルキスタン、チベットに至る、現在の中国領土を超える「版図」を持ち、18世紀に全盛時代を迎えた。

わが国にとって、直接の脅威とならない程度の強い清は、欧州諸国のアジア進出とロシアの南下防止の手段として、国防上はありがたい存在だった。しかし長くは続かず、幕末の混乱は、清の弱体化と連動して起こることになる。

アメリカの独立戦争にも触れておこう。１４９２年にコロンブスがアメリカ大陸を発見し、１６２

0年、メイフラワー号で清教徒が移民した後、1776年にアメリカが独立するまでの約150年もの間、アメリカは、イギリスをはじめ、フランス、スペインの植民地だった。そのアメリカの13州が団結して植民地政策に抵抗して独立に向かったのは、厳しい課税（特に「印刷法」）がきっかけだった。

1776年の独立宣言後、イギリスが反撃に出るが、フランス、のちにオランダやスペインがアメリカ側についいて参戦した結果、イギリスは単独で戦うことになり、1783年まで戦いは続き、「パリ条約」でアメリカは独立を勝ち取った。執拗なイギリスは、国内の先住民をそそのかし、再び戦いを挑んだが、同時期の欧州は「ナポレオン戦争」の真っ最中であり、戦力を割く余裕がないイギリスは、1814年、「ガン条約」を結んで講和し、戦争は終結する。

2 幕末の情勢変化と幕府滅亡

ロシア・イギリスの接近と対応

幕末になると、いよいよ欧米列国が日本に迫ってくる。最初に接近してきたのは、欧州諸国の中では後進国のロシアだった。ロシアは中国領土の外満州が南下の障壁となっていた18世紀当初からカムチャッカや千島列島に進出して来るようになり、日本との通商も求めてきた。これらの情勢を受けて、「四方を海に囲まれた『海国』日本の地理的特性にふさわしい国防体制が必要である」と主張する林子平の『海国兵談』や工藤平助の『赤蝦夷風説考』などの海防論が盛んになった。

幕府の実権を握っていた田沼意次も鋭い感覚で反応し、蝦夷地開発に乗り出したが失脚する。その後に実権を握った松平定信は方針転換、鎖国を遵守したばかりか、『海国兵談』を「人心を乱すもの」と発禁にし、林に蟄居処分を言い渡してしまう。その松平も蝦夷地近海に頻繁に現れるロシア艦船に不安を感じ、蝦夷地の天領化や北方警備に重い腰を上げた。そして江戸湾防備の必要性を痛感し、江戸周辺各地に海防奉行所を新設して旗本や御家人を配置するとの防衛構想を立案した。しかし、松平が辞職し幕政から去るとこの構想もお蔵入りしてしまう。

ロシアはその後も執拗に通商を求めてきたが、ロシアがナポレオンに侵略されるなど欧州情勢が緊迫して極東への関心がしばらく薄れたのが幸いした。しかし〝眼前に脅威が現れないと国防態勢を強化できない〟との「わが国の伝統」はこの頃から始まったものと考える。時計の針は戻せないが、この時期に最小限の江戸湾防備を手がけていたら、爾後の歴史が変わったことは容易に想像できる。

さて、アメリカの独立阻止を諦めたイギリスは、再びインドや中国などアジアに重点を移し、オランダがナポレオンに征服されると、これを好機としてアジアのオランダ領を攻撃した。このようななかの1808年、「フェートン号事件」（オランダ国旗を掲げたイギリス船が日本に燃料や食料を求め、要求が通らない場合は、長崎港内の日本船を焼き払うと通告した事件）が起こる。幕府は激怒したが、長い太平の世が続いたため、長崎を警備していた幕府や肥前藩の兵力が激減し、戦える状態ではなかった。イギリスはその後も何度も日本近海に出没したため、幕府は1825年、沿岸に近づく外国船を理由いかんにかかわらず打ち払うことを命じた「無二念打払令（むにねんうちはらいれい）（異国船打払令）」を発令した。

一方、東アジアで覇権を握っていた清の隆盛も長くは続かなかった。国内では、財政赤字の拡大、政治家や官僚の腐敗、各地で反乱が頻発するなど、繁栄に陰りが見え始めた。

対中貿易戦争に勝ち残ったイギリスは、中国から茶、陶磁器、絹などを大量に輸入したが、中国へ輸出する商品を欠き、毎年、大幅な貿易赤字になっていた。そこでインドで栽培したアヘンを中国に輸出することで「三角貿易」を成立させようとした。

清はアヘンの輸入を禁止したが、アヘン貿易は年々拡大したため、清はアヘンを没収して処分する施策をとった。アヘン密輸で莫大な利益を得ていたイギリスは、1840年、清国沿岸に侵攻し、「アヘン戦争」を始めた。清は、イギリス軍の強力な近代兵器にまったく歯が立たず敗北し、1842年、「南京条約」を締結、香港の割譲、上海など5港の開港、関税自主権の喪失などを承認する。

「ペリー来航」

清がアヘン戦争でイギリスに大敗し、半植民地になったというニュースは、日本にとっても大きなショックを与えた。当時の老中・水野忠邦は、ただちに危機感を持ち、「鎖国を強化するだけでは問題を解決できない」と決断、1842年、「無二念打払令」を撤廃し、薪水（しんすい）や食料の補給を認める「薪水給与令」を発令する。そして、「太平の眠りを覚ます上喜撰たった四杯で夜も眠れず」との狂歌があるように、1853年、ペリー艦隊が来航し、幕末の大混乱が始まるのである。

アメリカ側からペリー艦隊派遣の背景を振り返ると、独立戦争が一段落して50年あまり、「西へ」の衝動に駆られたアメリカは大陸の西側の領土を拡張しつつ、メキシコと戦争してカリフォルニア、ネバタ、ユタなどを割譲させ、太平洋側に到達したのは1848年だった。

アメリカは、蒸気船の開発・建造を含む海軍力の増強に努め、当時の海軍の四分の一に相当する艦船をペリー艦隊としてアジアに派遣することを決意、1852年、艦隊はバージニア州のノーフォークを出港した。まだパナマ運河は使用できなかったので、艦隊は大西洋を横断、喜望峰を回り、インド洋を経て太平洋に進出、浦賀沖に到着するまで226日もの日数を要した。

この大航海の目的は、アメリカの巨大産業に成長していた捕鯨のための物資補給が定説になっているが、「ペリー来航」の3年前にはアブラハム・ゲスナーが瀝青(れきせい)といわれる天然アスファルトから灯火用オイルを精製する技術を開発していた。この技術が原油の精製に応用され、やがて捕鯨は終焉を迎えることから、日本開国は当時貿易相手国として最も富を生み続けていた支那(清)の市場をめぐるイギリスとの通商戦争を戦うために、「太平洋ハイウェイ」(蒸気船航路)を開設し、その安全を確保するのが狙いだったとの見方もある。実際に、アメリカは「南京条約」締結2年後の1844年、清との間に「望厦(ぼうか)条約」を結び、イギリス同様の特権を得る。

それにしても、なぜ18世紀当初よりたびたび日本近海に出没していたロシアやイギリスに先駆けて、ペリー艦隊の来航となったのだろうか。

当時、ナポレオン戦争の勝者となったイギリスとロシアは、その後、世界帝国としてユーラシア大陸の各地で対峙した(「グレート・ゲーム」といわれる)。これは、海洋国・イギリスと大陸国・ロシアの対立でもあり、衝突点はバルカン半島、中央アジア(現在のアフガニスタンあたり)、そして東アジアの3か所だった。イギリスとロシアは、この対峙の一環として、「クリミア戦争」(1853

〜56年）を戦っていた。これはロシアとオスマン帝国の戦争だったが、イギリスはフランスやオーストリアとともにオスマン帝国側に加担し、ロシアの敗北に終わった。

江戸幕府の狼狽と「開国」

ペリー来航に対するわが国の対応について少し詳しく触れておこう。約250年間、「太平の眠り」をむさぼり、物心両面の備えを怠ってきた江戸幕府がペリーの砲艦外交によって「開国」を迫られた時の狼狽ぶりは察するにあまりある。

しかし、当時の役人の名誉のために付記すれば、浦賀奉行所の与力・中島三郎助は、近代国際法である「万国公法」を理解しており、「湾口6海里（約11キロメートル）以内は領土の内水であり、江戸湾に許可なく進入することは認められない」と堂々と外交交渉した。それでも日本を半未開国として差別していたペリーは、その3日後、金沢沖まで測量船を送り込んだ。

ペリーがいったん江戸湾を去るや、老中・阿部正弘は、ペリーへの対応策を諸大名や旗本・御家人に意見に求めたところ、答申書は約700通以上に及んだが、有効な案は出なかった。一方、町触（まちぶれ）を出して広く庶民の意見も聞いたところ、これが大評判となって、突拍子もない提案もかなりあったという。当時、庶民が直接政策に関与した希有な例で、「公議輿論（こうぎよろん）」の考えが広がった反面、幕府の権威を低下させる結果となった。

幕府は、江戸湾防備の必要性を痛感し、砲撃用の台場建設に取りかかり、11基の台場建造を計画、総工費75万両、延べ270万人に及ぶ労働力を駆り出すという驚異的な工事によって、1年あまりの短期間で6基完成させた（現在も第3台場と第6台場が残っている）。

1年の猶予のはずが半年前倒しの翌1854年2月、ペリーが再び来航した。今度の艦隊は7隻、のちに補給船などを含む9隻の艦船が東京湾に集結した。約1か月にわたる交渉の結果、下田と箱館の開港、領事の駐在、最恵国待遇など、全12か条からなる「日米和親条約」を締結し、わが国は開国した。

わが国の開国と同時期の1851年、清では衰退の原因となった「太平天国の乱」が発生した。反乱軍は全盛時、清の支配地の南半分を勢力下に収め、1864年まで続く。1856年、清の混乱に乗じたイギリスは、フランスと組んで「第2次アヘン戦争」（「アロー戦争」とも呼ばれる）を仕掛け、「天津条約」（1858年）によって、「南京条約」で開港した5港に加え、南京など新たに11港の開港を認めさせる。しかし、清朝内で条約に対する非難が高まったため、英仏軍は天津に上陸、北京を占領してしまう。

一方、バルカン半島の南下を閉ざされたロシアも再び東アジアに目を向け、「太平天国の乱」や「第2次アヘン戦争」など清の混乱を見逃さなかった。ロシアは軍艦から鉄砲を乱射して「調印しなければ黒竜江以北の満州人を追い払う」と脅迫し、「愛琿（あいぐん）条約」（1858年）を締結させ、黒竜江以北の外満州の割譲を認めさせたのである。外満州の面積は何と約100万平方キロメートル（わが国の約2・6倍に相当）の広大な国土を一瞬にして失った清はのちにこの条約を否認するが、当時の状況では何ともならなかったのだった。

歴史とは筋書きどおりには進まないものである。太平洋、そしてアジアへ進出する糸口を見つけたアメリカだったが、「南北戦争」が発生（1861年）、戦いは4年間も続き、南北合わせて62万人近くの戦死者を出すという、すさまじい戦いとなった。最終的には北部側が勝利し、リンカーンの有名な奴隷廃止演説につながるが、南北戦争の影響で出遅れたアメリカがハワイを併合し、スペインと戦ってフィリピンを植民地化したのは、19世紀末の1898年だった。のちの中国をめぐる「門戸開放」や「機会均等」などのキャンペーンは、アメリカの「出遅れたくやしさの反映」であろうと考える。

「安政の大獄」と「桜田門外の変」

周辺情勢が喧噪（けんそう）を極めた1858年、わが国は米国総領事ハリスとの間で「日米修好通商条約」を結ぶ。清などの情勢を熟知していたハリスは「英仏艦隊の来航の可能性とアヘンの有害を説き、アメリカとの通商条約の締結が日本にとっても有利だ」と説いたといわれる。問題となったのは、幕府側が朝廷の「勅許（ちょっきょ）」を得ずして通商条約を結んだことだった。これが結果として幕府の命取りになる。

約260年前の鎖国開始は、朝廷の勅許を得たわけではないのに、なぜこの時点で勅許を得ないことが問題になったかについては、その背景に「江戸幕府の統治システム」の形骸化と「朝廷の権威」の復活があった。特に朝廷の権威復活は、平安中期以来、「院号（いんごう）」が使われるようになり、使われなくなっていた「天皇号」を復活させた第119代光格天皇の功績だったが、光格天皇は、「外交権」は君主、つまり天皇にあることも明確にした。幕末になり、幕府の弱体化に加え、異国船の来航など世の中が騒がしくなると、老中たちは、象徴的な存在である将軍のさらに上位に位置する朝廷の権威をたびたび活用するようになる。その延長に通商条約の締結があった。

その「日米修好通商条約」の締結について、当初、老中首座の堀田正睦（ほったまさよし）は、孝明天皇の勅許を得て条約締結を企図しようとしたが、攘夷派の少壮公家の抵抗もあって勅許は得られなかった。事態打開のために、堀田は福井藩主の松平春嶽の大老就任を画策したが、大老が四家に限られたこともあって、就任したのは彦根藩主の井伊直弼（いいなおすけ）だった。文武両道に秀でた教養人である井伊直弼も最後まで勅許を優先させることを主張し、即時調印を主張する幕閣大勢の中で孤立した。それでも井伊は、交渉担当の下田奉行・井上清直に出来得る限りの調印延期を指示するが、井上はその意向を無視し、調印してしまったというのが真相のようだ。

周辺環境の激変から、迫りくる脅威を感じ取った幕閣たちは「開国こそが日本存続のための唯一の方策」と判断し、条約締結を強行したのだった。このようにして、幕府は同様の条約をイギリス、フランス、オランダ、ロシアとも結んだ（安政の5か国条約）。

しかし、勅許を得ないままの条約締結問題と病弱で子供がいなかった第13代将軍徳川家定の継嗣（けいし）をめぐる後継者争いが連動して国内は喧噪になる。井伊は強権を発動して紀州藩主慶福（よしとみ）を後継に決定するとともに、条約反対派や慶喜（よしのぶ）擁立者などの幕臣、志士、公家衆などを大量に処罰した。「安政の大獄」（1858年）である。井伊は一部の条約推進者も排除し、権威の回復に努めたが、明治維新の精神的指導者の吉田松陰や橋本左内などの有為な人材まで死刑にしたことから、逆に幕府の権威に対する不信感を増大させる結果となってしまった。

1860年、井伊直弼は水戸藩士らに暗殺される（桜田門外の変）。幕府最高の重職である大老が、城の前でわずか20人ほどの浪人らに殺されたのだから、これ以上ない幕府の権威失墜となった。

「尊皇攘夷」運動の広がりと幕府滅亡

これら一連の事件の背後にあったのが「尊皇攘夷（そんのうじょうい）」運動だった。日本における「尊皇」思想の起源は、南北朝時代にまでさかのぼり、鎌倉幕府滅亡の原動力となったが、その後、再び武家政権が続き、尊皇は表舞台に出ることはなくなった。それが江戸中期に朝廷の権威が復活したことに加え、日本独自の精神文化も研究しようとした「国学（こくがく）」も盛んになり、その影響を受けて尊皇が復活、幕府が朝廷の権威を政治利用したことから、その思想が急速に広まった。

「攘夷」については、幕末になって異国の接近にともなう鎖国崩壊の懸念から、外来者を打ち払っても日本を防衛すべしとの国防意識とナショナリズムがとみに高まり、勅許を得ずして開国したことをきっかけとして、尊皇と攘夷が合体、尊皇攘夷として「倒幕」の政治スローガンに拡大したのである。尊皇攘夷運動の尊皇はともかくも攘夷は、現実を無視した精神的な高まりだったものと推定される。なお、「尊皇攘夷」の源流（出典）は、徳川御三家の水戸藩で発達した水戸学だったが、水戸学は儒学を中心に国学、史学、神道など幅広い学問体系を保持し、吉田松陰や西郷隆盛など幕末の志士らに多大な感化をもたらし、明治維新の原動力ともなった。

さて、「桜田門外の変」の1860年、清はイギリス、フランスと「北京条約」を結び、さらに天津の開港や九龍半島を割譲するとともに、ロシアとの間でも「北京条約」を結び、「愛琿条約」で清とロシアの共同管理地となっていた地域も含め、外満州のロシア編入を承認した。

ロシアの南下の防波堤になっていた「ネルチンスク条約」から170年あまり、ロシアは力づくでこの地域の南下の障壁を取り除き、「東方を支配する町」を意味するウラジオストク建設に乗り出した。ロシアがわが国の直接の脅威として姿を現した瞬間だった。

ロシアの脅威の顕在化や欧州諸国が世界制覇を目前にしていたこの時期、不平等条約の締結を許容しても開国したことは、植民地にならず、曲がりなりにも独立維持を最優先するとの国防の観点に立てば、江戸初期の鎖国同様、歴史の中でもう少し評価されてもいいと筆者は考える。

他方、「開国すればいい」という単純なものでなかったことも事実だった。江戸幕府終焉の要因として、確かに吉田松陰、坂本龍馬や西郷隆盛など、大河ドラマの主人公になる多くの幕末の志士たちが果たした役割は計り知れないものがあるが、開国を契機に表面化したさまざまな要因によって、江戸幕府は足下から瓦解し、「桜田門外の変」からわずか7年で滅亡した。国防を怠ったことを含め、時代の変化に統治システムが追随できなかったと考えるのが妥当であろう。

3 「明治維新」による国家の大改造

「明治維新」と諸外国の関わり

幕府の威信の凋落と尊王攘夷運動の中、「公武合体」から一発逆転を狙った「大政奉還」が失敗に終わり、「王政復古」の大号令を経て、「戊辰戦争」「版籍奉還」そして「廃藩置県」に至る「明治維新」の一連の経緯は歴史物語や大河ドラマに任せることにして、幕末から明治維新にかけての諸外国と関わりについて触れておこう。

植民地を拡大し、世界の覇権争いを繰り広げる西欧列国にとって、日本は極東に残された最後の標的だった。地理的にも東アジアを牽制できる要所に位置し、すでに都市や商工業が発達していた日本と通商条約を結び、実質的に支配することが各国の共通した狙いだったが、他国に先駆けて日本の開国を実現したアメリカが南北戦争にかまけている間、優先支配を企図したのは、「安政の5か国条約」でアメリカ同様の条約を結んだイギリスやフランスだった。

イギリス駐日公使のハリー・パークスは幕府と交渉する一方、「生麦事件」や「薩英戦争」、そして列強4国との「下関戦争」などを通じて急速に薩摩・長州と友好関係を深めた。両藩も最新兵器を目のあたりにして、イギリスと手を結んだ方が得策と判断したのだった。坂本龍馬が仲介した薩長同盟の重要な条件の一つは「薩摩が長州に武器を供与する」ことだったが、龍馬に武器調達のための資金（の一部）を提供し、イギリスから武器・弾薬などを運んだのは、長崎のトーマス・グラバーだった。当時のグラバーはイギリスの貿易商社で、アヘン戦争の仕掛け人といわれたジャーディン・マセソン商会の長崎支店長という地位にあった。それ以外、龍馬の有名な「船中八策」、そして「江戸無血開城」などにもイギリスが陰の力となったとの説もあるが、18年間駐在し、日本人の手による政変を実現したパークスは、明治政府を「最初に承認した外国人」となった。

それに対して、フランスは当初はイギリスと共同歩調をとっていたが、「生麦事件」の後始末ぐらいから親幕府的立場をとるようになった。駐日公使レオン・ロッシュは、イギリスに対抗して独自の対日政策を打ち出し、幕府の政策に積極的に関与するようになった。ロッシュはフランス式の幕府陸軍を建設し、軍事顧問団を派遣して訓練も開始し、そのための資金の借款まで用意した。また、幕政改革を提言し、その一部は「慶応の改革」として実現した。さらに「鳥羽・伏見の戦い」の敗北後、江戸に戻った徳川慶喜に対して、ロッシュは三度にわたり再起を促したといわれるが、慶喜に拒否された。

「戊辰戦争は英仏の代理戦争だった」との見方もあるが、双方に武器・弾薬を売って利益を得ようとした大小さまざまな欧米の商社が存在したことは確かで、パークスの「局外中立」との提案に対して、ロッシュもこれに従うしかなかったというのが事実のようだ。やがて、フランス本国の対英協調政策への変更によってロッシュは解雇されるが、軍事顧問ジュール・ブリュネは一個人として榎本武揚に合流し、「箱館戦争」に従軍した。このブリュネこそが、映画『ラストサムライ』のモデルだったといわれる。

英仏以外、関わりを持った国として、まずアメリカである。幕末と同時期に南北戦争が発生したことはすでに述べたが、それもあって、アメリカは、1861年に幕府がハリスに発注を依頼した軍艦2隻を受注することができなくなった。しかし、イギリス、フランス、オランダとの四か国連合艦隊の一員として「下関戦争」に参加するなど、英仏と協調路線をとるようになり、「戊申戦争」でも「局外中立」を維持した。

オランダは、鎖国時代から西洋や中国事情を幕府に伝えるとともに、幕府が発注した「咸臨丸」「朝陽丸」、幕府海軍最大の軍艦「開陽丸」を建造したり、練習船として「観光丸」を寄贈したりした。しかし、なぜか「和親条約」や「修好通商条約」はアメリカの後塵を拝することになってしまった。

ロシアは1855年、「日露通好条約」（当時は「日魯和親条約」と表記）締結し、樺太は両国の混在地として認める一方、北方4島とウルップ島の間に境界線を確定したが、総領事館を箱館に置いていたため、日本の内政にはほとんど関わることがなかった。当時ロシアは、英仏との「クリミア戦争」の敗北で国内問題に忙殺されていた。

日本が明治維新によって統一国家を作り上げた頃、欧州でもイタリア（1861年）とドイツ（1871年）が統一国家を完成させた。統一前のドイツ（プロイセン）と日本の条約締結は1861年と他国から遅れをとったが、ドイツは「戊辰戦争は長期戦になり、日本は南北に分裂する」と予測し、「奥州越列藩同盟」側に肩入れしていた。

なお、フランスはルイ・ナポレオンの対外政策がことごとく失敗、ついに「普仏戦争」（1870〜71年）でドイツに敗北して日本から後退する。代わって進出してきたドイツは、宰相ビスマルクの戦略もあって、日本の近代化に大きな役割を果たすことになる。「普仏戦争」の勝敗は、明治以降の日本に多大な影響を及ぼしたと考える。

日本が明治維新を成し遂げた頃の国際環境は、このように西欧列国勢力の空白期といっても過言でない幸運に恵まれたのだった。その後再び、列国はすさまじい勢いで帝国主義的な植民地獲得に乗り出すことになるが、日本は西欧列国に伍して独立を保持するために速やかに統一国家を作り上げ、近代国家として国力をつけることが求められた。このための国家の「大改造」を成し遂げたのが、「明治維新」だった。

「立憲君主制国家」の成立

その「大改造」の中身であるが、その根本は「国の政体」（統治形態）である。幕末から明治時代にかけ、国の政体は3回、大きく変わる。

まず、徳川慶喜の征夷大将軍職廃止の勅許だった「王政復古の大号令」（1868年）によって、摂政・関白を中心とする「摂関政治」も廃止した。これを受けて「天皇親政」を行ない、「総裁」「議定」「参与」の3職を配置、総裁には有栖川宮熾仁親王が就任された。政体を単に武家社会が始まる前に戻すだけではなく、初代天皇である神武天皇の「建国の精神」に立ち戻ることを目指したのだった。

この大号令が「戊辰戦争」の引き金になるが、その最中の1868年3月、明治天皇は「五箇条の御誓文」を発した。有名な「広く会議を興し、万機公論に決すべし」「上下心を一にして、さかんに経論を行うべし」などからなる五つの「御誓文」を明治政府の基本方針として示し、わが国は西洋文明を採り入れて近代的な「立憲君主制国家」として発展していく方向を決めた。

そして、同年4月、「御誓文」に基づく「政体書」を公布し、伝統的な「律令制」に定められた「太政官」に権力を集中すること、またアメリカ合衆国憲法を参考にして「太政官」のもとに立法・司法・行政の3権に分立することなどを定めた。この制度は当時としてはあまりに急進的で国情に合わず、明治政府の権力の基礎が固められてゆくうちに形骸化してしまう。

政体の改革だけでも明治政府の苦労が偲ばれるが、1868年7月には江戸を東京と改称し、首都として定め、明治天皇も御所を京都から移した。「戊辰戦争」によって禍根を残すことになった東北など東日本地方を平定するためだった。同年9月には元号を「明治」と改元し、「一世一元制」も定めた。

本書は、日本が欧州列国と関わりを始めた16世紀ぐらいからスタートしたので、日本の「国体」ともいえる、天皇家に権威が属する「律令制」についてはは言及しないままだった。

日本が中国の制度を参考に本格的な律令制を導入したのは「大宝律令」（701年）だった。「日本」という国号と最初の制度的元号「大宝」も正式に定められた。律令制は時代を経て幾度か見直され、718年には「養老律令」が制定された。ただし、平安時代になると現実と齟齬をきたし始め、平安時代末期以降は「武家社会」となって、「御成敗式目」や「武家諸法度」などの「武家法」は制定されたが、廃止法令が出されないまま、律令制は残ってしまった。以来、約1200年間も温存された律令制だったが、明治初期には少し形を変えて生き残り、ようやく明治18年、「太政官制」に代わる「内閣制度」が創設され、明治22年の「大日本帝国憲法」によって完全に廃止される（いつ廃止されたと見なすかについては諸論ある）。

大日本帝国憲法や日本国憲法などを含め、一度制定した法制を、たとえ形骸化しても廃止あるいは改正しないのは、わが国の伝統なのであろう。

「殖産興業・富国強兵」相次ぐ国家の大改造

さて、「廃藩置県」を強行してからわずか約半年後の明治4年12月、政府は「不平等条約」の改正と西洋の諸制度の研究のため「岩倉使節団」を欧米に派遣する。メンバーは岩倉具視以下、大久保利通、木戸孝允、伊藤博文など時の政府の主要メンバーに加え、中江兆民、津田梅子など総勢107人の大所帯だった。

この時期、この豪華メンバーの派遣に踏み切ったわけは、明治政府の外交上の最優先課題が不平等条約の改定にあったことだった。しかし、日本を近代国家と見なさないとする欧米諸国の条約改正の壁は厚く相手にされなかったが、使節団は各国の政治や産業の発展状況などを視察し、じかに西洋文明や思想に触れるなど、西洋の諸制度の研究・吸収は成功し、出発から1年10か月後の明治6年9月、一行は帰国した。

岩倉使節団が欧米滞在間、国内においては、西郷隆盛、井上馨、大隈重信、板垣退助、江藤新平らによる「留守政府」と呼ばれる残留組の手によって次々と改革に着手した。この頃から「殖産興業・富国強兵」がスローガンとして掲げられ、積極的に西洋文明を受け入れるために「お雇い外国人」と呼ばれる外国人を雇用、さまざまな分野で助けを受け、近代国家建設を推進した。

早くも明治5年には新橋―横浜間にイギリスの技術提供を受けて鉄道が開通した。幕府が米国と締結した「鉄道施設免許」を却下、イギリスの資本提供も拒否しての自力での建設であり、欧州以外の国家で、自前で鉄道を敷いたのは日本が初めてとなった。

当時、鉄道敷設は侵略の一手段でもあったので、自力での敷設は安全保障上、重要な意味を持ち、兵力の動員（機動）の観点から軍事的にも大きな意味があった。事実、のちの西南戦争では、兵士や武器は鉄道によって東京から横浜へピストン輸送された。

「留守政府」が実施した主な改革としては「徴兵制」「学制改革」「地租改革」「太陽暦の採用」「司法制度の整備」「断髪令」などがあるが、なかでも、明治5年には義務教育を開始、学費を無償化し、約8年かけて全国に2万4303校（令和2年度は1万9525校）の小学校を作った。「四民平等」によってすべての国民に教育の門戸が解放されたのである。

また、「富国強兵」の本丸というべき徴兵制は、明治維新以来、幕末から奇兵隊など進んだ兵制を採用していた長州藩出身者の大村益次郎や山縣有朋らによって推進された。彼らは、それまで政府の軍隊が「御親兵」と廃藩置県の後に一部の藩士を徴した「鎮台（ちんだい）」だけだったことから、「国民皆兵」の必要性を唱えた。明治2年、大村が暗殺されて一旦挫折するも、山縣がこれを引き継ぎ、明治6年、「徴兵令」が発令され、6個の鎮台が置かれることになった。

全国的な徴兵を可能にした背景に、「戸籍法」（明治4年制定）に基づく「壬申（じんしん）戸籍」が整備されたことが挙げられるが、徴兵制は、江戸時代の特権階級だった武士の解体を意味することから、武士の不満や平民の恐怖も大きく、各地で「血税一揆」といわれた徴兵反対運動も起こった。

「征韓論」と「西南戦争」

日本の国防を考える際、地政学上、朝鮮半島が最重要であることは論を俟たないが、近代史においてその端緒となったのが明治初期の「征韓論」である。

明治初期の朝鮮半島は14世紀末から続いていた李王朝が支配しており、日本とは、それまで続いていた「通信使」が江戸末期の1811年を最後に途絶えて以来、外交関係が中断していた。明治維新以降、日本は新政府の通告と国交を結ぶ交渉を行なうが、「日本の外交文書が江戸時代の形式と異なる」などの些細な理由で朝鮮側に拒否された。その後も再三、使節を派遣し交渉するが、ことごとく拒否されるなど外交問題化していた。

我慢に耐えかねた板垣退助が強行に派兵を主張する中、派兵反対の西郷隆盛が自ら大使として赴くと主張し、明治6年8月、太政大臣三条実美(さんじょうさねとみ)の承諾を得た。その1か月後の同年9月、「岩倉使節団」が欧州から帰国する。岩倉、木戸、大久保らの団員は時期尚早とこれに反対し、西郷の遣韓は中止となってしまう。これを不服とした西郷や板垣ら征韓派は一斉に下野し、明治政府は分裂の危機に見舞われた(明治6年の政変)。

一般には、西郷隆盛が「征韓論」の首謀者のようになっているが、征韓を最も強く主張したのは板垣退助だった。確かに、徴兵制によってようやく国軍の形が整ったその年に、朝鮮半島に軍を派兵することは無謀な試みだったといえるだろう。しかし、西郷は直感的に「今が絶好の機会」と読み取ったのだった。戦前の日本人には「あの時、朝鮮へ出兵しておれば、日清戦争も日露戦争も起こらなかった」との強い思いがあったといわれ、西郷人気の要因にもなっている。

なお、日朝関係は明治8年に発生した「江華島事件」(日本軍艦「雲揚」が江華島沖で朝鮮に砲撃され応戦し、上陸を敢行した事件)をきっかけとして、翌年2月、「日朝修好条約」を締結、朝鮮の開国と釜山、元山、仁川の開港など、日本は朝鮮に不平等条約を押し付けた。

さて、明治政府は、徴兵制発布後も政府財政を大きく圧迫していた華族・氏族制度の扶禄処分に向けた改革などを断行したが、こうした一連の政策に対する士族の不満が強まり、明治7年の「佐賀の乱」から「神風連の乱」「秋月の乱」「萩の乱」と続き、明治10年、ついに「西南戦争」となって、明治の三傑といわれた西郷隆盛が自決するに至る。

これら一連の反乱は「徴兵制」による近代的な軍隊の優秀性を立証することにもなった。士族たちも「武力によって反政府行動を試みるのは無益」と悟り、以後、言論による「自由民権運動」に形を変える。なお、西南戦争の翌年の明治11年、大久保利通も不平士族によって暗殺され、明治初期の一連の騒動は幕を閉じた。国家の大改造には多くの犠牲をともなったのだった。

「大日本帝国憲法」の制定

「明治維新による国家の大改造」の最後に「大日本帝国憲法」の制定を取り上げておこう。短期間で停止されたオスマン帝国憲法を除けば、アジア初の近代憲法といわれた大日本帝国憲法を制定することになった要因は大きく二つあった。

第1には自由民権運動の一環として立法機関の設立要求やさまざまな憲法私案が執筆されたことから、政府もこの動きを無視できなくなったこと、第2には不平等条約改正に向け、近代国家の仲間入りをするため、舞踏会を開くといった「欧化政策」を試みたが効果がなかったことである。

明治9年、明治天皇は「各国憲法を研究し、憲法草案を起草せよ」との勅語を発し、元老院は「憲法取調局」を設置、調査研究を開始した。政府はプロシア風の君主権の強い立憲制度を採用しようとし、明治15年3月、伊藤博文をヨーロッパに派遣、主にプロシア憲法を調査させた。普仏戦争でプロシアが勝利し、「ビスマルクの平和」といわれる小康状態が続いていた頃だった。

1年半の調査を経て帰国した伊藤は、宮中の「制度取調局」の議長となって憲法起草を極秘のうちに開始したのち、「内閣制度」を設置（明治18年）し、初代の内閣総理大臣に就任した。明治21年には、皇室典範、憲法、議員法などの草案を完成し、延べ38日間に及ぶ「憲法会議」が開催された。明治天皇も一度も欠かすことなく出席されたといわれる。同年、憲法草案審議のための「枢密院」が設置され、内閣総理大臣を黒田清隆に譲った伊藤が初代枢密院議長として草案の審議を実施した。

こうして、明治22年2月11日、ついに欽定憲法として「大日本帝国憲法」が公布された。明治天皇が起草を命じてから13年、伊藤博文が中心となって起草を開始してから5年の歳月を要して完成をみた。

なお、憲法は欽定憲法（君主である天皇によって制定された憲法）だったが、天皇の権限が大きく、逆に国民の権利は制限された。「軍隊の統帥権」のみが強調されるが、帝国議会の立法、内閣の行政、裁判所の司法の3権も天皇の統治下にあった。さらに、宣戦、講和、条約締結なども天皇の大権に属したのだった。それでも、当時から一部の勢力が画策したといわれる「天皇親政」とは違い、「天皇が自らの意志で国民に権利を与え、保護する」との「立憲主義の要諦」を目指した伊藤博文らの考えが憲法によって実現し、文明国共通の「立憲政体」が確立した。

明治時代の「国民精神」を育てたもの

明治維新による国家の大改造の総括としてその原動力となり、その後の飛躍につながった明治時代の「国民精神」についても触れておこう。

江戸時代にはさまざまな学問が発達し、それぞれの学問などを通して多士済々な人材が全国各地に輩出されたが、幕末から明治にかけた国防思想の源流となり、門下生に留まらず多くの若者たちの心に火をつけたのは、長州人の吉田松陰だったと考える。

松陰には、どのような人でも心を動かされ、松陰の元に集まる若者が絶えず、「松下村塾」は約90人の大所帯まで膨れ上がった。松陰も「誇りある人間を育てる教育」を目指したようだが、『留魂録』（1859年執筆）冒頭の辞世の句「身はたとひ武蔵の野辺に朽ちぬとも留め置かまし大和魂」は、大義のために命を捧げる精神を若者たちの間に浸透させた。

松蔭は学問の目的を「人間としていかに生きるべきか」にあると熟生に強調したが、明治時代を迎え、怒濤のごとく押し寄せた文明開化の波に翻弄されていた封建的な日本人の体質を「近代文明人」に生まれ変わらせるための新しい価値観を示したのが、有名な「天は人の上に人を造らず、人の下に人を造らず」で始まる福沢諭吉の『学問のすゝめ』だった。福沢は西洋諸国と伍して生きる国民となるためには、国民一人ひとりが「独立自尊の精神」を保持することが急務であるとして「文明国家の礎は個人主義が基本」であること、そしてその手段こそ「学問」であると説いた。

その初編が早くも明治5年に発刊されたのも驚きだが、全17編合計で340万部と、当時、最大のベストセラーとなった。明治初期の人口は約3500万人だったので、国民の約10人に1人が『学問のすゝめ』を読んだことになる。また『学問のすゝめ』は外国でも翻訳され、世界の名著にもなった。

福沢は、晩年に『福翁自伝』で「洋才」について触れているが、短期間に洋才を習得した日本人の資質こそ、当時、日本が欧州列国の植民地を回避し、国家の大改造を成し遂げた最大の要因だった。

時代は少し下るが、日本人の伝統的精神を体系的かつ総括的にまとめた唯一の思想書といわれる新渡戸稲造の『武士道』も「日本人の精神的支柱」となったばかりか、日英同盟成立の原動力となったともいわれる。セオドア・ルーズベルト大統領も『武士道』の愛読者で、数十冊買い求め、子弟に配り、海軍兵学校や陸軍士官学校にも推薦した。

こうして、洋才として西洋から学問や知識を学びながらも「大和魂」「武士道」「独立自尊の精神」など日本古来の精神を大切にするとの考えが、やがて、「和魂洋才」として明治時代の「国民精神」を形成していくことになる。

この和魂洋才を強く提唱したのは、和洋の学芸に精通していた森鷗外だったといわれる。1850年代にドイツで発祥して欧米諸国に拡大していく「黄禍論」(黄色人種の興隆は欧州文明の運命に関わる大問題なので、欧州が一致して対抗すべきとする思想)に対抗するような格好で、「和魂洋才」は日本独自の精神として昭和時代まで盛んに用いられるようになる。

このような日本独自の精神が欧米列国や周辺国との争いの要因ともなり、やがて「激動の昭和」を迎え、敗戦の結果、GHQにより「封建的思想」として裁定され、戦後大きく変容する。「国民精神はどうあるべきか」はそれぞれの国家にとって永遠の課題であると考える。本書においても国防の視点に立った国民精神のあるべき姿について引き続き追い求めていきたい。

4 日清戦争の原因・経緯・結果

「統帥権の独立」と旧陸軍の兵術

「戦争」を理解するには、「軍に関する諸制度」を意味する「兵制（軍制）」、「国家戦略」を意味する「国防方針」をはじめ、軍人教育（人材育成）、戦術、兵器体系、それに実際の戦史などまで踏み込んで学ぶ必要がある。つまり、「軍事」を理解できる知性と感性が必要不可欠なのである。日清・日露戦争を振り返る前に徴兵制によって建軍された「兵制」や旧陸軍の「兵術」などについて少し触れておこう。

明治初期の軍の「統帥機構」は、天皇が自ら採決する「天皇親裁」ではなく、太政官政府直轄だった。それが太政官から分離独立したのは「参謀本部条例」（明治11年）だった。そして、「大日本帝国憲法」第11条の有名な「天皇は陸海軍を統帥す」によって天皇直轄として不動のものとなり、「統帥権の独立」が決定した。ここでいう統帥権とは「軍隊の作戦用兵を決定する最高指揮権」のことで、戦後は統帥権といわず、「最高の指揮監督権」という名称で、自衛隊法第7条によって内閣総理大臣が保持している。

また、憲法では「行政権」もあくまで国務大臣の輔弼（助言や進言）によって「天皇が自ら行なう」という原則に立ち、第55条に国務大臣の輔弼責任を明記しているが、軍の統帥権が国務大臣の輔弼の範囲内にあるかどうかは曖昧だった。しかも大日本帝国憲法には内閣そのものの規定がなく、内閣総理大臣も天皇を輔弼する点においては、ほかの国務大臣と同格、かつ国務大臣の任免権もなかった。

その点では、日本国憲法第65条に「行政権は内閣に属する」と明記され、内閣総理大臣による国務大臣の任免権も規定されている現在の内閣とは性格がかなり違う。歴史を振り返る時、ややもすると現在の判断（価値）基準でさまざまな事象を分析・評価しがちであるが、戦前は現在と真逆、つまり「軍隊は憲法に明記されていたが、内閣は明記されていなかった」という事実を知っておく必要があろう。

さて、明治初期は徳川幕府時代からの縁で、陸軍はフランス式、海軍はイギリス式と兵制を統一する。しかし、普仏戦争の観戦武官としてプロシア軍側で従軍した経験を有する大山巌が優秀なスタッフ14人を引き連れ、再び1年間の欧州列強を視察した結果、明治18年、陸軍の諸制度をフランス式からドイツ式に改めた。

そして、普仏戦争時の参謀総長で電撃作戦によってプロシアの勝利を導いたモルトケ元帥の弟子であるメッケル参謀少佐を招聘し、その助言を得て、それまでの「鎮台」から機動性の高い「師団」に改編するなど、陸軍の兵制を大幅に変更した。このメッケルが教えた兵術思想は「寡をもって衆を制す（少人数で大勢に勝利する）」、つまり「弱者の戦法」といわれ、経済力の貧困な日本の国情にマッチし、良くも悪くも日本陸軍の最適な兵術として定着して多大な影響を与えることになる。その最初の成功例が日清戦争であり、日露戦争の勝利と続くのである。

日清戦争の原因となった朝鮮半島情勢

改めて、日清戦争が起きた当時の東アジア情勢を振り返ってみよう。すでに触れたように、19世紀後半の国際社会は、西洋列国が約85パーセント支配しており、それを脅威と感じていたのは清や朝鮮の李王朝も同じだったが、その対応は国によって違っていた。

アヘン戦争やアロー戦争の結果、領土の割譲や11港の開港などを認め、不平等条約を提携した清は、1860年頃から「洋務新政（西洋に学ぶ近代化の試み）」を合い言葉に近代化を推進した。しかし、日本が廃藩置県を断行し、近代的な国家を生まれ変わったのに比し、清は自国の伝統的な文化や制度を土台にしたため、近隣との宗藩関係（冊封体制）もそのまま残った。それでも1890年代の初め頃には、中国経済は世界的に無視できない存在にまでなった。

朝鮮は大院君（国王の実父）が院政として実権を持ち、「衛正斥邪運動（邪教を廃して朱子学を墨守する運動、対外的には攘夷思想）」を展開し、旧来の鎖国と攘夷を続けた。一方、開国して近代化を推進しようとする「開化派」も台頭してきた。

日本にとって最大の脅威は、不凍港を求めて南下しつつあるロシアだったが、1891（明治24）年にシベリア鉄道の建設に着手したことからその脅威は差し迫っていた。とにもかくにも、ロシアが朝鮮半島に及ぶ前に「朝鮮が中立国として外国に支配されない自衛力を保持する近代国家になる」ことが日本の安全にとっても死活問題であるとの認識が強まったのである。

日本と清の対立は、明治に入って沖縄をめぐる争いに端を発する。1872（明治5）年、明治政府は琉球王国を廃して琉球藩として中央政府直轄にして、中国との関係を廃絶することを要求した。その7年後の明治12年、琉球藩を廃して沖縄県を設置する。この結果、長い間、清に朝貢してきた琉球王国が約500年の歴史を閉じたのだった（「琉球処分」といわれる）。

その後、清は日本を仮想敵国として敵意を示すようになり、日本の朝鮮進出と属国消滅を警戒して、朝鮮に欧米諸国との条約締結を促した。その結果、朝鮮政府はアメリカ、イギリス、ドイツと相次いで条約を締結する（1882年）。同年、朝鮮軍の兵士が暴動を起こして混乱が起きたのに乗じて、攘夷派の大院君がクーデター（壬午（じんご）事変）を起こすが、清は数千の軍隊を派遣し、これを鎮圧した。

2年後の1884年6月、ベトナムの支配権をめぐって清とフランスの間で戦争（清仏戦争）が勃発する。この戦争は陸戦も海戦も清が優勢に戦い、相次ぐ敗北の責任をとらされ、フランスのジュール・フェリー内閣が倒れてしまったほどだった。同年12月、朝鮮半島では清仏戦争で清がベトナムに釘付けになっている間に、日本の明治維新にならって近代化を進めようとした金玉均らがクーデター（甲申事変）を起こす。清は再び軍隊を派遣し、親日派を徹底的に弾圧するが、その後も日本とのにらみ合いが続いたため、フランスと戦争継続が困難と判断、1885年6月、「天津条約」を締結して「朝貢国ベトナムのフランス保護国化」を承認してしまう。

「甲申事変」の後、金玉均らと親好があった福沢諭吉が「脱亜入欧」を掲げるが、翌1886（明治19）年、清は最新軍艦「定遠」など4隻からなる北洋艦隊を親善名目に長崎に派遣し、日本に圧力をかけた。この時、清国水兵が日本の許可なしに上陸、市内で乱暴狼藉の限りを尽くす事件が発生する（長崎事件）が、これら一連の事件が反清感情を大いに刺激し、日清戦争を引き起こす遠因となる。

そして1894（明治27）年、朝鮮南部で「東学党の乱」と呼ばれる農民暴動が発生する。東学党とは「西洋のキリスト教（西学）に反対する宗教（東学）を信仰する集団」だったといわれるが、その実態は不明である。わずかな兵力しか持たない朝鮮は、再び清に鎮圧のための出兵を求めたが、「甲申事変」後の清との申し合わせに従い、日本も軍隊を派遣した。こうして、ついに朝鮮半島で日清両国が衝突し、日清戦争が始まるのである。

日清両軍の戦力を比較すると、日本陸軍は総員約7万人からなる7個師団だったが、明治26年に改正された「戦時編制」によれば、動員兵力は約15万人、後備軍を加えれば約27万人だった。最新式の村田銃（一部は村田連発銃）を装備し、野戦砲兵部隊は射程約5千メートルの青銅製の野砲や、射程約3千メートルの山砲を保有するなど、徴兵制の発布から20年足らずで奇跡的にこのような近代軍に成長していた。

これに対して、清朝250年の歴史を背負っていた清国陸軍は複雑で古色蒼然としていた。兵制も満蒙漢人の子孫からなる「八旗」（約29万人）、清朝平定後に創設され、漢人で組織された「緑営」（約54万人）をはじめ「郷勇」「練軍」などに分かれ、総勢は約95万人だった。数だけ比較すると日本の約3倍だったが、兵器は旧装備で多種雑多、総じて日本軍より劣っていた。

海軍は開戦前、日本が軍艦28隻・約57万トン、水雷艇24隻・約1400トンの計約59万トンだったのに比し、清は「北洋」「南洋」「福建」「広東」の4水師（艦隊）からなる総数82隻、水雷艇25隻の計約85万トンと数・質ともに日本より優れていた。なかでも主力艦「定遠」「鎮遠」は鋼鉄艦で、日本の主力艦「松島」級より強大だった。

日本に幸いしたのは、清の軍隊で実際の戦争に参加したのは、陸軍は直隷省（現在の河北省あたり）、海軍は北洋水師と広東水師の一部に留まったことだった。「眠れる獅子」は一枚岩でなく、国を挙げての戦争という概念はなく、兵士の練度や士気もけっして高くなかった。

これらの情報は、今でこそつまびらかになっているが、開戦時は不明だった。敵は「眠れる獅子」として世界の最強国・清であったばかりか、開国以来、外国と戦争したことがない当時の日本にとって自分たちの「強さ」も不明だったので、国を挙げて国家存亡の危機と映ったことは容易に想像できる。しかし、それよりも「戦争しなければ朝鮮半島が清朝になってしまい、やがてロシアが進出し、日本も危なくなる」との危機感の方がはるかに強かったのだった。

日清戦争の経緯

開戦に至る手続き（プロセス）は完璧だった。日本は清と共同して内乱を鎮圧した後、朝鮮の内政改革を推進しようと申し込んだが、清はこれを拒否する。イギリス、アメリカ、ロシアの3か国も調停の労をとったが、清は「日本の撤兵後でなければ協議に応じない」との態度を固持したため、いずれも失敗に終わる。

1894（明治27）年7月12日、日本は戦争も辞さない決意を表明し、19日には「最後通牒」を清に手交した。8月1日、両国とも宣戦を布告して戦争状態に入った。

最後通牒手交後の7月25日、朝鮮半島の豊島沖（ソウルの南西海域）で日本の連合艦隊隷下の第1遊撃隊は、輸送艦を含む清国艦隊と遭遇、これらを撃破し、緒戦を飾った（豊島沖海戦）。

この海戦で日本の巡洋艦「浪速（なにわ）」（艦長は東郷平八郎）が約1100人の清国陸兵を輸送していたイギリス籍の輸送船「高陞号（こうしょう）」を撃沈してしまった。危うく国際紛争に発展する懸念があったが、外務大臣陸奥宗光、海軍大臣西郷従道、東郷艦長らの適切な措置と決然たる態度で臨んだ結果、最終的に、撃沈は国際法上正当と判断され、事なきを得た。

おりしも、1886（明治19）年に発生した「ノルマントン号事件（和歌山県の紀州沖で座礁したイギリス貨物船ノルマントン号の船長が白人の乗客や船員だけを脱出させ、日本人乗客25人全員が死亡した事件）」を機に条約改正の交渉が始まり、宣戦布告（8月1日）直前の7月16日に「日英通商航海条約」が調印され、「治外法権」が撤廃、関税が引き上げられた。

しかし調印当時、イギリスは日本か清国か、どちらを支持するか揺れ動いていた。日本には、朝鮮半島における日本の軍事行動を抑制するよう釘を刺す一方で、清国陸兵の輸送にも加担していたのだった。

このイギリスのアジア戦略が日本に傾斜したのは、陸戦の緒戦となった、京城南方の「牙山・成歓の戦闘」（7月27日〜30日）において日本軍が清軍を圧倒した後だった。それが「高陞号」撃沈の最終判決（8月17日）にも影響することになり、のちの「日英同盟」に発展していくことになる。当たり前だが、「国家が強いことは信頼の源」なのである。

日清戦争の戦場は朝鮮半島、清国の遼東半島およびその周辺海域である（下関条約締結後の台湾征討まで含めるべきとの考えもある）。

それぞれの戦闘は意外にもあっけなく日本の連戦連勝に終わった。豊島沖海戦に続き、宣戦布告前に火ぶたを切った「牙山・成歓の戦闘」は4日間、宣戦布告後初の決戦となった「平壌の戦闘」は約半月、「鴨緑江の戦闘」は3日間で決着し、戦場は朝鮮半島から遼東半島に移った。

この間、渤海湾の制海権獲得を使命とした海軍は豊島沖海戦以来、清国艦隊が姿を現わさず決戦の機会がなかったが、9月17日、ついに「黄海海戦」となり、これも約半日で勝敗は決した。

日本軍は、山縣有朋率いる第1軍（2個師団）に加え、清国陸軍との決戦に備えて、大山巌率いる第2軍（3個師団）も投入し、旅順港を3日間で攻略した後、日清戦争最大のヤマ場となった「海城の決戦」（遼東半島西側）を迎えた。大本営と第1軍司令官山縣有朋の作戦指導の食い違いから指揮官交代のハプニングもあったが、12月13日から翌年2月27日まで激烈な戦いの結果、ついに日本が勝利した。

この間、陸海軍が連合して遼東半島の対岸の「威海衛（いかいえい）の攻略」も約20日間で終了し、合わせて台湾海峡の要衝、澎湖島（ほうこ）も約1週間で占領してしまった。

「下関条約」締結と「三国干渉」

1895（明治28）年3月上旬、日本は清国軍主力と決戦する（直隷決戦（ちょくれい））ための第2期作戦計画の大要を決定する。そのため、後備部隊の約三分の一に相当する7個師団を投入して約20万人の清軍と対峙し、勝敗の決着をつけるつもりだった。朝鮮半島、そして占領した金州半島（金州、大連、旅順など）にも守備兵力を配置するので、国内に残る陸軍兵力はほぼ皆無に近い状況だった。

同年3月20日、下関で日本全権大使伊藤博文と清国全権大使李鴻章の間で講和条約の調整を開始した。ようやく会談を始めた矢先の3月24日、会議を妨害して戦争を継続する目的で、24歳の日本人が李鴻章を拳銃で狙撃するという事件が発生した。幸い一命は取りとめた李は交渉に復帰するが、交渉中断を恐れた日本側は、李鴻章が主張した約3週間の休戦条約に調印した。

日本側は、新たに約3万5千人の兵士や軍馬を大連湾に到着させるなど、直隷決戦の準備が整った。これを知った清側がついに折れ、日本の講和条約案を受け入れ、決戦発動直前の4月17日、「下関条約を調印した」との電報が大山巌第2軍司令官に届いたのだった。

条約の概要は、①朝鮮半島の独立自主の承認、②遼東半島、台湾、澎湖諸島の割譲、③軍事賠償金として庫平銀2億両（日本円で約3億1100万円）の支払い、④日清通商条約を締結し、欧米列強並みの通商上の特権を日本に付与、新たに沙市・重慶・蘇州・杭州の開港、⑤日本軍の威海衛の保障占領などだった。休戦期間も5月8日まで延長され、この条約により、朝鮮半島に中国の冊封国ではない、史上初の統一独立国家「朝鮮帝国」が誕生することになる。

開戦当初、日本か清か、どちらに加担するか様子見していたイギリス同様、ロシア、フランス、ドイツなどの列国も日本に戦争させ、自分たちは高みの見物を決め込んでいた。そして、日本が勝ち、下関条約が成立すると、列国はわれ先とばかり清国の利権に群がった。清国内にも「以夷制夷（外国を使って外国を制す）」との伝統的思想によって、講和条約を無効にするためには欧州列国にいかなる報酬を払ってもいいとの意見が広まった。

このような背景から、下関条約調印からわずか6日後の4月23日、ロシア、ドイツ、フランス3か国の駐日公使が外務省を訪れ、「遼東半島の日本の領有は、北京に対する脅威となるばかりでなく、朝鮮の独立を有名無実にし、極東平和の障害となる」と遼東半島の放棄を迫った。有名な「三国干渉」である。

これを主導したロシアは当初、イギリス、ドイツ、フランスに提案した。ドイツとフランスはすぐに同意したが、イギリスは日本との対立を好まず、かつ講和条約によって自国の通商関係の特権の拡大を知ってこれを拒否する。背景に、イギリスとロシアの「グレート・ゲーム」があったが、イギリスの離脱はロシアに大きなショックを与えた。ロシアの中にも「日本に対する敵対行動が日本という強力な敵を作り出し、日本をイギリス側に追いやる」と干渉反対の意見もあったようだが、「武力行使も想定した干渉を行ない、日本の南満州進出を阻止すべき」との意見が多数を占めた。反対派が懸念したように、この三国干渉は、のちの日露戦争の一要因となる。

日本は三国干渉撤回に向けてさまざまな対応を試みるが、いずれも効果がなく、清と再交渉の結果、遼東半島還付報奨金3000万両（約4500万円）を得て半島から撤兵した。三国干渉の要求を拒否すれば、この3か国と一戦を交えることになり、勝ち目のなかった日本は「臥薪嘗胆（がしんしょうたん）」を合い言葉に堪（た）えるしかなかったのだった。ちなみに、「臥薪嘗胆」という言葉は当初、「嘗胆臥薪」として「三国干渉を受け入れた伊藤内閣の外交政策を批判する」ために使用されたが、やがて「臥薪嘗胆」となって対露敵愾心と軍備拡大を煽る流行語に転じていくことになる。

「台湾平定」と「日清戦争」総括

三国干渉の結果、わが国が下関条約で獲得した領土は台湾と澎湖諸島だけになった。当時、台湾は約5万人の軍隊を有して日本への帰属を反対、1895（明治28）年5月25日には共和政府を樹立して独立を宣言した。

これに対して、初代の台湾総督に任命された樺山資紀（かばやますけのり）海軍大将は、5月29日、近衛師団とともに台湾に上陸して北部を平定し、6月22日には、台北に台湾総督府を開庁した。しかし、依然として台湾南部は帰服しなかったので、第2師団を台湾南部に上陸させて征伐し、10月末頃、全島をほぼ平定、翌年3月には掃討を完全に終了した。

豊島沖海戦に始まった日清戦争は、約1年8か月間、断続的に戦闘が続き、台湾平定をもって終了した。戦争の人的損失は、戦死・戦病死1417人、病死1万1894人、変死177人の計1万3488人を数え、戦死の8倍強に及んだ病死の大半は、当時、原因が不明だった脚気や不衛生な水と食料による赤痢、マラリアなどによるもので、その過半は台湾での病死だった。

日清戦争の臨時軍事費は、陸軍が1億6452万円、海軍が3596万円の合計2億0048万円（当時の一般会計歳出の約2倍に相当）で、政府は「内国公債」を発行して充当した。日本は清から軍事賠償金3億1100万円と遼東半島返還報奨金4500万円の合計3億5600万円を受け取った。つまり、かかった戦費より1億5552万円ほど儲かった戦争となった。この巨額な賠償金は、ロシアを仮想敵として、陸軍は7個師団から13個師団へ、海軍は甲鉄戦艦6隻、一等巡洋艦6隻を中心とする世界水準の艦隊建設の軍備拡張のためにその約8割が費やされる。

「日清戦争はアジアを変えた戦争」だったといわれるが、日本の隆盛とは逆に清国は敗北を契機に衰退し、列強は三国干渉の代償として、先を争って中国を侵略した。ロシアは１８９６年、東清鉄道敷設権を獲得し、98年には遼東半島の旅順・大連を租借して南満州鉄道敷設権を獲得した。同年、ドイツは膠州湾を、その翌年、フランスは広州湾を租借した。漁夫の利を得たように、イギリスも香港を根拠として華南・華中に勢力を拡大し、98年、九龍半島と威海衛を租借した。この「租借」とは、英語では「解決」とか「和解」を意味する「Settlement」と訳され、当時は、半永久的な「割譲」を意味していた。

欧州列国による清国の割譲は、「アヘン戦争以来のイギリス一国による清の半植民地化状態が崩壊した」ことを意味していたが、そこに至るまでさまざまな背景があった。

ロシアとフランスは１８９４年、主にヨーロッパにおける勢力均衡を得る目的で「露仏同盟」を締結していた。ロシアとフランスの挟撃を恐れたイギリスは、ドイツと連携して両国に先んじて清朝に対日賠償金支払いのための借款を与え、清国内の権益を認めさせた。この結果、ドイツも１８９６年、清に出兵して膠州湾を占領した。当初は「ドイツがロシア南下の防波堤になる」と歓迎したイギリスだったが、「山東半島全体を勢力圏」と主張し始めたドイツへの警戒感を強め始める。

１８９８年、ロシアが旅順・大連を租借した対抗策として山東半島先端の威海衛を租借したイギリスだったが、今度は、ドイツがロシア、フランスと協調してイギリスの租借反対と主張することを回避するため、山東半島をドイツの勢力圏と認めざるを得なかった。これは、イギリスにとって最も重要な揚子江流域（清国の三分の二の人口が集中）にドイツが進出することを容認するものであり、大さな痛手となった。

一方、1900年、欧州列国に国土の大半を植民地化された清国内で、「キリスト教に代表される西欧文明の広がりこそが庶民の生活を苦しめる災厄の根源だ」として広がった宗教勢力の反乱が発生した（「義和団の乱」、あるいは「義和団事件」「北清事変」などと呼ばれる）。当初は清朝に対しても強い反発を示した義和団だったが、やがて「扶清滅洋（ふしんめつよう）」をスローガンに掲げて清朝に接近し、清朝内部にも彼らを「匪賊（ひぞく）」とみなすより「義賊」とみなす意見が優勢となった。

この結果、義和団を取り締まらない清朝と諸外国の対立が深まり、同年5月末には、イギリス、フランス、アメリカ、イタリア、そして日本が「居留民保護」のため、天津に少数の部隊を派遣した。日本は当初、出兵には慎重だったが、欧州列国を代表する形でイギリスから正式な要請を受けて出兵を承諾した。その後、事態はまたたく間に清国全体に広がり、清朝政府が諸外国に対して宣戦布告するという危機的事態に陥ったが、列国は連合軍となってこれを鎮圧した。

当時の軍隊は、作戦・占領地域において略奪や強姦が常態化していた（最も悪質だったのがロシア軍だった）が、日本軍のみは規律正しく、略奪行為は一切なかった。これらから、欧州列国、なかでもイギリスは、日本の軍事力のみならず、外交力、国際法の理解、信義を守る誠実さを高く評価したのである。

5 日露戦争の原因・経緯・結果

世界を仰天させた「日英同盟」締結

イギリスは、中国内の勢力圏をめぐって欧州列国と熾烈な争いを展開していた1889年から1902年頃、「南アフリカ戦争」(「ボーア戦争」とも呼ばれる)が発生、イギリスの正規軍と志願兵を合わせ44万人の兵力がこの戦争に投入され、戦死・病死者2万2千人、負傷者約10万人に達した。

その頃、ロシアが「義和団の乱」に乗じて満州を軍事占領した。撤兵を約束したものの、撤兵するどころか朝鮮半島にも触手を伸ばすようになった。これに対して、イギリスと日本は警戒感を強め、両国の間に「対ロシア」という共通の紐帯(ちゅうたい)が出来上がった。

このような情勢を背景に、「光栄ある孤立」を誇りとして欧州においては他国と同盟を一切結ばなかった大英帝国が、有色人種の小国・日本と「日英同盟」を結び、当時の国際社会を仰天させた。イギリス側からみた日英同盟には、ユーラシア大陸の地政学や清国における列国との競合などに加え、大英帝国のパートナーとしての日本の「強さ」プラス「信義」のようなものまで含まれていた。

日本政界には、ロシアとの対立は避けられないと判断し、イギリスとの同盟を推進した山縣有朋、桂太郎、西郷従道らに対して、伊藤博文や井上馨らはロシアとの妥協の道を探っていたが、交渉が失敗したこともあって、1902(明治35)年1月、ロンドンにおいて日英同盟(第1次日英同盟)が締結された。日英同盟は「他国の侵略的行動に対応して交戦に陥った場合は、同盟国は中立を守ることで他国の参戦を防止し、2国以上と交戦となった場合は、締結国を助けて参戦を義務づける」という「軍事同盟」だった。本同盟により、日本が大英帝国の「非公式な一員」となったとの見方もあるが、当時の情勢からわが国としても最適な選択であったことは間違いないだろう。

さて、義和団の乱に際して、居留民保護の目的で自国の部隊を派遣した8か国の1国に、当時は中国にまったく利権を持っていなかったアメリカも含まれていた。アメリカは1898年の米西戦争に勝利し、フィリピンやグアムを征服したが、フィリピン人の反乱に対応するため、大規模な艦船や海兵隊などを配置していた。しかし、ボーア戦争鎮圧のイギリス同様、アメリカもフィリピンの反乱鎮圧に忙殺されており、義和団対処は、福島安正少将や柴五郎中佐などのリーダーシップのもと、約2万人超える日本軍が連合軍の主力となって大活躍することになる。

本事件を通じて、アメリカはフィリピンの支配と極東における大規模な軍隊の保持の必要性を考えるようになったといわれるが、アジアに遅れてやってきたアメリカが、やがて「門戸開放」「機会均等」を叫び、わが国や欧州列国を牽制するようになり、ことさらわが国に警戒心を持つようになる。

日本は日清戦争後、三国干渉によって遼東半島から撤兵してからわずか5年後、再び清国内に軍を派兵することになった。欧州列国の要請があったとはいえ、義和団出兵は大陸へ軍を派兵する抵抗感（敷居）を低下させ、この後の日露戦争、第1次世界大戦、シベリア出兵、そして満州事変や支那事変と続く、大陸を舞台に国の命運をかける争いに発展していくきっかけになったことは否定できないと考える。言葉を代えれば、この出兵がアメリカの警戒心の芽生えと併せて「激動の昭和」に向かって成長する〝種〟になったのだった。

北京まで占領した列強は、1901（明治34）年、「北京議定書」を作成、中国は列国に賠償金を払い、北京と天津への外国軍隊の駐留を認めるなど、列国による半植民地化がさらに強まり、清朝滅亡へのカウントダウンが始まった。

「事大主義」の朝鮮とロシアの南下政策

日清戦争で日本が清に勝利したことにより、朝鮮政府内の親清派は一掃され、日本との関係は好転するかに思われたが、三国干渉で日本が譲歩した結果、朝鮮政府内に「やはり白人の方が強い」とする親露派が台頭し、独立を助けたはずの日本を侮る空気が生まれた。朝鮮から清国を排除できたと思ったら、その空席にロシアがどっかり腰を据えてしまったのである。

1895（明治28）年、親ロシアの傾向を強めた朝鮮王妃・閔妃の殺害事件が発生する。日本政府は、日朝関係を悪化するだけでなく、日本の信用を失うと判断し、関係者を召喚して逮捕するとともに、善後処置を探るために小村寿太郎や井上馨を派遣した。こうした機敏な措置のおかげで閔妃殺害事件は重大な国際問題に発展せず、西欧列国もあえて日本を非難しなかった。

閔妃を殺害したのはいかにも乱暴だったが、多くの日本人が惨殺された「壬午事変」や「甲申事変」のように、当時の半島はこのような事態が日常的に発生していた。事実、この後も朝鮮国王がロシア公使館に逃亡した事件のほか、独立派や親日派の政治家が惨殺され、日本人も30人以上殺害されるという事件も発生する。

そのような情勢を経て、日本とロシアが敵対することになるが、まずロシアについて触れておこう。9世紀以降、領土拡大を続けたロシアは、外洋へ進出する出口が他国の支配下にあるか、冬季には凍結する港のみで大きな障壁となっていた。よって、外洋への出口や不凍港を求めての「南下」政策は、ロシアにとって至上命題となっていた。

そのロシアがナポレオン戦争後、ユーラシア大陸の支配をめぐってイギリスと「グレート・ゲーム」を展開したことはすでに触れた。そしてバルカン半島の南下を目指した「クリミア戦争」でイギリス、フランスの支援を得たオスマン帝国に敗北したが、「露土戦争」（1877〜78年）ではロシアが勝利し、バルカン諸国の独立を回復した。

しかし、ロシアの影響力増大を警戒するドイツ帝国宰相ビスマルクの策略によって、ロシアのバルカン駐留短縮などを定めた「ベルリン条約」を締結させられ、ロシアはバルカン半島の南下政策を断念する。その結果、進出の矛先を極東地域に向けることになり、それが三国干渉を主導し、満州から遼東半島、そして朝鮮半島への進出につながる。

なお、ロシアは日露戦争に敗北後、再び因縁の地・バルカン半島に目を向けて汎スラヴ主義を唱え、汎ゲルマン主義を唱えるドイツなどと対立して、第1次世界大戦を引き起こし、第2次世界大戦で再び極東地域に戻ってくる。

さて、義和団の乱に乗じて満州を勢力下においたロシアは、朝鮮半島に持っていた利権を手掛かりにその拡大を企図する。これにより、朝鮮王国は親日的な改革派と親露路線を主張する朝鮮国王・高宗や両班（ヤンバン）（高麗、朝鮮王朝時代の官僚・支配階級の身分）らが対立する。日本は外交努力で衝突を避けようとするが、ロシアは強大な軍事力を背景に日本への圧力を増大させていく。

1903（明治36）年8月からの日露交渉において、日本は「朝鮮半島は日本、満州はロシアの支配に置く」との妥協案を提案したが、ロシアは「朝鮮半島に増えつつある『利権』を妨害される」との主戦論者が多数を占め、これを拒否する。

その後も交渉が続けられるが、同年10月、ロシアは「朝鮮半島の北緯39度（平壌付近を横切る緯度）以北を中立地帯として軍事目的での利用を禁ずる」と日本へ逆提案するが、日本はこの提案では日本海に突き出た朝鮮半島は事実上ロシアの支配下となって日本の独立が危機的状態になりかねないと判断し、「シベリア鉄道全線開通前に対露開戦やむなし」との国論へ傾いていく。

戦争を決断するにあたって巨額な外貨獲得が必要だったが、当時の日本銀行副総裁高橋是清は、フランスやドイツが冷淡ななか、ドイツ系アメリカユダヤ人ジェイコブ・シフと知遇を得て何とか外貨を獲得する。後日談だが、「ポーツマス条約」の結果、ロシアから賠償金を取れなかった日本はシフには金利を支払い続けることになる。その結果、日露戦争で最も儲けたシフはレーニンやトロツキーに資金援助し、ロシア革命を陰で支えるのである。歴史は思わぬところでつながっている。

日露の「戦力」と「作戦計画」

1904（明治37）年2月6日、日本はロシアに対して国交断絶を言い渡し、2月8日、日本海軍駆逐艦が旅順港に停泊していたロシア旅順艦隊に奇襲攻撃して戦争の火ぶたが切って落とされた。

日本陸軍の兵力は13個師団、2個騎兵旅団、2個砲兵旅団など、総計歩兵156個大隊、騎兵54個中隊、野戦砲兵106個大隊、工兵38個中隊が完成していた。当時の師団は歩兵2個旅団（12個大隊からなる4個連隊）を基幹に、騎兵1個大隊、砲兵1個連隊、工兵1個大隊などで編成され、兵員約1万8500人、軍馬5000頭からなる立派なものだった。

兵器は歩兵銃、騎銃、野砲（最大射程6000メートル〔戦争中に7750メートルに改造〕）や山砲（射程4300メートル）などに加え、当時は新兵器といわれた機関銃を導入し、臨時に機関銃隊を編成していた。なお、戦争末期には14個師団、2個後備師団、10個後備歩兵旅団などまで増強され、戦争参加者は、戦地と後方勤務の軍人・軍属合わせて108万人を超えた。

海軍は戦艦6隻、巡洋艦6隻を含む艦艇152隻約26万トンを保有しており、戦争中に購入・建造・捕獲したものなど約13万トンを加え、総計約40万トンの艦艇で戦った。

これに対してロシア軍は、陸軍が31個軍団を主力に総勢力として歩兵1740個大隊、騎兵1085個中隊、砲兵700個大隊、工兵2個大隊など約208万人からなり、既訓練兵は500万人以上を数えていた。そのうち、実際に戦争に参加したのは、極東総督管轄下の4個軍団の満州軍、2個師団基幹の沿海州方面守備軍、東部シベリアに所在した関東兵団の1個師団基幹の所在部隊に加え、シベリア鉄道で戦場に輸送された兵力は129万人の規模に達した。

日本側は、ロシア軍総陸軍兵力は日本軍の約7倍と見積っていたが、シベリア鉄道の輸送力から極東で使用できる兵力は約25万人程度と見積もり、ほぼ互角と判断していたようだ。しかし実際には、ロシアは単線のシベリア鉄道を一方運行によって輸送力を強化して、日本側推定の約5倍の兵員を増強した。この結果、日本側も投入兵力の増強を余儀なくされた。兵器の質は日露ともおおむね同等だったが、ロシアが採用していた新型の機関銃は日本軍を苦しめることになる。

ロシア海軍はバルチック、太平洋、黒海、カスピ海の4艦隊に区分され、総計は約80万トンだったが、実際に戦争に参加したのは、太平洋艦隊とバルチック艦隊を合わせて約28万トンのみだった。ロシア海軍は極東艦隊だけの戦力なら日本の約7割だったが、バルチック艦隊が合流すれば約1・8倍になり、日本軍は著しく不利になると判断していた。

次に陸海軍の作戦計画であるが、陸軍の方針は「3個師団をもって敵に先立って朝鮮半島を占領する。次に満州を主作戦地として陸軍主力を使用し、敵の野戦軍を撃滅するため、まず遼陽に向かって作戦する。ウスリーを支作戦地とし、1個師団をもって敵を牽制する」だった。

この方針に基づき、第1期を「鴨緑江以南の作戦」、第2期を「満州作戦」とした。しかし、第2期については開戦までほとんど具体的計画はなかった。これをもってしても、当時の日本が朝鮮半島を確保するため、追い詰められたまま開戦に踏み切った事実を覗い知ることができる。

海軍の作戦は「敵の艦隊が旅順、ウラジオストクに二分され、その戦備の未完に乗じて急襲撃破し、極東の制海権を獲得する」としていた。バルチック艦隊の出航は、開戦から8か月後の1904年10月15日だったので、当初の作戦計画に「日本海海戦」は含まれていなかった。

これに対して、当時のロシアの関心はあくまで欧州方面が主だったが、ようやく1901年、対日作戦の概要が作られた。これによると、日本の上陸兵力は約10個師団であり、ロシア艦隊が存在する限り、上陸地は韓国沿岸と判断していたようだ。

ロシア陸軍の作戦は「欧州、シベリアなどから増援し、主兵力を遼陽・海城などに集中、鴨緑江から分水嶺付近を利用して日本軍を遅滞し、旅順に向かう側背から脅威を与えつつ、これを北方に誘致する。日本軍の圧迫が急な場合は決戦を避けて退却して、この間、増援しつつ、ハルピン付近で決戦を行なう」というものだった。

実際の日露戦争における陸戦は「奉天会戦」（1905年3月）をもって終結するが、ロシアはさらに500キロメートル以上も北に位置するハルピン決戦までも視野に入れていた。のちの「ポーツマス講和条約」締結交渉において、ロシアが強気な姿勢を崩さなかったのは、まだ戦い続ける計画と意志があったからだった。

「日露戦争は〝第0次世界大戦〟だった」と分析する歴史家がいるが、そのわけは、総力戦だったことや機関銃が本格的に使用されたことなどから世界の戦史上重大な節目になったことにある。

日露戦争には、欧州などから13か国、70人以上の観戦武官が派遣され、両国の戦いを間近に視察していた。日英同盟のイギリスからはハミルトン中将以下33人の大所帯で、アメリカからはマッカーサー中将（ダグラス・マッカーサーの父）などが視察し、戦場の実相や戦法などが観戦武官を通じて世界中に拡散し、第1次世界大戦などに大きな影響を及ぼすことになる。

日露戦争は、戦争そのものは日本とロシアの2国にとどまったが、それにもわけがある。1904（明治37）年2月、ロシアと日本がそれぞれ宣戦布告すると、イギリス、アメリカ、フランス、ドイツ、イタリアなど西欧諸国のほとんどが局外中立の声明を発した。イギリスが「1か国と交戦状態になった場合は中立を守り、2か国以上と交戦状態になった場合は参戦の義務がある」と定めた日英同盟によってフランスなど各国を牽制したのだった。

日露戦争勃発後の4月8日、イギリスとフランスは、ドイツのアフリカ進出に対する警戒から「英仏協商」を締結した。これによって「百年戦争」（14～15世紀）以来、数百年にもわたる英仏間の対立関係に終止符が打たれた。この条約は、やがてロシアを含む「三国協商」に発展するが、この時点ではロシアに痛手を与えることになる。ロシア外交の基軸だった露仏同盟が、日英同盟に対抗する力を持たないことが明らかになったのだった。

日露戦争の経緯

日露戦争においては「旅順要塞の攻略」「奉天会戦」「日本海海戦」などがあまりにも有名だが、戦争の経緯について概要のみを触れておこう。

まず、日露戦争の原因ともなった朝鮮半島の戦闘である。日本の戦争の目的はこの朝鮮半島を確保することだった。両国の激突は、2月8日の海軍の戦闘から始まったことは前述した。その後、日本海軍は旅順港の閉塞作戦を敢行した。この作戦が功を奏して、以来、同年8月頃までロシア旅順艦隊は港内に引きこもったままになり、黄海の制海権は、完全にわが国が掌握した。

朝鮮半島の確保のため、日本陸軍第1軍は先鋒を仁川に上陸させ、京城から平壌に前進する一方、主力を鎮南浦（平壌西方）に上陸させ、鴨緑江に向かい、朝鮮半島の確保をめぐる日露陸軍の最初の衝突が「鴨緑江の会戦」となった。日本軍3個師団に対してロシア軍は約8個師団、しかも鴨緑江の河川障害を活用できたのだが、5月1日払暁、日本軍は一斉に攻撃開始、わずか1日で渡河を敢行した上、国境の既設陣地を突破し、満州の橋頭堡を確立してしまった。

その後、遼東半島南部の攻防に移るが、第2軍は遼東半島に無血上陸した。一方、ロシア旅順艦隊は強力な陸上砲台に守られて港内に健在していたため、大本営は旅順要塞を攻略することを決定し、新たに2個師団基幹の第3軍を編成した。その一方で、ロシア軍が遼東半島に南下しつつあることを知って、遼陽をめざして第1軍は朝鮮半島から西進、第2軍は遼東半島西側を北上した。

6月23日、「満州総司令部」（総司令官大山巖元帥、総参謀長児玉源太郎大将）を編成し、満州軍を指揮下に入れる一方、第4軍を編成して第1軍と第2軍の間の遼東半島東側を北上させた。8月上旬、遼陽付近に所在したロシア軍は13個師団基幹の20万人以上、8月中旬以降、さらに増援が到着すると判断されたのに対して、日本軍は9個師団基幹の約13万人で挑み、しかも堅固に陣地を占領して迎撃準備を整えていたロシア軍に対して包囲（敵の側面や背後に対する攻撃）の態勢をとって決戦を求めた（「遼陽会戦」）。

こうして、8月24日～9月4日、東方から第1軍、第4軍、第2軍をもって遼陽に向かって攻撃し、ロシア軍と死闘を繰り返し、相方ともに兵力や弾薬不足に陥り、ロシア軍が撤退したが追撃せずに遼陽付近で停止した。その後、逆にロシア軍が攻勢に出て、日本軍の防御の前に失敗した「沙河の会戦」などを経て、決戦は翌春の奉天会戦に持ち越されることになった。

次に司馬遼太郎氏の『坂の上の雲』で有名になった「旅順攻略」である。当初、海軍は陸軍の援助なしの独力で旅順艦隊を無力化しようと固執し続けたが失敗した。バルチック艦隊の極東回航がほぼ確定するや、拒み続けてきた陸軍の旅順攻略を認めざるを得なくなったというのが真相のようだ。

7月12日、ようやく海軍から陸軍に旅順艦隊を港外に追い出すか、壊滅させるよう正式に要請が入った。しかも「バルチック艦隊が10月頃に極東に到着する」と、見積りを誤った海軍が陸軍を急かした。

乃木希典大将を司令官とする第3軍は、第1次から第3次と3回にわたり総攻撃を実施している。まず第1次攻撃は8月19日、兵力不足、準備不足、敵の状況不明のまま、旅順の東北に位置する永久堡塁群を強襲したところ、大きな損害を出して失敗に終わった。

第1次攻撃の失敗に鑑み、第3軍は正攻法で攻撃することを決し、内地から28センチ砲を運搬し、攻撃準備に着手、10月26日、再度、総攻撃を実施するが再び失敗する。「いかなる大敵が来ても3年は持ちこたえる」とロシア軍が豪語した旅順要塞は、コンクリートで塗り固められ、それらを塹壕で結ぶ最新式の大要塞だったのだが、第3軍はこの事実を察知していなかった。その上、「肉弾」に頼ったのは、砲弾の補給が追いつかないという事情もあった。

10月半ば、「バルチック艦隊がバルト沿岸を出港した」との報が届くや、海軍はマスコミを使って国民の恐怖心を煽り、旅順を攻めあぐねる乃木への批判を巻き起こした。こうして、11月26日から再び旅順東北部を目標に第3次攻撃を敢行したが、またもや頓挫、ようやく二〇三高地に攻撃目標を変換し、12月5日、ついに二〇三高地の奪取に成功した。それでもロシア軍は抵抗を続けたが、翌年の1月1日ついに降伏し、旅順要塞の攻防に決着がついた。

最後の決戦が「奉天会戦」だった。翌1905（明治38）年に入り、旅順が陥落するなど劣勢にあったロシア軍は、奉天付近に32万人の兵力を集結させた。これに対して、日本軍の総勢は、どうにか旅順攻略を終えて参戦できた第3軍を合わせて約25万人だった。攻撃計画は、最右翼（最東側）、つまりロシア軍左翼後方に新たに編成された鴨緑江軍が攻撃開始、それに連携して第1軍、第4軍、第2軍、最後に第3軍を左翼から機動させて大胆な包囲網を構成して、ロシア軍を包囲殲滅しようとするものだった。

2月21日に鴨緑江軍が行動開始して以来、日本軍はほぼ計画どおりに攻撃し、ロシア軍は至る所で陣地が破綻、3月8日に総退却し、ついに3月10日、両軍合計57万人に及ぶ史上最大の大会戦となった奉天会戦は日本側の圧勝で決着した。各国は驚愕し、国内は歓喜した。

遠くハルピン付近まで後退して日本軍を撃破しよう計画していたクロパトキン司令官の退却決心は、計画どおりだったのかも知れないが、本会戦後に解職されてしまい、実質的に陸戦は奉天会戦をもって終了する。

さて、「日本海海戦」である。ロシアはバルチック艦隊をもって太平洋第2艦隊を編成し、旅順要塞の攻防が佳境に入った1904（明治37）年10月15日、リバウ港（現在のラトビア沿岸部）を出港させた。途中、同盟国フランスの植民地に立ち寄って、石炭、水、食糧などの補給をするはずだったが、イギリスの圧力によって寄港できないままの航海となった。

ロシアは旅順艦隊（第1艦隊と改称）が全滅したことを知って、急きょ、第3艦隊の増派を決定。翌年2月15日、第3艦隊はリバウ港を出港し、スエズ運河経由で航海して、4月14日、先行した喜望峰回りの第2艦隊とバン・フォン湾（現ベトナム）で合流した。ロシアは当時保有していた黒海艦隊の出動も検討したが、「パリ条約」（1856年制定）によってボスボラス海峡とダーダネルス海峡が通航禁止されていたのに加え、これもイギリスの圧力もあって断念した。

5月14日、新式戦艦5隻を含む50隻のロシア艦隊は、バン・フォン湾を出航して朝鮮海峡に進み、運命の5月27日を迎えることになる。連合艦隊とロシア艦隊の戦力はほぼ伯仲し、遠距離火力はロシア、近距離火力は日本が有利とされていた。しかし「佚をもって労を待つ」の諺のごとく、彼我の将兵、そして艦隊の「疲労」の差異は決定的だった。連合艦隊の「東郷ターン（T字戦法）」が、船足が落ちていたロシア艦隊に有効だったことなど、あまりに有名な海戦の詳細に触れる必要はないと考えるが、実質的な勝敗は、なんと当初の約1時間で決着、かろうじてウラジオストクに逃げ込んだロシア艦隊は巡洋艦1、駆逐艦2の3隻のみだった。

なお、日露戦争直後、奉天会戦に勝利した3月10日は「陸軍記念日」として、日本海海戦に勝利した5月27日は「海軍記念日」として国民の休日となったが、1945年の終戦をもって廃止された。

日露戦争の総括

総力戦・近代戦といわれた日露戦争による人的損耗は「アジア歴史資料センター」の資料によれば（出典により違いがある）、戦死・戦病者約8万5900人、戦傷者約14万3000人を数えた（日清戦争の約10倍に相当）。戦病者のうち、脚気死亡者が約2万7800人を数え、批判があった旅順攻防の戦死者約1万5400人の2倍弱に及んだ。また、約25万人の脚気患者（戦争参加者の約4分の1に相当）が発生し、「日本軍を脅かしたのはロシア軍よりも脚気だった」ともいわれた。

海軍も軍艦12隻、水雷艇など25隻、輸送船など54隻、総計91隻の艦船を喪失し、日本海海戦で圧勝するなど勝敗は明白だったが、わが国の損害は決して軽微なものではなかった。

これに対して、ロシア軍も人的損失約11万5000人、捕虜約7万9500人、撃沈・捕獲艦船98隻など甚大な損失を被った。両軍の損耗比較からみると、ロシアが日本に惨敗したとはいえないまでも、陸戦・海戦ともに日本が快勝したことは明白だった。

後世、「世界史を変えた日露戦争」といわれるが、日露戦争は、この時期、頻繁に起きていた植民地戦争とはまったく違う大国と大国の戦争だった。塹壕戦と機関銃の組み合わせ、情報と宣伝の活用、制海権の確保に向けた陸軍と海軍の協力など、欧州諸国が第1次世界大戦で学ぶことになる戦争技術や戦場の実相が明瞭に、あるいは萌芽の形で現れていた。

事実、ロシアは日本を植民地レベルと侮ったため、厳しい試練を味わったのだが、すでに触れたように、各国から参集した観戦武官が世紀最初の近代化された正規軍同士の本戦争をつぶさに観察していた。その結果、ロシアの弱さよりも日本の強さは本物との認識が強調されて世界中に拡散した。それを最も敏感に感じて警戒し始めたのが、日露の講和条約を仲介したアメリカであったというのも歴史の必然だったといえよう。

最後に明治のリーダーたちの卓越した判断力・指導力について触れておこう。

日本はロシアとの開戦を決意するや、セオドア・ルーズベルト大統領とハーバード大学の同窓であった金子堅太郎を特使として中立国・アメリカに送った。日本の実力を知り、政治家の仕事として「いかに終わらせるか」を考えていた枢密院議長伊藤博文が直接、金子に依頼したのだった。

戦争中、明石元二郎大佐が中立国スウェーデンを本拠としてヨーロッパ全土で反ロシア帝政活動を煽るさまざまな工作活動を実施したのはあまりに有名だが、その工作資金100万円（今の貨幣価値で約400億円に相当）は、山縣有朋の英断により陸軍参謀本部から支給されていた。工作の成果については諸説あるが、ロシアの継戦意志をくじいたことは間違いなく、ドイツ皇帝ヴィルヘルム2世をして「満州の日本軍20万人に匹敵する戦果」と称賛された。

講和条約の早期実現は、奉天会戦直後、当時の戦争継続能力の限界を知っていた児玉源太郎大将が密かに上京し、山縣総参謀長に「もうこれ以上進撃する力はない。講和の潮時である」旨の進言をした結果だった。

例示したら限りがないが、このように見事なまでに「政軍一致」した国の舵取りについて、内外の環境が大幅に違っていたとはいえ、昭和のリーダーたちは、なぜ歴史から学ばなかったのだろうか。将来、同じような失敗を再び繰り返さないためにも、現在あるいは将来の日本のリーダーたちも改めて歴史を正しく学ぶ必要があると考える。

6 大日本帝国の完成

「ポーツマス条約」締結

奉天会戦や日本海海戦の大勝は日本側にとって講和への絶好の条件となった。他方、ロシア側は1905年1月の「血の日曜日事件」など「ロシア第1革命」の広がりやロシア軍の相次ぐ敗北と弱体化はあったものの、当初の計画どおり、戦争を続ける準備があるとの姿勢を崩さなかった。

5月31日、日本側からアメリカのルーズベルト大統領に「中立の友誼的斡旋」を申し入れた。大統領は革命運動弾圧のために戦争終結を望むロシア側の事情も熟知した上で、ロシア皇帝ニコライ2世を説得し、6月9日、両国に講和交渉開催を提案した。

講和会談の場所は、アメリカのニューハンプシャー州の小都市ポーツマスが選ばれ、日本側の全権代表は外相の小村寿太郎、ロシア側の全権代表は戦争に反対し蔵相を解任されたウイッテだった。皇帝から「一握りの土地も1ルーブルの金も日本に与えてはいけない」と厳命されたウイッテは、到着以来、まるで戦勝国のように振る舞ったといわれる。

会談に先だって日本側の方針は、講和条件を3区分し、「絶対的必要条件」として、①韓国を日本の「自由処分に任せる」とロシアに認めさせること、②満州からロシアと日本の軍隊を撤退させること、③遼東半島でロシアが有する租借権とハルピンから旅順までの鉄道に関する権利を日本に譲渡させることの3条件、「比較的必要条件」として、④賠償金の獲得、⑤中立国に逃げたロシア艦隊の引き渡し、⑥樺太の割譲、⑦沿海州沿岸での漁業権の獲得の4条件、「付加条件」として、⑧極東におけるロシア海軍力の制限、⑨ウラジオストクの武装解除の2条件を掲げた。

そして、何よりも「ロシアに対する安全の確保」を最優先し、絶対的必要条件を確保すれば、当分の間、ロシアによる日本の攻撃を封じ込めることができると考えた。

交渉は、当初の予測とは違って円滑に進み、①では韓国の保護国化を盛り込み、②も同意、満州は清国に還付されることになった。③についても、ハルピンからでなく、日本が実効支配する長春から旅順までの租借権の譲渡で同意した。しかし、賠償金の問題と樺太の割譲は激しい対立となり、ルーズベルト大統領の斡旋もあって、「日本側は賠償金を要求しない。ロシアは樺太の北緯50度以南の地を割譲する」との妥協案でまとまった。9月5日、講和条約が調印され、ここに20か月に及んだ両国の戦争は終了した。

ロシアにおいては、敗戦を契機として革命勢力の力はますます増大し、やがてロシア革命に発展していくが、敗戦の記憶は長くロシア人の中に残り続けた。講和条約からちょうど40年後の1945年、アメリカ、ソ連、イギリスによるヤルタ会談文書――「ソ連の対日参戦協定」（ヤルタ密約）――によって、遼東半島の租借権や南満州の鉄道に関する権利、それに樺太の割譲など、つまり日本の講和条件の②③⑥は「日本の背信的攻撃によって侵害された」と解釈され、ソ連の参戦条件として反故にされてしまう。しかも千島列島の引き渡しまで不当に水増しされ、この結果が、現在の北方四島のロシア側の不法占領の根拠となっている。妻の叔父にあたるセオドア・ルーズベルト大統領が仲介した条約をフランクリン・ルーズベルト大統領が「密約」という形で反故に同意したのだ。その細部についてはのちほど触れよう。

異質で強大なアメリカの登場

また、もともと親日家であったセオドア・ルーズベルト大統領は、仲介の労をとった功績によりアメリカの大統領として初のノーベル平和賞を受賞する。仲介の背景には、中国の門戸開放を狙うアメリカとしては日露のいずれかが満州で圧倒的勝利を収めることを回避すること、さらに、アメリカの伝統的な孤立主義――「モンロー主義」――から脱却するきっかけにすることなどの思惑があったといわれるが、そのアメリカについてもう少し詳しく整理しておこう。

元外交官の岡崎久彦氏は「二十世紀とは、アメリカという、旧世界とは異質で、かつ強大な国家が突然国際政治に登場し、やがてはアメリカの独り勝ちに終わる百年間だったと言って良いでしょう」（『百年の遺産』）と指摘しているが、20世紀に入ると世界史の主役が欧州列国からアメリカに変わる。

アメリカは自らの文明観として「マニフェスト・デスティニー」（明白なる使命）を保持し、「文明の西漸説（文明は古代ギリシア・ローマからイギリスに移り、アメリカ大陸を経て西に向かい、アジア大陸へと地球を一周する）」を信奉して「西への衝動」にかられる。この文明観がアメリカの膨張主義・帝国主義を正当化する根拠となって、1890（明治23）年に北米大陸を制覇した後、欧州列国と呼応するように1898（明治31）年にハワイを併合、1902（明治35）年にはフィリピンを植民地化し、アジア大陸に迫ってきた。

そして、日露戦争までは親日だった米国内世論が、ポーツマス条約の交渉過程で反日に転じてしまう。その理由はさまざまだが、最大の理由が極東の力の実態がロシアから日本に移ったことにあったのは明らかだった。アメリカは、日本の勢力が大陸にどんどん拡張するのを支持しないのは当然の流れだったのである。

そのような時、鉄道王ハリマンが南満州鉄道の共同経営を提案する（1905年）。ハリマンは世界一周交通路を一手に握る壮大な夢を持っていたが、提案は日本にとって有利な条件だったため、伊藤博文や井上馨らの元老をはじめ、桂首相や山縣も同意し、協定は署名寸前まで話が進んだ。

これを「ポーツマス条約」締結交渉から帰国した小村寿太郎が「満州を日本の勢力範囲におくこと

がわが国の国策であるべき」と一歩も譲らず、ハリマン案を「南満州鉄道を横取りする策だ」と破棄させた。このため、小村は「南満州鉄道の譲渡がまだ清国の了承を得ていない」ことを逆用し、病を押して自ら北京に赴き、「満州前後条約」に「満州鉄道については、日清以外の関与すべからず」の一項を挿入させ、アメリカの参加を封じてしまう。

ペリー来航以来の弱小日本の苦難の経験を知っている世代と、日露戦争を経て帝国主義的な情熱に燃えている世代の違いか、この決断は歴史の岐路となった。「歴史のｉｆ」であるが、「共同経営がのちの日米衝突を回避できたのでは」と何とも悔やまれる。

やがて、「黄禍論」がアメリカ国内でも拡大し、北米本土、特にカリフォルニアで移民問題が発生する。移住した日本人農民が勤勉有能で土地所有者となるにつれ、「排日土地法」が次々に決定されるのである。親日派のルーズベルト大統領は日本に同情的だったが、合衆国憲法によって、大統領が州議会の動きを阻止できないというアメリカの異質な一面が現れたのだった。

日露戦争勝利の成果ときしみ

日露戦争の勝利は、国内のさまざまな分野に強烈なインパクト与えた。

まずは「不平等条約」の改正である。安政年間から明治初年にかけて日本が欧米列国との間で結んだ不平等条約の改正は、明治政府の悲願というべき基本政策だった。その悲願はポーツマス講和条約締結から5年後の1910（明治41）年、列国と条約改正交渉を開始し、翌11年に改正条約の締結を完了してようやく達成された。列国と間に交換される外交官も「公使」から「大使」に格上げされ、条約改正によって日本は列国と対等の地位を得て、国際法上も名実ともに「独立国」となった。ペリー来航による開国から、実に56年の歳月が流れていた。

一方、戦争の結果は、「大衆」や「軍部」など社会の構成要素の地位に大きな変化を与えた。まず大衆の登場である。そのきっかけとなったのが講和条約において「樺太の割譲と賠償金の獲得を断念する」との決断に対して、ほぼすべての新聞各社が批判する立場をとって大衆を煽り、暴徒化したのが「日比谷焼き討ち事件」（9月5日）だった。参加者約3万人、逮捕者約2千人・起訴者308人、警備側の負傷者約500人、群衆の死者17人・負傷者2千〜3千人に及ぶ大規模なものだった。

本事件は大衆が政治における一つの「勢力」として動く傾向が始まったことを意味し、「日本のポピュリズム」のはしりとなった。これ以降の日本の歴史は、扇動するマスコミを含め大衆がさまざまな形で「力」を行使し、これらを抜きにして語ることができなくなった。

さて、明治から昭和までの歴史を振り返る際に欠かせないのが軍部の動きである。軍部とは、軍の最高指揮権を有す統帥部（陸軍は「参謀本部」、海軍は「軍令部」）と、内閣側の「陸軍省」と「海軍省」を合わせたものを指す。その陸・海軍対立の始まりとなったのが、日露戦争後の策定された「帝国国防方針」である。帝国国防方針とは「国防の基本戦略を記した軍事機密文書」であり、「帝国国防方針」「国防に要する兵力」「帝国軍の用兵要領」の3部から構成されていた。

日露戦争の結果、日本は南樺太を領有、韓国を保護国化、関東州を租借地とするなど防衛環境が一変するとともに、1905(明治38)年8月には、それまでの「守勢同盟」から、より積極的な「攻守同盟」に強化された第2次日英同盟も調印された。

このようななか、陸海軍はそれぞれに軍備拡張を競い、「海主陸従」とか「陸主海従」などの対立が表面化してきた。策定の経緯は省略するが、明治40年4月、陸・海軍の妥協案として次のような帝国国防方針が採択された。つまり、「①帝国の国防は攻勢を以て本領とする。②将来の敵と想定すべきは、露国を第一とし、米、独、仏の諸国之に次ぐ。③兵備は、露米の兵力に対し、東亜に於いて攻勢を取り得るを標準とする」である。

これらから、実質的な想定敵国はアメリカ、ロシア2か国で、両者の差はないと読み取れ、これ以降終戦まで、陸軍はロシア、海軍はアメリカを想定敵国として軍備拡張を競い合うことになる。ただし、「海軍が当時果たして対米戦争を予期したかどうかは疑問であり、海軍にとってアメリカは軍備拡充のための目標に過ぎなったようにも認められる」(瀬島龍三著『大東亜戦争の実相』)が当時の実態であったと推測される。

なお、帝国国防方針は、これ以降3回にわたり改定されるが、策定そのものは憲法による統帥権の範囲とされ、「国防方針」のみを閣議決定し、「国防に要する兵力」は内閣総理大臣のみが閲覧を許され、「帝国軍の用兵要領」は閲覧も許されなかったのである。

「元老制度」にも触れておこう。ハリマン提案の顚末として、大多数の元老たちが一外相の暴走を止めることができなかったのは不思議であるが、翌明治39年5月、伊藤博文が反撃に出る。山縣有朋、大山巌、松方正義などの各元老、準元老格の桂太郎、山本権兵衛、それに主要閣僚、児玉源太郎参謀総長らを集めて「満州問題に関する協議会」という歴史的な会議を主催する。

その席で伊藤は「満州における軍政が続けば、米英の対日不信感が増大するばかりか、ロシアも極東の軍事力を強化し、日本は清国の怨恨の的となるだろう」と陸軍による軍政統治の願望に反対したのである。矢面になった児玉の抗弁に対して「いちばん心配なのは、アメリカの世論が強大なことだ。アメリカは世論が動けば、世論に合った政策をとる」とまさにアメリカの「異質さ」を見抜き、ついには軍政実現を退けたのである。

「元老」は憲法や法律に規定がある身分でなく官職でもないが、天皇から名指しの勅を賜って慣例上の制度としてつくられた天皇を補佐する役職だった。伊藤は元老として見事に日本の「舵取りの役」を果たしたのだったが、やがて、伊藤のように、軍部や国民世論に抵抗してそれをねじ伏せるだけの行動力と破壊力を持つ元老がいなくなる。再び「歴史のｉｆ」だが、「日本自体も異質さが増した昭和時代に伊藤博文のような強い元老が存在していたら、違った歴史になったかも知れない」と考えてしまい、とても残念なのである。見方を変えれば、「大日本帝国憲法」の起草者・伊藤博文だからこそ、立憲君主制の本質や憲法の限界を熟知しており、それゆえ強力な舵取りができたのではないかとも考える。

「日韓併合」とその後の日露関係

元帥・山縣有朋が「一国が独立を維持するためには単に『主権線』を守るだけでなく、進んで『利益線』を守護しなければならない」と有名な「主権線・利益線」を主張したのは、日清戦争以前の明治22年だった。ここでいう「利益線」とは暗黙のうちに「朝鮮」を意味したが、朝鮮を占領するのではなく、あくまで朝鮮の中立化が主意であり、「この『利益線』を侵害するものが現れた場合、軍事力をもってしても排除し、中立を維持する」との指針だった。この指針のもとに、日本は日清戦争と日露戦争を戦ったのである。

1904(明治37)年、日露戦争が勃発してまもなくの2月23日、日本は韓国の独立を保障するとともに、韓国防衛義務などを定めた「日韓議定書」を締結した。次いで朝鮮半島での日露の戦争が終了し、事実上日本の占領下にあった8月、「第1次日韓協約」を締結し、外交案件については日本政府と協議することなどを定めた。

さらに、ポーツマス条約調印直後の翌年11月に「第2次日韓協約」(日韓保護条約)を締結し、外交権をほぼ接収、漢城(朝鮮王朝時代のソウルの名称。日本統治時代に入り「京城」に改称)に韓国統監府を置き、初代統監に伊藤博文が就任するなど、韓国は事実上日本の保護国となった。さらに、明治40年7月には「第3次日韓協定」を締結、李皇帝(高宗)を退位させ、韓国軍を武装解除した。

伊藤は韓国の植民地化には絶対反対との考えを持っていたが、明治42年10月、ハルピン駅頭で朝鮮民族主義者の安重根によって暗殺されてしまう。伊藤の暗殺を受けて、日本は対韓政策の大幅変更を余儀なくされたばかりか、韓国政府や民間団体からも「日韓併合」の提案が沸き上がった。日本はあくまで慎重に事を運び、列国や清に打診したところ、どこからも反対はなく、イギリスやアメリカの新聞までも「東アジアの安定のために『日韓併合』を支持する」という姿勢を示した。

1910（明治43）年10月、「韓国併合条約」を調印、朝鮮総督府（初代総督・寺内正毅）が設置され、「内鮮一体」を実現すべく、すべての朝鮮人に日本国籍が与えられて日韓両国は完全に一つの国とされた。その統治の実態も西欧諸国の植民地支配とはまったく異なるものだった。

今なお、「韓国併合条約は無効」との主張もあるが、1965（昭和40）年、「日韓基本条約」が締結された際、「韓国併合条約は合法かつ有効な条約かどうか」が議論になった。有効とする日本の主張を当時の朴正煕大統領が受け入れ、無事調印されたことを付記しておこう。

さて、現下の情勢からは信じられないような話であるが、日露戦争後のわずか10年余り、日露関係は、まさに大東亜戦争後の日米同盟のような「蜜月関係」にあった。

もとを辿れば、伊藤博文が日露戦争前に「日露協商」実現に動いたものの、ロシアを仮想敵国とする日英同盟の成立により挫折し、開戦に向かったという経緯がある。その伊藤は、ロシアの蔵相ココツェフと満州・朝鮮問題について非公式に話し合うためにハルピンを訪れた際に暗殺されたのだった。

伊藤が望んだように、「ポーツマス条約」締結後の1907（明治40）年から1916（大正5）

年まで、日露両国は、4次にわたり「日露協約」を結び、朝鮮、満州、内蒙古、極東などにおける両国の権益を相互に確認することになる。

第1次協約（1907年）では、公開協定として日露両国が清国との間に結んだ条約を尊重するとともに、清国の独立、門戸開放、機会均等を掲げた。一方、清国には内緒の「秘密協定」として「満州については、長春から南を日本、北はロシアの勢力圏」と決めた。ポーツマス条約では、関東州の租借権と東清鉄道南満州支線・付帯地の権益だけだったものが、この日露協約の秘密協定によりわが国は南満州の大陸経営まで行なうことになる。すでに触れたように、陸軍の満州統治に伊藤博文が「待った」をかけたことから、しばらくの間、満州での鉄道事業は半民半官の国策会社「満鉄（南満州鉄道株式会社）」が担当する。

日露による分割支配の動きに対して、1909（明治42）年、今度はアメリカ国務長官のノックスが「全満州鉄道の中立化」を提案する。表向きは「日露が支配する鉄道を清朝に譲渡し、列強の権益争いから中立化させる」だったが、その狙いは「国際管理の体制を敷き、アメリカ資本の参入」を狙ったものだった。日露は1910（明治43）年、第2次協約を結び、アメリカの中立化提案を拒否して満州権益の確保のための防衛協定を結んだ。日露両国が協力してアメリカの進出に待ったをかけた。

その頃、欧州では、第1次世界大戦の対立軸となったドイツ、オーストリア、イタリアの「三国同盟」に対して、イギリス、フランス、ロシアの「三国協商」の体制が出来上がっていた。イギリス、フランス両国は日英同盟に加えて、1907（明治40）年に「日仏協商」を結び、日本にロシアへの接近を促したこともあって、アメリカのノックス案には否定的で、結局は葬り去られた。新参者・アメリカに対する欧州列国の意地もあったものと考えられる。

やがて、ロシア帝国が革命によって倒れ、ソビエト政権が成立すると、中国の共産化を画策する手段として反日を宣伝するために、この「秘密協定」を暴くという手段に出る。他方、満州統治の陸軍の願望は脈々と受け継がれ、昭和に入り、ロシア革命後の共産主義の脅威に対処するとの目的で関東軍が独立し、「満州事変」によってその願望を実現する。それらの細部については後述する。

明治時代の終焉

1911（明治44）年、中国では「辛亥革命」が発生し、清が300年の歴史を閉じて滅亡した。清朝時代、満州は清王朝発祥の地ということで、特別の地位が与えられていたが、清の滅亡により、日露両国は思わぬ余波を受けることになる。

この辛亥革命に対応するため、1912（明治45）年、日露は第3次協約を結び、内蒙古の西部をロシアが、東部を日本がそれぞれ利益を分割する。こうした一連の動きが、その後の日中関係が不可逆的な対立に陥るきっかけとなる「対華二十一か条要求」（1915〔大正4〕年）につながっていく。

明治時代の終盤以降、日本はこのような「全方位外交」の舵取りを求められる。ロシア帝国とは「昨日の敵は今日の友」となって、実質的に三国協商の枠組に参加することになるが、一方、アメリカとの摩擦や中国との対立がますます増大する。ロシアにもやがてロシア革命が起き、蜜月関係は終焉するが、その後の歴史の中でも、全方位外交の成否がわが国の命運を握ることになる。予期せぬ事態が数多く発生するという不運もあるが、「激動の昭和時代」に至る道筋の出発点はこの頃だったと考えられる。

1912(明治45)年7月30日、国民の祈りも届かず、明治天皇が59歳の若さで崩御する。持病の糖尿病が悪化し、尿毒症を併発したのだった。明治天皇は、欧州列国がわが国に迫り来るなかで、「世界史の奇跡」といわれた明治維新を成し遂げて以来の45年間、臣下に「天皇親政」の動きもあったにもかかわらず「立憲君主」を貫き通した。

そして、西南戦争や日清・日露戦争と数多くの人が命懸けで戦って困難を乗り越え、政権担当者や元老などが移り変わったなかで、明治天皇だけは「不動の存在」として、自らの意志で権力の行使を抑制する「立憲君主制」の基礎を確立された。

ちなみに、19世紀当時、世界には6人の皇帝が存在したが、第1次世界大戦終了までに日本とイギリス2国以外は滅びてしまう。その主要因は各皇帝が親政を行なったことにある。終戦時そして占領期においても、日本の天皇制が「立憲君主制か親政か」が議論になるが、立憲君主制だったと認められたがゆえに廃帝を免れる。そのように考えると、明治天皇のご聖断は「万世一系」を継続させ、わが国の未来を救ったといえるのではないだろうか。その理想の立憲君主の明治天皇が崩御して、明治時代は終焉する。

7 大正デモクラシーと第1次世界大戦

大正デモクラシー――第1次護憲運動の原因と結果

このように激しく揺れ動く内外情勢の中、時代は明治から大正へ移り変わる。大正時代は「大正デモクラシー」に代表されるように、「国民の政治参加も可能となり、意欲に溢れるリーダーたちがさわやかにわが国の舵取りを行った時代」とのイメージがあるが、不思議なことに「大正時代」と冠した書籍は本当に数えるほどしかない。

15年という短い期間ではあったが、大正時代が明治から「激動の昭和」に至る道筋を決めたことは間違いなく、注目してこの時代を振り返る必要があると認識している。国内のみならず世界に目を転じれば、第1次世界大戦やロシア革命のように、その後の国際社会に多大な影響を及ぼす事象も発生したのもこの時代だった。

その「大正デモクラシー」であるが、その定義自体は諸説あって、その実態を把握するのは意外に難しい。まず、大正時代冒頭に「第1次護憲運動」が発生したが、その背景となった明治時代の政治体制を整理しておこう。

明治時代は、明治維新を遂行した薩摩と長州出身者を中心となって政権をたらい回しに独占してきた。「藩閥政府」と呼ばれている。特に明治後期には、憲政の中心には伊藤博文、軍事の中心には山縣有朋が君臨していた。どちらも長州出身で吉田松陰の門下生だった。

他方、自由民権運動などの影響を受け、イギリス流の議員内閣制を目指す学士官僚や日清・日露戦争の膨大な戦費をまかなうための重い税負担に苦しむ国民の不満が高まり、政治参加を求める動きに成長してきた。この動きにいち早く対応した伊藤は明治33年、「立憲政友会」を創設するが、政党政治を嫌う山縣と対立する。その結果、明治34年から大正2年までの13年間、伊藤の後継で立憲政友会第2代総裁・西園寺公望と山縣派閥の軍人・桂太郎が交互に政権を担当し（桂園時代）、次第に政党政治に向けた基盤が整備されつつあった。

このようななか、「日比谷焼き討ち事件」の流れで政治運動化したのが、大正2年の「憲政擁護運動」（第1次護憲運動）だった。きっかけは、前年の大正元年、陸軍の2個師団増設要求に対して西園寺内閣が、日露戦争後の急迫した財政では無理と判断して否決した結果、上原勇作陸軍大臣が辞表を提出したことにある。

西園寺は山縣に後任を依頼するが、山縣は自ら作った「軍部大臣現役武官制」を利用して取引しようとする。しかし、西園寺は応ぜず、さっさと総辞職してしまい、後継はまたしても桂太郎になる。今度は、陸軍の2個師団増設に反対する海軍が海軍大臣を出さないという事態になるが、桂は即位したばかりの天皇を利用し、勅書を使って組閣してようやく第3次桂内閣を発足させる。

これに対して、「藩閥打倒」「憲政擁護」をスローガンにした抗議運動が激しさを増して全国に広がり、最終的には群衆が議会を取り囲んだ結果、桂内閣は失意のうちにわずか2か月で倒れ、ついに「桂園時代」が終焉し、山本権兵衛を首班とする薩摩・政友会内閣が生まれる。山本内閣は、さっそく「軍部大臣現役武官制」の改正に取り組み、軍部大臣の補任資格を「現役に限る」としたものから予備役まで拡大し、藩閥の影響力を排除しようとするが、陸軍系の反発は強く、山本は「シーメンス事件」（海軍部内の収賄事件。陰謀説もある）で総辞職してしまう。

ちなみに、改正後の「軍部大臣武官制」の実際の運用は、予備役・後備役・退役の将官から軍部大臣を任命した例はなく、一旦、現役に復帰してから大臣に任命している。また、山本内閣の後を受けて大命降下した清浦奎吾（きようらけいご）は、海軍拡張について海軍と合意できず、海軍大臣候補が得られなかったために組閣を断念してしまう。

日本が全方位外交を強いられるような情勢下、大正デモクラシーの第1章はこのような混乱の中での幕開けとなり、その混乱はまだまだ続く。

第1次世界大戦の勃発・拡大とわが国の参戦決定

日本が内向きの争いに明け暮れていた頃、1914（大正3）年7月、「第1次世界大戦」が勃発・拡大する。その経緯については説明を要しないと考えるが、欧州の「火薬庫」といわれ、地政学的にも欧州列国の利害が集中する地域のバルカン半島、そのほぼ中央部に位置するボスニアの首都サラエボで発生した小さな事件を利用して、ロシアが「汎スラブ主義」を掲げ、再びバルカン半島経由で南下を企てれば、「汎ゲルマン主義」のドイツやオーストリア・ハンガリーなどの中央同盟国と対立するのは必定だった。

普仏戦争の復讐に燃えていたフランスは、ロシアとの三国協商により参戦、ドイツがベルギーの中立を侵害したため、イギリスもドイツに宣戦布告し、日本も同盟国イギリスの要請によりドイツに宣戦布告する。東部戦線はロシアがオーストリア・ハンガリーに勝利したが、ドイツは何とか東プロシアへの侵攻はくい止めていた。一方、西部戦線は消耗戦の様相を呈し、1917年まで塹壕戦が続く。

1914年11月になるとオスマン帝国が中央同盟軍に加入、戦線はメソポタミアやシナイ半島などに拡大する。翌15年にイタリア、16年にブルガリア、17年にはついにアメリカがそれぞれ連合国側に加入する。こうして、総計7千万人以上の軍人が動員され、戦いは1918年まで続く。

日本の参戦経緯であるが、1914（大正3）年4月、山本権兵衛内閣が総辞職するや、またしても揉めに揉めたあげく立憲同志会の大隈重信内閣が誕生する。山縣と大隈は犬猿の仲だったが、陸軍の師団増強に反対する多数党の政友会第3代総裁・原敬の組閣を防止したいとの思惑から大隈を推挙した。

佐賀藩出身の大隈重信は、明治維新当初から政府のさまざまな要職で大活躍し、明治31年には、薩長藩閥以外から初めての内閣総理大臣を拝命し、日本初の政党内閣を組閣した。しかし、わずか4か月で総辞職してしまう。その後政界を引退し、早稲田大学の総長に就任するが、第1次護憲運動が起こると政界に復帰、76歳で二度目の内閣を組閣する。大隈は山縣の期待に応えて、大正3年の総選挙で原敬率いる政友会を230人の絶対多数党から一気に108人に転落させ、2個師団増設を実現させる。

そのようななか、第1次世界大戦が勃発し、8月4日、イギリスがドイツに宣戦布告したのである。日英同盟には「自動参戦条項」がなく、同盟の適用範囲もインドを西端とするアジア地域に限定していたため、当初、イギリスは「日英同盟は適用されない」としていた。

その後、日本参戦をめぐるイギリスの態度は、日本の中国大陸の権益拡大や南太平洋におけるドイツ領占領に対するオーストラリアなどの懸念、そして中国やアメリカが「日本の参戦反対」とイギリスに伝えていたことなどの背景から二転三転する。

日本は、当初「中立」を宣言していたが、山縣や井上馨ら元老が「わが国の世界的発展の好機であり、この機会に一大外交方針を樹立すべき」との要請書を伝達したこともあって、8月8日、ドイツに宣戦布告したうえで、「参戦範囲を限定しない」との条件で参戦を正式に閣議決定する。こうしてわが国は、イギリスの参戦から遅れることわずか4日、当初の中立を翻し、元老一致の賛同を得て、第1次世界大戦の参戦を決めた。

なお、この決定には、加藤高明外相が強く主張したとの説はあるが、調べる限りにおいては、陸・海軍が積極的に関与したとの記録は残っていない。特に、シーメンス事件で失脚した山本権兵衛前首相や齋藤実前海相が辞職していた海軍は、この政治的決定に消極的だったようだ。

イギリスは戦域限定を要求したが、日本側はこれを拒否し、大隈首相が「日本の領土的野心はない」と述べ、ようやくイギリスも参戦を了解した。日英同盟に基づくイギリスの要請にはこのような駆け引きがあった。

陸海軍の対独戦争と「対華二十一か条要求」

日本政府は8月15日、ドイツに最後通牒を伝え、8月23日、宣戦布告した。

日本軍は9月上旬、山東半島の青島や膠州湾を攻撃、約5千人の守備隊で要塞化されていた青島を占領し、さらに済南から膠州湾に至る山東鉄道を奪取する。このようにして、わずか約2か月にわたる攻防で、第1次世界大戦間、陸軍唯一の戦闘を終える。青島攻略は日露戦争時の旅順攻略の教訓を活かし、要塞の詳細を解明するために飛行機を初めて使用するなど模範的な攻撃を実施し、死傷者も300人弱にとどまった。

海軍は、ドイツ艦隊を追ってドイツ領の南洋諸島を占領する。また、陸海軍とも国際法を順守し、青島で捕獲したドイツ人捕虜（約4700人）に対する丁寧な取り扱いは現在も語り継がれている（これら一連の戦いは「日独戦争」と呼称されることもある）。

青島攻略後の日本は、山東半島を戦時国際法上の軍事占領として軍政を施行し、駐留態勢に入った。中国は日本軍の撤兵を要求するが、日本は欧州列国が中国を顧みる暇がないことと、中国内の内紛状態を好機とみて、1915（大正4）年1月、悪名高い「対華二十一か条要求」を袁世凱に提示し、回答を迫った。

その背景は次のとおりである。辛亥革命（1911年）は、新政・中華民国としては中国南部の14省が独立を宣言したに過ぎず、清朝の実権を残したまま皇帝を廃止し、袁世凱が大総統に就任していた（孫文との間に密約があったといわれる）。袁世凱は新憲法を発布して自ら皇帝につくことを宣言したのが、対華二十一か条要求と同じ年だった。

当時、日本政府は、まだ中華民国政府と正式な外交条約を締結しておらず、日本と清国との間で結んだ諸条約の継承が明確でないままになっていた。なかでも、日本の大陸経営の根拠地となっている遼東半島の租借期限が1923年に切れることが外交上の懸案になっていた。

対華二十一か条要求は、第1号が「山東省のドイツ権益の割譲」（全4か条）、第2号が「関東州の租借期限や南満州鉄道の権益期限の延長、南満州や東部蒙古における日本の独占的地位の承認」（全7か条）、第3号が「湖北・湖南両省にまたがる中国最大の鉄鋼コンビナートの合弁事業に関すること」（全2か条）、第4号が「中国沿岸の港湾や島嶼部を他国に譲渡または貸与しないこと」（1か条）などから成り立っていた。

評判が悪かったのが「秘密条項」とされた第5号の「懸案解決その他に関する件」に含まれていた①中央政府の政治、財政、軍事顧問に有力な日本人を就任させ、警察官に多数の日本人を採用することなどの「保護国扱い」、そして②南満州から中国の主要都市を結ぶ鉄道敷設権を日本に与えるとの「外国利権」に抵触することだった。

欧州の戦局に忙殺されていた欧州列国は不満を表明しても日本へ干渉できなかったが、中国民衆の抗議運動が拡大した結果、第5号を外し、袁世凱の帝政承認と引き換えのような格好でこれを受諾させた。この日本の勢力拡大を「目に余る行為」として批判したのは、まだ参戦していなかったアメリカだった。アメリカは第1から第3号までは抗議する意図はなかったが、第4号と第5号については明確に反対し、とりわけ、第5号に関心を寄せた。

日本政府は前外相の石井菊次郎を渡米させ、ランシング国務長官と交渉させ、アメリカは日本の特殊権益を認める一方、中国に関する領土保全、門戸開放、機会均等の原則をうたった「石井・ランシング協定」（1917年9月）が結ばれた。しかし、アメリカが認めた日本の特殊権益は経済的利益のみを指し、政治的利益を含むと解釈したわが国と大きく食い違っていた。

アメリカの批判の背景には、中国政府の要請に加え、日露戦争以来の日本に対する不信感、そして何よりも自国の利権獲得を目論んでいたことは間違いなく、第1次世界大戦後のワシントン会議で、アメリカは日本の対華要求を放棄させることになる。

なお、秘密条項については、山縣ら元老にも隠していたことが元老たちの癇にさわり、これ以降、「大隈落とし」に拍車がかかる。こうして、山縣は、後継に推挙された加藤高明を遮り、軍の直系の寺内正毅を後継内閣に押し立てる。

第1次世界大戦への参戦といい、対華二十一か条要求といい、この時代のわが国の為政者の自制心を欠いた稚拙な決断が、日中関係を不可逆的な衝突路線に陥らせ、やがて「満州事変」や「支那事変」につながるばかりか、アメリカをも本気にさせて「大東亜戦争」へ拡大する導火線になったといわざるを得ないのである。

しかし、その時点ではまだ、その後の国際社会の歴史を大きく変えることになる、巨大な時限爆弾の〝信管〟がすでに作動していることを誰も知らなかった。後述する「ロシア革命」である。

相次ぐ派兵要請と地中海へ海軍派遣

さて、西部戦線が塹壕戦になり、長期化の様相を見せ始め、苦境に陥ったフランスとロシアは、陸軍の派遣を繰り返し要請してきた。しかもその規模は3個軍団と大規模なものだった。

これに対して、山東半島出兵には積極的だった加藤高明外相は「帝国軍隊の唯一の目的は国防なるがゆえに、国防の本質を完備しない目的のために帝国軍隊を遠く外征させることは、その組織の根本主義と相容れない」とすげなく拒否した。一度は「参戦地域の限定」と日本の全面的参戦に反対だったイギリスからも派遣の懇願があったが、日本は同じ回答で断った。一方、日本の軍隊は中国へはどんどん侵入していくので、イギリス人の不信感を増大させ、対日感情を悪化させてしまう。

他方、海軍に対しても1914年9月の段階から「物資のすべてをイギリスが負担する」との条件で巡洋戦艦部隊の地中海や他の海域に派遣するよう要請があったが、日本はこれも拒否していた。

1917年になり、ドイツ海軍の通商破壊が活発になると、護衛作戦に参加するよう再三の要請があった頃、大隈内閣から寺内内閣に代わり、内外の批判の高い対中政策を刷新しようとする意図もあって対英軍事協力についても方針転換し、イギリスの依頼を受け入れる。その交換条件として、戦後の講和会議で日本が提出する予定の「山東半島および赤道以北のドイツ領南洋諸島の権益を引き継ぐ」との密約をイギリスから取り付けた。

このような経緯を経て、日本はインド洋に第1特務艦隊、地中海に第2特務艦隊、オーストラリア近海に第3特務艦隊を派遣した。第2特務艦隊は、連合国軍の兵員70万人を輸送するとともに、ドイツの攻撃を受けた連合国の艦船から兵員7000人以上を救うなど西部戦線の劣勢を覆す貢献をしたほか、連合国側の商船787隻など計350回の護衛・救助活動などによって高い評価を受けた。なお、日本海軍は本派遣間、78人が戦死し、戦後、マルタ島のイギリス海軍基地に墓碑が建立されている。

日本の特務艦隊は、連合国の勝利に貢献はしたが、国の存亡を懸けて戦ったイギリスからはほんの御愛想としか受け取られなかった。相次ぐ陸軍派兵の要請を拒否し、火事場泥棒的に自分たちの利益につながる山東半島にだけ出兵した日本は、のちの「シベリア出兵」の顛末もあって、結果としてイギリスはじめ列国の信用を落とし、大戦後の「4か国条約」締結にともない、日英同盟の廃止へとつながっていく。その細部ものちほど触れるが、明治・大正の日本外交の基軸だった日英同盟の廃止は、イギリスの衰退とアメリカの台頭という国際社会の大変革の最中だったとはいえ、日本側の責任もあった。

「ロシア革命」と「シベリア出兵」

長引いた第1次世界大戦の最中で発生した最大の事件は「ロシア革命」だった。ロシア革命は、その後の人類の歴史に多大な影響を与えることになる。当然、日本もその影響をまともに受ける。

20世紀以降の人類社会に最も影響を与えた著作といわれる『資本論』(カール・マルクス著)が発行されたのは、1867年、日本の明治維新の前年だった。マルクスは資本主義がいかに非人間的なものかを分析しつつ共産主義の魅力を説いた(今では、かなり短絡した政治経済理論であると批判されている)。マルクスの理論を実現する形で世界最初の社会主義革命が起きたのが、当時、西欧列国に比して資本主義の発展がかなり遅れていたロシアだった。

ロシア革命は、日露戦争後の第1次革命（1905年の「血の日曜日」事件）と第1次世界大戦中に発生した第2次革命（1917年の「二月革命」「十月革命」）の2段階からなる。第2次革命の結果、ついにロマノフ王朝が倒れて世界初の共産主義国家・ソビエト（当時の正式名称はロシア社会主義連邦ソビエト共和国）が誕生する。

ソビエト政府は1918年3月、ドイツとの間に「ブレスト・リトフスク条約」を結び、戦争から離脱するが、フィンランド、バルト3国、ポーランド、ウクライナ、さらにカフカスを失い、巨額の賠償金を課せられた。ドイツが敗北するとこの条約は破棄されたが、ウクライナを除く割譲地域は取り戻せず独立を認めることになる。第2次世界大戦後のこれらの地域への進出はこの時点で伏線があった。

ロシア革命の日本への最初の影響は「シベリア出兵」である。シベリア出兵の大義名分は、ロシア極東の「チェコ軍捕囚（ほしゅう）の救出」、つまり、オーストリア軍の一部として革命軍に捕らえられながら、民族独立のため連合軍側に通じていたチェコ軍（総勢3万4千人ほど）を再び西部戦線に復帰させ、戦力化をしようとした連合軍の作戦だった。しかしその実態は、連合国によるロシア革命政権打倒を企図した「干渉戦争」でもあった。一方、西部戦線で手いっぱいになっている連合軍は大部隊をシベリアに派遣する余力がなかったため、地理的に近く、欧州戦線に主力を派遣していない日本とアメリカにシベリア出兵の打診があった。

日本は日露戦争以降、ロシアとは蜜月関係にあり、特に革命前年の1916（大正5）年に締結した秘密協定では、中国における権益を守るため、実質的に同盟関係を結んでいた。このような背景から、シベリア出兵に関して、閣内は積極論と消極論に分かれていたが、最終的には対米協定にもとづく妥協案をもって、1918（大正7）年8月、出兵に踏み切った。

アメリカとの協定では、派遣規模は日米同等の8000人だったが、イギリスとフランスが兵力を割けなかったこともあって派遣兵力は3万7千人にまで膨らんだ。出兵の最大の理由は「わが国の政体とまったく相反する共産主義の波及阻止」にあったが、またしても諸外国からは「領土獲得の野心がある」と見透かされていた。そして国内では、大正デモクラシーの第2章の幕開けとなったともいわれる「米騒動」がシベリア出兵の前後に発生する。その経緯は次のとおりである。

シベリア出兵の噂が出ると、軍用米を調達すると見積もった商人たちが「戦争特需」を狙って米を売り渋りするなどの混乱が発生した。これに対する民衆の不満が増大し、大正7年2月、憲法発布30周年の祝賀会記念国民大会時において参加者の一部が暴徒化するという事件が起きた。そして「シベリア出兵」直前の7月、富山県で発生した「米騒動」は、またたく間に約70万人が加わった全国的な暴動となり、寺内内閣は各地で軍隊を出動させて鎮圧した。米騒動の背景には、ロシア革命の影響を受けた労働運動や普通選挙運動への高まりもあったため、同年9月、シベリア出兵からわずか40日あまりで寺内内閣は崩壊してしまう。

その後継として、爵位を持たない日本初の首相・原敬内閣が発足し、民衆からは「平民宰相」と歓迎される。米騒動が大正デモクラシー第2章の幕開けといわれるゆえんである。原敬はロシア革命で戦略が挫折した山縣有朋とは逆に、対米・英協調を唱えた。大正7年9月に組閣すると、シベリア出兵の兵力1万4千人の減兵、さらにアメリカから抗議を受けると残留派遣兵力を2万6千人にまで減らす約束をする。

同年11月、ロシア革命の刺激を受けたといわれる「ドイツ革命」が起こり、ドイツと連合国の間で休戦協定が締結される。この休戦によって、連合国はシベリア出兵の目的を失って相次いで撤兵するが、日本は単独で駐留を続行する。そればかりか、「ウラジオストクより先に進軍しない」との規約を無視し、北樺太、そして沿海州や満州を鉄道沿いに進み、最終的にはバイカル湖西部のイルクーツクまで占領地を拡大する。この間、占領地に傀儡国家の建設も画策する。

成立間もないソビエト政権は、国内行政機構の混乱などから、日本と直接対決を避ける必要があって、1920(大正9)年、「極東共和国(チタ共和国)」を成立させるが、レーニン派赤軍の影響力も強く、日本と対決を続けることになる。しかも、欧州戦の終焉にともない、欧州戦線の戦力を転用できたレーニン派赤軍の反撃は逆に強まっていく。

日本から派遣された兵士は、戦争目的が曖昧な上、赤軍パルチザンとの悲惨な戦いの連続などもあって士気も低調で軍紀も頽廃していた。アメリカから完全撤兵を要求されるや、原内閣は完全撤兵を内定するが、撤兵に手間取っている間に、「尼港(にこう)事件(アムール川河口にあるニコラエフスクで赤軍パルチザンが日本守備兵や居留民約730人、資産家階級ロシア人約6千人を虐殺する事件)」が発生して撤兵は遅れ、完全撤兵は1922（大正11）年10月となってしまう。

シベリア出兵は、総兵力7万3千人を投入し、犠牲者約4千人を出し、当時の国家予算のほぼ1年分に相当する約9億円を投じるが、結果としては、ソビエトの反感とアメリカの不信を増大させるだけに終わり、内外から批判されることになる。

第1次世界大戦参戦やシベリア出兵は、欧米列国と対等になった日本が国内的には大正デモクラシーが吹き荒れる混乱の中にあって、外交や国防上の真価が問われた「初陣」ともいうべきものだった。これらに対する当時の為政者たちの決断は、その後の歴史を追跡すると、前例として悪用されてしまう部分が多いと考える。

8 「激動の昭和」の道筋を決めた大正時代

パリ講和会議と日本

ロシアが革命によって東部戦線から離脱したが、西部戦線ではフランスとドイツが互いに想像以上に強く抵抗して戦線が膠着する。このようななか、1916（大正5）年12月、ドイツは講和の意志を連合国側に提案、アメリカのウィルソン大統領が仲介に乗り出す。

しかし、イギリス、フランスはこれを拒否して、講和の道を絶たれたドイツは無制限の潜水艦作戦を展開し、アメリカの船舶まで犠牲になったことからアメリカの参戦に拡大する。ドイツは、ロシア離脱後、東部戦線の兵力を西部戦線に投入して全力で戦うが、アメリカの圧倒的な物量の前に押しまくられる一方だった。そのうえ、世界中に「スペイン風邪」が猛威を振るい、両軍の兵士たちの厭戦気分を高める結果となった。

このような状況下の1918(大正7)年9月にブルガリア、10月にオスマン帝国、11月にはオーストリアがそれぞれ連合国側と単独休戦を結ぶ。なおも戦争を継続しようとするドイツの軍部に対して、水兵の反乱が起こり、反乱は革命となって全国に拡大、皇帝ヴィルヘルム2世はオランダに逃亡して共和国が成立する(ドイツ革命)。こうして、11月11日、ドイツの新共和国と連合国との間に休戦協定が成立するが、ドイツ国民にとっては、確かに犠牲は多かったが「敗戦」という意識は低かったともいわれる。

さて、ヨーロッパ人にとっては、戦闘員の死者約1千万人、非戦闘員の死者約1300万人の犠牲者を出した第1次世界大戦は、第2次世界大戦よりも歴史的意義が大きかったとの見方がある。

そのなかで、日本の場合は日英同盟に基づく参戦だったが、モンロー主義の中立国・アメリカの参戦は異例だった。参戦に至る表向きの直接的理由は、「ドイツの無制限攻撃によってイギリスの客船が攻撃され、犠牲者に100人を超すアメリカ人が含まれていた」ことにあったが、ウィルソン大統領は、「世界の民主主義を守るためにアメリカは参戦する」と国民に訴え、支持を得た。

言葉を代えれば、「20世紀のアメリカの戦争は、自国エゴというだけではなく、そこに理想的な価値を掲げることで、戦争を正義と悪の戦い、とみなした」(佐伯啓思著『反・民主主義論』)との指摘のように、この理論は第2次世界大戦においては、連合国の「デモクラシー対ファシズムの戦い」との主張に発展する。また、ウィルソン大統領は1918年1月8日、有名な「14か条の平和原則」を提唱した。その内容は「海洋の自由」「民族自決」「関税障壁の撤廃」「軍備縮小」「植民地の公正な処置」「国際平和機構の設立」など広範囲に及んだ。

振り返ると、ボスニアで発生した「サラエボ事件」は、欧州を真っ二つに割る戦争に拡大したばかりか、人類社会の「歩み」そのものを一挙に変えて、20世紀そして現代にもつながっている。

その体制を作ったのは、翌1919年1月18日からパリで開催された講和会議だった。ウィルソン大統領は、自ら提唱した理想主義的な平和原則を講和会議の基調として議事運営を取り仕切るつもりだった。しかし、フランスはドイツを徹底的に痛めつけ、二度と立ち上がらせないこと、そしてイギリスは戦前の大英帝国の地位を復元することを優先してこれに待ったをかける。

こうして、講和会議は、イギリス、フランスの「既得権擁護」が主目的となり、戦争責任をドイツに押しつける形で進行し、同年6月に「ヴェルサイユ条約」としてまとめられ、ドイツに調印を強要する。特に大幅な軍事制限と植民地の剥奪に加え、13億金マルク（国民1人あたり約1千万円に相当）という巨額の賠償金を課した。その賠償金の約半分はフランスの取り分だった。

第1次世界大戦では、ドイツ帝国、オーストリア＝ハンガリー帝国、オスマン帝国、さらにロシア帝国が消滅する。ハンガリー、ポーランドなど各帝国内の各民族の独立は認められたが、ドイツ民族の独立や併合は認められず、「民族自決」は否定されたまま残ってしまう。なお、「民族自決」といってもアジアやアフリカ諸国の独立についてはまったく取り上げられず、これを不満とする中国は調印を拒否する。

パリ会議が開催されていた年の1月、ドイツ労働党が結成され、9月にはアドルフ・ヒトラーが入党する。翌年、「国家社会主義労働党」（略称「ナチス」）と改称し、講和条約の破棄と国粋主義的要求などを盛り込んだ「25か条綱領」を発表する。ヴェルサイユ条約締結が、早くも次の大惨事を引き起こす「時限爆弾」として時を刻み始めたのである。

パリ講和会議に戦勝国の一員として出席した日本についても触れておこう。わが国は西園寺公望、牧野伸顕らが全権として、また随行者として、その後の日本の舵取りや外交を担うことになる近衛文麿、吉田茂、松岡洋右ら総勢60人が出席した。

日本はアメリカやカナダなどの日系移民排斥問題があったことを背景に、「人種的偏見の除去」つまり「人種的差別撤廃提案」を正式な方針とし、全権団がパリに到着するや、各国と交渉を開始した。当初はアメリカのウィルソン大統領も了解したが、白豪主義体制を国是としていたオーストラリア、さらにカナダなどが猛反発、それを受けてイギリスも否定的な反応を示した。

講和会議において、日本代表は自国の利害が絡む山東問題や南洋諸島問題以外ほとんど発言せず、「サイレント・パートナー」と揶揄されたという。その山東州のドイツの権益については、事前の密約もあってか、イギリス、フランスの賛成により日本が引き継ぐことになるが、アメリカは反対した。

日本代表は、国際連盟設立の問題についても消極的な態度に終始し、各国を失望させたが、「人種的差別撤廃の主張を鮮明にすることは将来のために極めて緊要」と捨て身の提案をする。

そして、国際連盟規約21条の「宗教に関する規定」に「人種・宗教の怨恨が戦争の原因になっている」として「人種あるいは国籍如何により法律上あるいは事実上何ら差別を受けないことを約す」旨の条文を追加するよう提案する。本提案により会議が紛糾し、結局「宗教に関する規定」そのものが削除されてしまうが、本提案は海外でも大きく報道され、さまざまな反響を呼ぶ。アメリカにおいては「人種的差別撤廃法案は内政干渉であり、本法案が採決された場合は、アメリカは国際連盟に参加しない」と上院が決議し、一時帰国したウィルソン大統領を窮地に追い込んだ。

これらを受けて、日本は国際連盟規約前文に「国家平等の原則と国民の公平な処遇を約す」との文言を盛り込むという修正案を提案するが、採決の結果、議長ウィルソンを除く出席者16人中、フランス、イタリア、ギリシア、中華民国など11人が賛成、イギリス、アメリカ、ポーランド、ブラジルなど5人が反対した。だが、ウィルソンは「全会一致でないために提案は不成立である」と宣言する。日本は「多数決の有効性」を主張するが、「本件のような重大な問題は全会一致が原則」として再びこれを否定したので、日本は「議事録に記載すること」を要求してこれを了解した。

この結果に対して、アメリカの黒人が自国政府の措置に怒り、全米で数万の負傷者を出すほどの暴動に発展した。日本においても、反米感情が高まり、世論は国際連盟不参加支持であったが、原首相は世論を抑えて参加の調印に踏み切った。国際連盟の提唱者であったウィルソン大統領は、アメリカの不参加を恐れ、人種的差別撤廃を強引に否決したものの、議会の反対にあって国際連盟参加を断念してしまう。

人種差別については、第2次世界大戦後の1948（昭和23）年、「世界人権宣言」の採択により撤廃されるが、日本の主張が正しかったと認められるまで、さらに約30年もの歳月と多大な犠牲を要することになる。

「国際連盟」の誕生

さて、ヴェルサイユ条約発効日の1920（大正9年）1月10日に「国際連盟」が発足する。ウィルソン大統領が提唱した「14か条の平和原則」の第14条「国際平和機構の設立」に基づき、パリ会議において戦勝国に承認されたものだった。

国際連盟の原加盟国は42か国だったが、アメリカは議会や世論の反対で不参加、ソ連やドイツも参加を容認されないなどその基盤は当初から十分なものではなかった（ドイツは1926年、ソ連は1934年にそれぞれ加盟する）。

ウィルソン大統領は「世界大戦の悲劇を防止するためにもアメリカが国際的に孤立するのは許されない。集団的安全保障の枠組みに参加するのはアメリカの責任であり、崇高な義務だ」と説くが、議会や国民の支持を得ることができず、やがて失意のうちに世を去る。そして、加盟反対を掲げた共和党のハーディング大統領が誕生し、加盟の道は絶たれてしまう。

日本はイギリス、フランス、イタリアとともに常任理事国となるが、欧州中心の加盟国に加え、「全会一致制」や「武力制裁の手段がない」など、国際連盟は国際協調や世界平和の確立という目的達成のためにはかなり不備があった。

日本はまた、予定どおりヴェルサイユ条約によって国際連盟から南洋諸島（北マリアナ諸島・パラオ・マーシャル諸島・ミクロネシア連邦などに相当）の委任統治も託された。

まさに戦勝国・日本の絶頂期だったともいえるが、南洋諸島は当時、アメリカの植民地下にあったフィリピンとハワイの間に日本が割って入るような格好となり、アメリカの対日警戒感をますます増大させることにつながっていく。

「ワシントン会議」と「日英同盟」の破棄

1921（大正10）年11月、ハーディング大統領は、大統領に就任するやパリ会議で議題にならなかった太平洋・極東問題、そして軍縮交渉のための「ワシントン会議」を日本、イギリス、フランス、イタリア、中国の5か国に呼びかけた。国際連盟未加入のアメリカが、国際社会の実質的な舵取りを始めた。

日本は海軍念願の「八八艦隊」の建設予算が認められた直後であったが、大戦後の不況が日本へも直撃して株や商品の相場が大暴落したこともあって、原敬首相は〝渡りに船〟とばかり会議参加を回答、全権主席の加藤友三郎海軍大臣ほか、駐米大使の幣原喜重郎や貴族院議長の徳川家達（いえさと）らを全権大使として派遣した。

ハーディング大統領の呼びかけの背景に、軍縮を求める国際世論の後押しを利用し、中国における日本や欧州列国の既得権を排して、機会均等を得ようとする思惑があったといわれる。なかでも、勝利したとはいえ、経済の痛手から窮乏のどん底にあえいでいたイギリスが、七つの海を支配した世界一の海軍の座をアメリカに奪われることを覚悟しつつ強く働きかけたのだった。そして、イギリスがアメリカを動かした「最後の切り札」こそが、間もなく満期を迎える日英同盟だった。

日英同盟は1902(明治35)年に結ばれて以来、日本外交の基軸となり、その恩恵を受けてきたが、破棄の要因は次の四つに集約されるだろう。

第1に「国際連盟規約」第20条「本規約の条項と両立せざる連盟加盟国相互間の義務や了解が各自国の関する限り総て本条約により廃棄せられるべきもの」とする規約への抵触である。

第2にアメリカが覇権を獲得するため、対日警戒感の延長で目障りだった日英同盟の破棄を狙っていたことである。イギリスに破棄に向けて圧力をかけたともいわれる。

第3にイギリス内部の日英同盟更新への反対論である。背景に日本が中国に勢力を伸ばし、日英の利害対立が生じる可能性があったことと、また、アメリカに莫大な借款を負っているなど米英関係の重要性が増してきたことがあった。

第4に日本の外交姿勢の変化である。立憲政友会の原敬、その後の高橋是清内閣は、イギリスの国際的地位の低下にともない、対英協調より対米協調路線にシフトし、同盟継続の強い意志を欠いていた。

これらに加え、日英同盟締結の直接の原因となったロシア帝国が滅亡して、同盟の存在意義そのものも消滅したこともあった。この時点では、共産主義国家・ソビエトがロシア帝国に勝る重大な脅威となることを見抜けなかったのだ。

そして、大戦の戦勝国であるアメリカ、イギリス、フランス、日本によって、各国が持つ太平洋方面の属地や領土権益の相互尊重、それに起因する国際問題の平和的処理の仕方が協議され、1921（大正10）年12月、「四か国条約」として調印され、同時に日英同盟は破棄される。

同盟破棄は最終的には弊原喜重郎の決断だった。幣原は、その剛毅不屈な精神をもって、その後日本の外交史の中で「協調外交」を貫くことで有名になるが、駐米大使の地位にありながら「異質なアメリカ」の本質を見抜けないまま、信念を持って当時のアメリカの理想主義的な原則に同調したのである。しかし、当時の新聞なども四か国条約締結を大歓迎しており、日本の外交戦略の大転換を幣原のみに責任を負わせるのは酷だった。

海軍軍縮と「ワシントン体制」成立

「ワシントン会議」のもう一つのテーマは海軍軍縮だった。会議に際して、海軍は「対米7割」を基本方針としていたが、全権主席の加藤友三郎は、当初からその必要性に疑問を呈するとともに、「八八艦隊」の整備と維持に膨大な経費を必要とすることから、「対米7割」には柔軟性を保持していた。

加藤を信頼して送り出した原敬は、その20日後の11月4日、東京駅構内で19歳の少年に暗殺されてしまう。本事件は現職の首相がテロリストの手にかかって非業の死を遂げるという憲政史上初めての出来事になるが、後継首相の高橋是清が「外交方針は不変」としたため、加藤は当初の方針どおり対応した。しかし、実際に「米：英：日」が「5：5：3」と発表されると、多くの国民の「1等国、5大国の自負心を傷つけられた」との批判の前に及び腰になった高橋内閣に対して、加藤は職を辞する覚悟で説き伏せ、最終的に「米英：日：仏伊」を「5：3：1・75」、つまり対米英6割に相当する主力艦（戦艦と航空母艦）の保有量31万6千トンで決着し、翌年2月6日、「海軍軍縮条約」に調印する。加藤友三郎の主席随員として、のちに「艦隊派」の総帥になる加藤寛治中将も参加しており、加藤友三郎と激しく対立するが、この段階ではまだ海軍の統制がとれていた。

1922（大正11）年2月6日、「四か国条約」の4か国に加え、オランダ、イタリア、ベルギー、ポルトガルを加えた9か国により、中国の門戸開放・機会均等・主権尊重の原則を包括した「九か国条約」も調印され、その結果、中国大陸における日本の特殊権益を認めた「石井・ランシング協定」も解消される。わが国は中国と「山東還付条約」も締結（同年2月4日）し、山東省の権益の多くを返還した。これについても幣原が途中から本件交渉に参加し、条約締結に導いたとしてアメリカや中国から大賛辞が贈られる。

ワシントン会議で締結された「四か国条約」「九か国条約」そして「ワシントン軍縮条約」を基礎とする体制は、アジア・太平洋地域の国際秩序維持のための「ワシントン体制」と呼称され、1934（昭和9）年頃まで続く。

なお、日英同盟に代わった四か国条約および九か国条約から日本が受けた恩恵を探してみたが、調べる限りにおいて発見できなかった。また、この間の日本の外交は弊原喜重郎が主導する協調外交を貫くが、その後の歴史から見れば失敗に終わる。

同様に、欧州正面でもフランスもまたドイツの報復を恐れて、アメリカやイギリスと同盟を希望するが、イギリス、フランス、ドイツ、イタリアによる「ロカルノ条約」の締結を余儀なくされる。こちらも何の役にも立たなかった。

アメリカの対日警戒感はこれにとどまらず、やがて1924（大正13）年の「排日移民法」につながるばかりか、中国の「国権回復運動」に同情的になっていく。こうして、アメリカの覇権意識と日本の大陸政策が真っ向から対立し始め、「激動の昭和」の〝芽〟が出て成長した。

陸軍の軍縮と「関東大震災」

第1次世界大戦後の世界的な軍縮ムードは海軍だけにとどまらなかった。特に日本の場合、「長年の仮想敵国であった帝政ロシアがなくなった」との理由で、共産主義国家・ソ連の脅威の増大を見通せないまま陸軍への軍縮要求はさらに強まった。

さて、参謀本部を軍閥の牙城として廃止まで考えていたといわれる原敬首相が暗殺されてから3か月後の大正11年2月1日、山縣有朋が死去した。明治から大正時代にかけて日本の国防の牽引車として山縣が果たした役割は、まさに余人をもって代えがたく、称賛尽くせないものがあったことは明白だが、「山縣が死ぬが早いか、まるで地獄の釜のふたが開いたように、その後の議会では軍の批判のやりほうだいだった」（岡崎久彦著『幣原喜重郎とその時代』）ようだ。

これらを受けて、陸軍は二度にわたり軍縮を行なう。1回目は陸軍史上初の軍縮となった「山梨軍縮」（大正11～12年）と呼ばれるものであり、約6万人の将兵と1万3千頭の軍馬を整理した。しかし、組織編成の大部分はそのままにするなど、経費節減が不徹底のまま近代化のための新規予算を要求したが、関東大震災が発生したため、新規装備の導入が困難となった。

2回目は「宇垣軍縮」（大正14年）と呼ばれ、日露戦争後に編成した4個師団を一挙に廃止し、震災後の厳しい中で予算を獲得して装備の近代化を図ろうとした。これにより、3万6900人の兵士と5600頭の軍馬が廃止された。そして、初めて航空科も新設され、機関銃隊の編成、戦車の導入など、ある程度の近代化は進展するが、陸軍内部には深いしこりを残す結果ともなった。

時は前後するが、1923（大正12）年9月1日、相模湾北部を震源とする海溝型の巨大地震「関東大震災」が発生し、人口密度の高い首都圏や南関東を中心に観測史上最大となる死者14万人、全壊家屋約25万4千戸、被害総額約65億円（当時のGDPの約4割、国家予算の約5倍に相当。現在の貨幣価値換算で約3兆円）にのぼる甚大な被害が発生した。

ちなみに、記憶に新しい「東日本大震災」の被害総額は16兆9千億円だったが、GDPの3・6パーセント、国家予算の約17パーセントであったことを考えると、関東大震災が当時の日本にいかに天文学的な被害を与えたかが想像できる。第1次世界大戦の戦争特需が終わり、株価などが大暴落した直後の震災被害のダメージはその後長く尾を引き、やがて「昭和恐慌」につながっていく。

大陸では1923（大正12）年、アジアの歴史の大転換となった孫文の国民党政府が広東で樹立される。協力したのはロシアの革命政府だった。広東政府は「ソ連容共」の方針でソ連教育団を士官学校に迎え入れた。校長は蔣介石、副校長は周恩来だった。これ以降の複雑な中国事情の始まりである。

1917年に成立したソ連は、列国の干渉戦争にもかかわらず打倒するのは不可能となり、まずイギリスが承認（1924年）し、列国もこれに続いた。共産主義への敵意が強く、シベリア撤兵の問題があった日本だったが、中国における権益を守る目的もあって、1925（大正14）年、「日ソ基本条約」を締結し、日ソ国交を樹立した。

当初から共産主義の危険さを「脅威」として認識していたアメリカは、「アメリカが承認すればソ連の威信と国力が高まる」と4人の大統領が承認行為を拒否し続けるが、1933（昭和8）年、就任したばかりのルーズベルト大統領がソ連を承認する。

「大正デモクラシーの総決算」と「大正時代」の総括

大正時代終盤の「大正デモクラシー」についてまとめておこう。

大正デモクラシーは、米騒動から本格的な政党内閣の原内閣を経て、普通選挙を要求する運動が全国的に拡大し、「全国普選期成連合会」も結成される。併せて労働運動も盛り上がり、各地に労働組合も結成され、大会やデモが行なわれる。大正9年には最初のメーデーが実施されるなど社会運動も激化し、大正11年には日本共産党も非合法的に結成される。同時に農民の耕作権確立要求や女性の地位向上を目指す婦人運動なども活発化する。

こうしたなかで「ワシントン体制」が成立する一方、関東大震災による大混乱が発生し、多数の朝鮮人・労働者・社会主義者が虐殺されるという不幸な事件も起きる。そして大正13年1月、貴族院に基礎を置く清浦奎吾が、内閣は議会や政党の意思に制約されず行動すべきとする「超然内閣」を組織すると、これに反対する「第2次護憲運動」が発生する。

このような経緯を得て、大正14年に加藤高明を首相とする護憲3派内閣が成立し、「普通選挙法」を制定する。これにより納税要件は撤廃され、25歳以上の男性は選挙権を持つことになるが、女性と朝鮮人・台湾人には依然として参政権が与えられなかった。

また同時に、ロシア革命のような社会変革を恐れた枢密院の圧力があって、激化する社会運動に備えるための「治安維持法」も制定される。これにより「国体の変革」や「私有財産の否認」などを主張する者を対象に取り締まることが合法化される。

一般に、これら二つの法律制定をもって「大正デモクラシーの総決算」といわれている。普通選挙法に基づく実際の選挙は昭和3年より17年まで計6回行なわれる。また、治安維持法は昭和3年には死刑、昭和16年には予防拘禁制が加えられ、終戦後の昭和20年10月に廃止されるまで、激動の昭和の象徴のように猛威を振るうことになる。

「大正時代」を総括しておこう。外には第1次世界大戦の勝利、ロシア革命からシベリア出兵を経て、日本は念願の1等国、5大国の一員になるが、アメリカの台頭もあって、日英同盟の破棄やワシントン体制を強要され、陸海軍の軍縮も進んだ。

国内的には、大正デモクラシーの興隆の中、明治時代から続いた藩閥政治が終焉して政党内閣となり、民主政治が定着したかに見えた。しかし、現職首相が暗殺されるなどしてわずか15年の間に内閣総理大臣が10人を数えるなど、内外情勢の難しい時代、国の舵取りはけっして盤石ではなかった。

内外情勢の大きな変化に直面しながらも、大日本帝国憲法をはじめ国の諸制度を抜本的に改革しようとする動きはなく、普通選挙法や治安維持法の制定などにとどまった。加藤内閣以降、憲政会（後継の立憲民政党）と立憲政友会の各単独内閣が昭和7年に犬養毅が暗殺されるまで8年間続くが、内閣総理大臣の地位や権限などは変わらないままだった。

改めて、なぜそのような歴史の選択になったのであろうか、大正時代は何を残したのだろうか、この時代の為政者たちの決断は正しかったのだろうか、などいくつかの疑問が沸く。歴史は後戻りできないが、後々の歴史から逆算すると多くの「ｉｆ」が頭をよぎる。やがて昭和に入り、内外情勢がますます厳しくなるなか、軍人が台頭するなど大正時代の〝反動〟が表面化する。まさに「大正時代が『激動の昭和』の道筋を決めた」と考える。

大正15年12月25日、生来健康に恵まれなかった大正天皇が47歳の若さで崩御され、大正時代は終わりを迎える。

9 波乱の幕開けとなった昭和時代

「昭和金融恐慌」と「山東出兵」

1926年が「昭和」の始まりだが、昭和元年はわずかに7日間しかなく、すぐに昭和2年を迎える。日本は経済情勢が大混乱の中、新元号を迎えた。日本経済は1920（大正9）年頃から第1次世界大戦後の不況に陥ったのに続き、1923（大正12）年に発生した関東大震災のダメージによりますます悪化し、社会全般に金融不安が生じていた。

こうしたなか、当時の大蔵大臣の失言によって金融不安が一挙に表面化し、1927（昭和2）年3月、「昭和金融恐慌」が発生する。この影響で憲政会の若槻内閣が総辞職、政友会の田中義一内閣が誕生する。田中内閣は「支払い猶予令（モラトリアム）」を公布し、日本銀行による莫大な特別融資などによってこれを終息させる。だが、その副作用として台湾銀行など37の銀行や中小銀行が没落、三菱・三井・住友・安田・第一の5大銀行に預金が集中して、金融恐慌の置き土産として「財閥」が出来上がる。

この頃の大陸情勢にも大きな変化があり、またしても日本はこの渦に巻き込まれる。

1925（大正14）年、中国国民党の孫文が死亡、蔣介石がこれに代わり、国民党と共産党の内紛が発生する。しかし、北部の軍閥打倒のためにはソ連の援助が必要だったこともあって両者はひとまず妥協するなか、北伐は「国民革命軍」となって続けられ、1927（昭和2）年3月には南京・上海を占領し、4月、南京に国民政府を樹立する。この後も北伐は続けられ、5月には山東半島に迫ってきた。

田中義一首相は5月、「在留邦人の生命・財産の保護」を目的に山東半島に軍隊派遣を決定、イギリス、アメリカ、フランス、イタリアの各代表からも異論がなかったので2千人の部隊を派遣した（第1次山東出兵）。

また6月、軍代表・外交官を招集して「東方会議」を開き、対中国政策の基本方針を検討、翌7月には満蒙分離・武力行使など強硬な内容からなる「対支政策綱領」を決定して発表する（のちに日本が世界征服をめざした『田中上奏文』としてアメリカや中国で流布されるが、偽書であることが判明している）。

日本の「山東出兵」によって北伐は中止され、田中内閣は撤兵の声明を出す。しかし、翌年、蔣介石が再び北伐を宣言したので、4月、「第2次山東出兵」を行ない、済南を占領して、国民革命軍と衝突する（済南事件）。これに続き、田中内閣は「第3次山東出兵」を敢行することになる。

国民革命軍は済南を迂回し、北京に入城するが、同年6月、敗走して奉天に引き揚げようとした張作霖は、関東軍参謀の河本大作大佐らによって列車もろとも爆破されて死亡してしまう。有名な「張作霖爆殺事件」である。

政府は重大事件として概略を発表しただけで真相を隠し、犯人の処罰を行なわなかったことから田中内閣は天皇の信任を失う。これにより中国の「日貨排斥運動」がますます広がって日本の中国貿易が衰退、代わって、イギリス、アメリカ、ドイツなどが中国市場に進出する。第1次山東出兵時には日本を支持したアメリカ、イギリス両国だったが、相次いで国民政府を承認して日本の動きを非難し始め、日本は国際的に孤立するのである。

張作霖爆殺事件は河本大佐の犯行でなくソ連諜報機関による犯行だとする見方もある。『マオ―誰も知らなかった毛沢東』（ユン・チアン、ジョン・ハリデイ共著）にも「ソ連の仕業だった」とさらりと書かれている。この時期、大陸で発生したさまざまな事件にはとかく謎が多い。

大陸政策の混乱の中の1928（昭和3）年2月、「普通選挙法」に基づく最初の選挙が行なわれる。また、共産党が初めて公然と活動開始したことから「治安維持法」に基づき、全国一斉に共産党員とその支持者約1600人が検挙される（三・一五事件）。

同年5月には治安維持法を改正し、最高刑を懲役10年から死刑とする一方、特別高等警察（特高）を強化するとともに、憲兵隊に思想係を置き、翌年4月には再び共産党とその支持者を一斉検挙する

（四・一六事件）。その結果、共産党は壊滅状態になり、左派は労働運動の主導権を失ってしまう。

張作霖爆殺事件の処理をめぐって天皇の信任を失った田中内閣だったが、昭和3年8月、「不戦条約」に調印する。同条約はアメリカ国務長官ケロッグとフランス外務大臣ブリアンの提唱によりパリ会議で締結されたもので「ケロッグ・ブリアン条約」とも呼ばれている。当時の国際法では「国家が戦争に訴える権利や自由を有する」と考えられていたものから「国際紛争の解決手段として武力を行使しない」と宣言したことで画期的な意味を持っていたが、その後の歴史を見れば効果はなかった。

わが国が調印する段階で議論になったのは、第1条の「各国の人民の名において厳粛に宣言」という言葉だった。この表現を野党・立憲民政党が「天皇大権を侵すもの」と批判した。「天皇大権」が政争の具として初めて使われたのだったが、田中内閣は「該当字句はわが国に適用しない」との留保宣言をつけてようやく批准する。天皇大権を盾にとった物議は軍人の専売特許ではなく、最初は党利党略の中で使われたのだった。

のちの「満州事変」は、この不戦条約違反第1号といわれ、その延長で戦後、現日本国憲法第9条第1項の規定につながっていると考えられる。なお、本条約を批准するにあたり、アメリカは「自衛戦争は禁止されていない」と解釈し、さらに「経済封鎖は戦争行為そのもの」と断言している。つまり、「真珠湾攻撃」を引き起こす要因となった「ＡＢＣＤ包囲網」について、米国は当初から「戦争行為」と認識していたのである。詳しくは後述する。

1929（昭和4）年7月、政友会の田中内閣は総辞職し、立憲民政党の濱口雄幸（おさち）内閣が成立する。このように、昭和は〝波乱の幕開け〟となるが、まだまだ序章にしかすぎなかった。

「世界恐慌」の発生と影響

1929(昭和4)年10月、アメリカ発の「世界恐慌」が発生する。その経緯は次のとおりである。第1次世界大戦勃発以降、工業製品や農産物生産は主戦場となった欧州からアメリカに移り、アメリカが世界経済の中心となり、投資ブームも異常に盛んになった。その一方で、過剰生産によって商品の売れ残りも生じ始めた。そして10月24日(木)、ウォール街のニューヨーク証券所で株価の大暴落が起こる。世にいう「暗黒の木曜日」である。

不安を感じた国民は銀行から預金を引き出し、銀行は倒産、銀行が融資していた企業も倒産、企業に仕事をもらっていた工場も倒産とドミノ倒しのように影響が広がり、失業率が25パーセントを超える。この一連のパニックはアメリカ一国にとどまらず、世界中を混乱の渦に陥れてしまい、「世界恐慌」あるいは「世界大恐慌」と呼ばれた。

日本は「昭和金融恐慌」によって疲弊していたことに加え、国際協調を掲げていた濱口内閣が、世界恐慌の直前に金解禁を断行したこともあって、恐慌のあおりをまともに受け、株の暴落や企業の倒産が相次ぎ、大量の失業者が発生した。特にアメリカに輸出していた生糸が危機的状況に陥り、生糸生産農家では、あまりの不況から子供を身売りするなど事態は一層悪化した。

世界恐慌への対応は国によってまちまちだった。アメリカは、やがてフランクリン・ルーズベル大統領が掲げた「ニューディール政策」によって政府が積極的に市場に介入する方針へ転換、イギリスやフランスは「ブロック経済」という政策をとって植民地を含む身内以外の国を貿易から締め出すような対応策をとって経済を回復させた。

これに対して、日本はしばらく成長率が低迷するが、やがて犬養毅内閣の高橋是清蔵相による金輸出再禁止と日銀による国債引き受けなどのリフレーション政策によってようやくデフレを終息させる。一方、資源や植民地の少ないドイツやイタリアなどとともに「植民地を得るために侵攻すべき」「軍事に力を入れれば軍事産業が盛り上がり、仕事が生まれる」という空気が高まったことも事実だった。

この空気の延長で、日本では「満州事変」が起こり、ドイツではヒトラーが、イタリアではムッソリーニがファシスト体制を作り上げ、ほかの国々との対立が深まっていくことになる。

他方、この世界恐慌の影響をまったく受けない国があった。ソ連である。物価、生産・流通・配給のすべてを国家が統制する社会主義国家・ソ連は、スターリン主導のもと、「五か年計画」の真っ最中で、世界恐慌後も落ち込むことなく成長を続け、1930年~40年までの10年間、国力（1990年ドル基準の実質GDPを購買力平価で換算した値）は、アメリカに次ぐ世界第2位の地位を維持し続ける。

世界恐慌のような事象は、共産主義勢力には「資本主義の末期的症状が露呈したもの」と映ったようで、全世界共産主義の完成を画策するコミンテルンの勢いを増大させる要因ともなった。

こうして、アメリカ発の世界恐慌は、多くの国の運命を狂わせ、やがて世界史上二度目の世界大戦を引き起こすことになる。

「ロンドン海軍軍縮会議」と「統帥権干犯問題」

1922（大正11）年に締結したワシントン海軍軍縮条約は、巡洋艦以下の補助艦艇の建造数に関してては無制限だった。このため、1929（昭和4）年、「ロンドン海軍軍縮会議」を開催された。現下の経済情勢から軍縮による軍事費の削減に積極的な濱口内閣は、昭和天皇からも「世界の平和のために早くまとめるよう努力せよ」との御言葉を賜わり、若槻禮次郎元総理を首席全権、斎藤博外務省情報局長を政府代表として派遣した。

交渉は各国の意見が対立して難航した。日本は、ここでも対米英7割を方針としていたが、アメリカの要望に応じて0・025割を削り、対米英6・975割とする妥協案を引き出せたことでこの案を受諾する方針に変更した。海軍省は変更案に賛成の意向だったが、軍令部は重巡洋艦保有量が対アメリカの6割に抑えられたことと潜水艦保有量が希望量に達しなかったことの2点を理由に条約拒否の方針を唱えた。

翌年、枢密院本会議は満場一致で条約を可決し、条約は批准されるが、海軍内部では条約に賛成する「条約派」とこれに反対する「艦隊派」という対立構造が生まれ、また、緊縮財政による海軍予算の大幅縮減も艦隊派の不満を高めることになった。

こうしたなか、野党・政友会の犬養毅や鳩山一郎、さらに伊東巳代治や金子堅太郎などの枢密顧問官らは、大日本帝国憲法の「統帥大権」を盾に、「政府が軍令（＝統帥）事項である兵力量を天皇（＝統帥部）の承諾なしに決めたのは憲法違反だ」とする「統帥権干犯問題」を生起させ、政府を激しく攻撃した。

濱口首相は「実行上、内閣は統帥権を委任された立場にあり、軍縮条約を結ぶことは問題ない」として「干犯には当たらない」と反論するが、後日、東京駅構内で国粋主義団体員の暴漢から銃撃を受け、その時のけががもとで他界することになる。

のちに、統帥権を振りかざす軍部の独走を議会が抑えられなくなり、政党政治は終焉するが、元を正せば、不戦条約締結時の天皇大権に続き、議会側が政争の具として持ちだしたものだった。「政党が党利党略に走る時、国家は危機に陥る」という事実を日本はこの時点で体験していたのだ。

統帥権干犯問題の根本原因は、大日本帝国憲法が有していた不備にあった（本書の最後に総括する）が、昭和に入り元老の大半が世を去り、また本来、統制する側にまわるべき東郷平八郎元帥は艦隊派に担ぎ出され、この問題では昭和天皇と意見が離れてしまう。

その後、艦隊派の筆頭・加藤寛治軍令部長らは辞職するが、１９３３（昭和８）年、海軍の制度改正によって、兵力量の起案権は軍令部が握り、平時の海軍大臣の兵力指揮権が削除されるなど、海軍の良き伝統だった海軍省優位が崩れ、軍政に対する軍令の優位が確立する。この頃から、日本海軍は「米国艦隊を艦隊決戦により撃滅すべき対象」とみなすようになったといわれる。

10 大陸情勢と「満州事変」

「満州事変」とは

「満州事変」について、一般の歴史教育では次のような教え方をしているようだ。

『「1931（昭和6）年9月18日、関東軍は奉天北部の柳条湖で南満州鉄道の線路を爆破した（「柳条湖事件」）。関東軍はこれを中国軍の仕業であると称して、直ちに満州における全面戦争に突入した。これが『満州事変』である。政府は不拡大方針をとったが、関東軍は進撃を続け、朝鮮駐留の陸軍も越境して、翌32年1月までに満州を占領した」

当然ながら、その背景とか、陸軍がなぜこのような行動をとったか、などにはまったく言及しないまま、一方的に日本が侵略したかのように記述している。だが、これだけでは「史実」を正確に知ることはできない。

満州事変の背景は複雑である。立つ位置によって見方が分かれるところでもある。「満州」という地名は、狩猟民の「ジュシェン（女真）人」が万里の長城以北に清朝を建国した時、種族名を「マンジュ（満洲）」と改めたことから、「マンジュ人が出た土地」との意味で「満洲」と日本人が最初に呼称した（よって「満洲」が正しいが、本書では一般的な「満州」を使用する）。また「満蒙」という言葉もよく使われるが、満州とモンゴルは国境がはっきりと分かれているわけではなかった。

日露戦争ではこの満州が戦場になり、ポーツマス条約、そしてロシア帝国との協約によって、日本が南満州の「大陸経営」を行なうことになり、陸軍が希望した「軍政による満州支配」を元老・伊藤博文が拒否したことから、国策会社「満鉄」がそれを担っていたことは前述した。

その保護と満鉄の警備のため、1万人の陸軍部隊が駐屯していたが、1919（大正8）年、関東庁の発足と同時に「関東軍」として独立した。こうして、昭和初期頃の中国東北部には約20万人の日本人が住み、さらに、中国国内の内乱の影響もあって大量の民族移動が発生、満州の人口は、1930（昭和5）年頃までの25年間に70パーセント増加し、約2900万人にまで膨れあがった。

その結果、満州の生産は大幅に向上し、たとえば、特産大豆の生産は5倍、出炭は14倍、貿易は6倍となった。また、満州の輸出入の40パーセント、対満投資の72パーセントは日本が占め、満州経済における日本の地位は断然優位になっていた。これを日本側から見ると、日本の全輸出の24パーセントが対支輸出、そのうちの35パーセントが対満輸出、全輸入の18パーセントが対支輸入、そのうち58パーセントが対満輸入だった。また、対満投資約15億円は、当時の日本対外投資の54パーセントを占めていた。このように日本経済における満州の地位は極めて重くなり、原料資源や生活必需品の需要を中心に、不可分の相互依存関係に成長していた。

そこに世界恐慌の影響で各国がブロック経済の方向に傾きつつあるなか、日本は土地が狭いうえ、資源が乏しく、反面、人口が多く、かつアメリカへの移民も締め出された結果、当時の満州の地位は「日本の国家存立上不可欠の要件」とまで考えられるようになった。

当時の日本陸軍は依然、ロシアを想定敵国としていたが、革命後のソ連は一時の混乱の後、共産主義思想の普及と伝統的な南下政策の両面から再び極東地域に復原することが予想された。その侵略を阻止すべき「戦略上の要域」もまさに満州だった。関東軍がこうした内外の情勢変化に鑑み、戦略的には南満州のみならず北満州も支配して「縦深を確保したい」と考えるようになるのは、その良し悪しは別にして軍事的には当然のなりゆきだったのである。

満州事変前夜の中国情勢

満州事変までの中国情勢であるが、すでに触れたように、袁世凱が帝政承認と引き換えに、対華二十一か条要求を受諾した後、袁世凱打倒の動きが中国全土を覆い、袁世凱は帝政をわずか3か月で撤回、失意のうちに病没してしまった。

袁世凱の死亡後、中国情勢はますます分裂に拍車がかかる。袁世凱の北洋軍が段祺瑞(だんきずい)と馮玉祥(ふうぎょくしょう)が指揮する軍閥に分裂し、段を日本が、馮をイギリスが後押しするようになる。他方、革命側も北方軍閥を討伐し統一しようとする孫文の広東政府と北伐を望まない広西の軍閥に分裂し、当時の中国は大別すると四つの勢力になり、それらの勢力下にある何十もの軍閥へと分裂に拍車がかかっていく。

満州では、清朝時代から袁世凱と上下関係にあった張作霖が満鉄と持ちつ持たれつで勢力を増し、奉天軍閥に成長していった。張作霖は袁世凱没後、その跡目争いに欲を出し、何度も北支に派兵するが、袁世凱の後継者と見られていた段祺瑞が失脚するや、関東軍が引き留めたにもかかわらず北京入りし、蔣介石の北伐が迫るなか、ほかの軍閥が張作霖をトップに担いで軍閥連合の長になる。

前述した山東出兵や張作霖爆殺事件にはそのような背景があった。張作霖の死亡後、息子の張学良は蔣介石の配下に入り、「国権回復運動」として満州で激しい排日運動を展開する。

このように中国の大混乱は続くが、その陰には「世界革命」を目指すレーニンが1919（大正8）年に創設した「コミンテルン（国際共産主義指導組織）」の進出があった。

コミンテルンは、まず欧州の資本主義諸国の打破を目指した。実際、1919年、ロシア革命の影響を受けて、ドイツ革命も起き、コミンテルンの画策が成功したかに見えたが、ドイツは共産主義革命までには至らず、議会制民主主義共和国（ワイマール共和国）への移行で踏みとどまった。

これらの情勢から、レーニンは「最初にアジアの西洋帝国主義を破壊することによって欧州の資本主義を打倒する」、つまり「アジア迂回戦略」を決心した。そして「中国革命を成功させること」を最初のターゲットとして孫文に目をつけたのだった。

ソ連は、孫文没後は蔣介石を支援するが、中国工作は孫文にとどまらなかった。北洋軍の馮玉祥のもとにも大量の軍事物資を届けるとともに、騎兵学校も創設する。学校創設の狙いは軍事訓練だけが目的でなかったのは明白で、革命的・共産主義的思想を学生たちに植え付けることにあった。

つまり、ソ連の狙いは北満州の領土的野心などではなく「中国全土の共産化」だったわけだが、満州に対しても宣伝活動は盛んに行なわれた。ソ連は日露戦争に対する怨念やシベリア出兵もあって日本を敵視する。まず「カラハン宣言」(1919年)を出して中国との不平等条約を撤廃するとともに、満州やモンゴルを日露で分割した「秘密協定」を暴露し、中国に対して「われわれは中国の味方。満州は中国のもの」と反日を煽った。

やがて、蔣介石は国民党の権力を奪おうとする共産主義者の陰謀とその危険性を見抜き、共産党員を追放するが、農民や共産主義者からなる「紅軍」が誕生する。その指導者こそが毛沢東や朱徳(しゅとく)だった。

蔣介石は紅軍に対する戦いを続行するがほとんど成功せず、紅軍は、中国北部やモンゴル南部などに侵入し、外モンゴルのソ連軍と合流を企図した。

張学良は蔣介石に帰順し、共産主義者の「平定委員」にも任命されるが、共産主義者とも接触し「真の敵は日本だ」と説いて回り、共産主義者と戦おうとせずに自分の野望の道具にしようとした(ソ連による中国工作の細部は戦前から戦後、アメリカで活躍した日本人ジャーナリストの河上清〔K・カール・カワカミ〕著『シナ大陸の真相』に詳述されている)。

「満州事変」勃発

そのような満州、しかも張作霖爆殺事件により行き詰まり状態にあった満州情勢の打開のため、陸軍首脳部は陸軍きっての鬼才・石原莞爾(かんじ)中佐を関東軍参謀に任命する。石原は着任するや、20万人を超える張学良の軍隊に対して、総数わずか1万4千人の関東軍を目のあたりにして頭をかかえたことは容易に想像できる。しかも石原の念頭には、対張学良作戦にとどまらず、対ソビエト防御戦も視野にあった。

石原は、①南満州や朝鮮を守り、支那民衆のために満州を勢力圏にするしかない、②革命直後で5か年計画の真っ最中のソビエトの国力では到底満州へ侵攻する能力を持たない、③アメリカには帝国海軍に喧嘩を売る力がない、④イギリスと国際連盟に喧嘩を売っても何とかなる、⑤完璧な計画であれば、張学良軍を撃破できる、などと判断し、「関東軍満蒙領有計画」を立案した。有名な「世界最終戦論」者の石原は、この時点でアメリカとの決定的対立、ひいては戦争に至るとの認識を持っていたともいわれる。

張学良政権による日本権益の侵害に直面していた満州の在留邦人たちは、日本政府の弱腰をなじっていたが、石原らは精力的に説得し、これら在留邦人も味方につけた。

1931(昭和6)年9月18日午後10時過ぎ、奉天市近くの柳条湖付近で線路の爆破事件が起こり、近くで演習中であった関東軍独立守備隊第2大隊第3中隊約600人は、その爆裂音とともに、1万5千人近い軍勢がいた張学良軍の北大営に進軍を開始する（柳条湖事件）。「満州事変」の勃発である。

翌19日零時直前、奉天から旅順の関東軍司令部に第一報が届き、幕僚たちが呼集されて寝間着や和服姿のまま集合したが、石原莞爾ただ1人、軍服を着ていたといわれる。本庄繁関東軍司令官の表情は沈痛だった。司令官の頭の中には、①何十分の一の劣勢にあって張学良軍を駆逐できるか、②たとえ撃退したとしても蔣介石がそれを座視するか、③さらにソビエトは日本が満州を占領することを黙認するか、があったのだった。

しかし、石原の考え抜き、自信に満ちた気力溢れる面持ちを見て、なおかつ後戻りできない情勢に鑑み、眼前の石原を信用することにして「本職の責任においてやろう」と決断したのだった。司令官の決断を受け、石原は計画どおり、メモ一つ見ずに関東軍隷下の各部隊に素早く命令を発した。

同日正午頃、司令官以下幕僚たちが臨時列車で奉天に到着するが、戦況はめざましく、奉天はすでに張学良軍が武器弾薬、戦車などを残したまま撤退しており、奉天の守備隊もすべて制圧していた。当時、張学良軍の主力約11万人の兵は長城線以南にあって「共産党包囲掃討作戦を最優先に全力集中する」との蔣介石の方針のもと、張学良は日本軍に対して不抵抗および撤退を命じていた。この方針まで石原の念頭にあったかどうか不明だが、「戦機が我に有利に働いた」ことは明らかだった。

昭和陸軍の台頭

日本の戦前の歴史を語る時、どうしても軍人たちの暴走を抜きにしては語れないと誰もが考える。「ポツダム宣言」においても「本戦争は、無分別な打算をもったわがままな軍国主義者たちが日本国民を騙して世界征服の意図をもって行なったもの」と定義され、「その勢力を永久に除去する」旨の宣言を日本は受け入れる。

必ずしも軍国主義者イコール軍人ではないが、昭和時代の軍人の台頭の実態はどうだったのだろうか。軍人、特に陸軍が歴史の表舞台に登場するのは満州事変の頃からである。満州事変勃発後の展開を振り返る前に昭和陸軍について少し触れておこう。

軍人の台頭は、大日本帝国憲法の「統帥権の独立」にその根源があることは明白だが、本来、軍の政治的独立を確保し、政治関与を防ぐために作られた制度であった統帥権の独立が、時を経るごとに軍の政治関与・介入を容認する制度へと変貌していったのはなぜだろうか。

すでに触れたように、明治時代後期から大正時代においては、政治の主導権をめぐって政党政治と藩閥政治が激しく対立し、藩閥政治は長州出身の山縣有朋が強い影響力を保持していた。やがてその山縣も死去し、大正デモクラシーによる政党政治が興隆するが、党利党略の抗争や相次ぐ不祥事などから国民の信頼を失ってしまう。

一方、第1次世界大戦後の陸海軍の軍縮の結果、軍人たちは不安のどん底に陥り、軍人に対する国民の目も憎悪から侮辱に大きく変わっていった。同時に世界恐慌などのあおりを受け、国民生活もますます疲弊していった。

こうした状況のなかで、危機意識から血気にはやる中堅将校らが主導権の確保をめざして派閥を作り始める。まず、山縣有朋が贔屓した長州派閥の打破と人事刷新、総動員態勢の確立を目指し、大正12年、陸士16期を中心に「二葉会」が結成される。二葉会は徹底して長州系を排除する（事実、大正11年から13年まで山口県出身の陸軍大学入校者は1人もいなかった）。

昭和2年には、陸士22期の若手を中心に「木曜会」が組織されるが、会の議論の中で、「統帥権の独立だけでは消極的だ」として「国家的に活動する公正なる新閥を作り、それを通じて政治に影響力を行使すべき」との結論を得る。永田鉄山、岡村泰次、東條英機らもこの議論に加わっており、この時点で、軍の政治関与・介入を容認する方向に歩み始めたものと考えられる。

やがて、二葉会と木曜会が合流して「一夕会（いっせきかい）」が結成される（昭和4年）。主要メンバーは永田、岡村、東條に加え、小畑敏四郎、河本大作、板垣征四郎、山下奉文（ともゆき）、石原莞爾、牟田口廉也、武藤章などだった。こうして、満州事変前には、陸軍中央の主要ポストは一夕会員がほぼ掌握し、中国に対して「軍事行動やむなし」として関東軍の計画を支持したのだった。

朝鮮軍越境と事変の拡大

満州事変勃発後の展開であるが、事変の翌日の9月19日午前、陸軍中央部に報が届き、陸軍省・参謀本部合同の省部首脳会議では「一同異議なし」で承諾、その後の閣議では「事態不拡大」の方針が議決される。参謀本部は朝鮮軍に対して、当初は奉勅命令下達まで見合わせるよう指示した。当時は朝鮮半島までは国内だったので、天皇の勅裁を受けていない軍隊の国外派兵は「統帥権干犯」とみなされていた。しかし、張学良軍の総兵力に比して関東軍があまりに劣勢であったため、「情勢が変化し、状況暇なき場合には閣議に諮らずして適宜善処する」ことを決議し、この時点で参謀本部は統帥権干犯を容認したことになる。

その後、林銑十郎（せんじゅうろう）朝鮮軍司令官は天皇の大命を待たず、独断で混成旅団を越境させ、関東軍の指揮下に入れる。越境後の閣議では「すでに出動した以上はしかたがない」と出兵に異論を唱える閣僚はなく、朝鮮軍の満州出兵に関する経費の支出を決定、その後、天皇に奏上されて朝鮮軍の独断出兵は事後承認の形で正式の派兵となった。後戻りできない悪弊が出来上がった瞬間だったが、これにより、柳条湖事件は国際的な満州事変へ拡大した。

満州事変勃発3日後の9月21日、中華民国は国際連盟に提訴するが、わが国は「自衛のため」と主張して国際連盟の介入を批判、「日中両国の直接交渉で解決すべき」と主張した。この時点では、国際連盟理事会は日本に宥和的で中華民国に冷淡だった。

しかし、10月以降の事態拡大によってその態度が変化していく。そのきっかけは、アメリカのスティムソン国務長官が幣原外務大臣に戦線不拡大を要求したことに端を発する。これを受けた幣原は、金谷陸軍参謀総長に「戦線を奉天で止めるべき」と伝え、参謀総長もそれを了解したので、幣原は「錦州（現在の遼寧省西部）までは進出しない」旨の意志決定をスティムソン国務長官に伝え、その内容が、ただちに国務長官談話として世間に発表された。

だが、参謀総長の抑制命令が届く前日に、関東軍は錦州攻撃を開始してしまい、スティムソンは激怒する。このようにして、幣原の協調外交はその決定を踏みにじられ、国内外に指導力欠如を露呈して大きなダメージを受けることになる。

10月8日、関東軍は、奉天を放棄した張学良の拠点・錦州に対して爆撃機12機をもって空襲（錦州爆撃）し、「張学良は錦州に多数の兵力を集結させており、放置すれば日本の権益が侵害される恐れが強い」と公式発表する。

「満州国」樹立と国民の支持

関東軍は国際世論の批判を避け、陸軍中央からの支持を得るために、満州全土の領土化ではなく、清朝最後の皇帝・溥儀（ふぎ）を立てて満州国の樹立へと早々に方針を転換する。

溥儀は、辛亥革命後に退位を余儀なくされたが、紫禁城で暮らすことは認められていた。しかし、国民政府内部のクーデターが発生した折に自発的に日本公使館に保護を求めた。溥儀は満州民族の国家である清朝の復興を条件に新国家の皇帝となることに同意して、自分の意志で旅順に向かう（これらの経緯は溥儀のイギリス人家庭教師・ジョンストン著『紫禁城の黄昏』に克明に記されている）。

11月中旬以降、日本軍はチチハルを占領して錦州に迫る。当時の民政党・若槻内閣は、関東軍の北満進出と錦州攻略、さらに満州国建国工作にも反対するが、財閥と同調した内相の反乱のような格好で総辞職し、12月、最後の政党内閣となる政友会総裁の犬養毅内閣が誕生する。犬養首相は張学良に錦州からの撤兵を要請し、張学良が了承したこともあって、翌年1月3日、日本軍は錦州に入城した。

第1次5か年計画達成に余念がないソ連が「中立不干渉」を声明したこともあって、関東軍は、事変翌年の1932（昭和7）年1月、ほぼ満州全域を制圧する。ちょうどその頃、上海協同租界周辺で日中両軍が衝突するという事件が発生する（第1次上海事変）。関東軍が満州事変から列国の関心をそらす狙いをもって工作したといわれるが、事件の背景に日頃から生命財産を脅かされていた在留邦人の強硬姿勢があった。事件の結果、中国の反日感情はさらに強まり、国際連盟に提訴したこともあって、イギリスやアメリカなど国際世論の日本に対する非難はますます強まることになる。

こうしたなか、同年3月1日、満州国は独立を宣言する。新京と改称された長春の街は、零下20度の寒さの中、「五協和音」「王道極楽」などと書かれた花電車やトラックのパレードがあり、群衆は歓喜した。溥儀の執政への就任式も行なわれ、関東軍司令官や満鉄総裁に加え、東北3省の軍閥系実力者や溥儀の臣下も参列した。

満州国は「五族共和」（五族とは、漢、満、モンゴル、日本、朝鮮）の理念を掲げ、執政・溥儀のもとに、立法院、国務院、法院、監察院の4権分立をとり、国務院は反資本主義（反中国）、反共産（反ソ連）、反帝国主義（反米）をめざしていた。満州国が建設されてから、百万人を超す日本人が満州に移民して未墾地を開拓し、終戦時には155万人まで膨れあがっていた。朝鮮人の入植も非常に多く、日韓併合後約80万人が満州に移住した。

建国宣言後、満州事変に対する中国の提訴と日本の提案によって、イギリスのリットン卿を団長とする、5名からなる調査団が国際連盟から派遣され、3か月にわたって満州を調査した。

さて、日本政府は、直ちに満州国を独立国家として認めたわけではない。犬養首相は「独立国家を承認すれば、必ず九か国条約と正面衝突する」として「独立政権」にとどめるべきとの考えを持っており、「独立国家」承認にはゴーサインを出さなかったのである。一方、満州事変前夜までは、軍批判の急先鋒に立っていた各新聞は大旋回する。朝日新聞は事変後4か月あまりの間に131回の号外を発行し、「満州に独立国が生まれ出ることについて歓迎こそすれ、反対すべき理由はない」と支持する。毎日新聞も「関東軍の行為に満腔の謝意」「強硬あるのみ」「守れ満蒙、帝国の生命線」などと称揚した。

背景には、国内の経済的疲弊に加え、幣原外相の協調外交が当時の情勢からあまりに非現実的だったこと、なかでもアメリカの排日移民政策に多くの国民が苛立っていたことがあるが、マスメディアによる大々的報道という最大の「劇場型政治」が展開され、世論は急速に関東軍支持に傾いた。

いつの時代も軍隊を行動させる最大のエネルギー（栄養源）は「国民の支持」である。国益につながるとの「大義」（自己評価）に国民の支持という「正義感」が加われば、軍人たちはさらなる「使命感」を自ら培養する。それこそが、満州事変から支那事変、そして大東亜戦争へと突き進んでいった最大の要因ではなかったかと考える。

現在の基準で考えると常軌を逸した旧軍の行動を肯定するつもりは毛頭ないが、わが国の戦前の歴史を「軍人の暴走のせい」と決めつけるのは少なからず違和感を持つ。再び「歴史にｉｆ」であるが、「満州事変反対！」とマスメディアが連呼し、国民が軍（特に関東軍）にそっぽを向いていたら日本の歴史は変わっていたのではないか、と後付けながら考える。

さて、そのような情勢下で発生したのが昭和7年の「五・一五事件」である。同年2月、総選挙が行なわれ、政友会が圧勝したが、「昭和維新」を掲げ、テロリズムによる性急な国家改造を企てる煽動者が軍人らを巻き込み、「血盟団事件」を引き起こし、井上準之助（前蔵相）と団琢磨（三井合名会社理事長）を殺害する事件が発生する。この昭和維新の第2弾が五・一五事件だった。ロンドン海軍軍縮条約に不満を持っていた海軍将校らが計画し、犬養毅首相を暗殺、内大臣官邸、立憲政友会本部、警視庁などを襲撃したのである（首相暗殺以外の被害は軽微だった）。

犬養首相の後継者選びは難航するが、天皇から元老の西園寺公望に推挙の下命があり、西園寺は政党内閣を断念して元海軍大将の斎藤実を次期首相に推挙する。斎藤は挙国一致内閣を組織し、ここに8年間続いた「憲政の常道」が終了し、終戦後まで復活することはなかった。背景には、与党内の権力争いや党利党略に対して、満州事変後、高揚し緊張した民心が愛想をつかしたことがある。こうして、大正デモクラシーは短い生命を終えたのだった。

犬養首相暗殺によって事態が大きく動いた。満州国承認については、政府よりも議会やマスメディアの方が積極的で、同年6月、衆議院は満場一致で満州国承認決議案を可決する。それを受け、斎藤内閣の内田外相は「日本の国を焦土としても主張を貫く」と述べ、満州国承認に強い決意を示した。

このような経緯を経て、リットン報告書が公表される前の9月15日、日本は満州国を承認する。日本は「国際連盟でどのような勧告や解決案が提示されようともそれらに左右されない」との強い態度を表明したのだった。

リットン報告書と国際連盟脱退

実際のリットン報告書は日中両国ともに不満なものだった。「日本の武力行使は自衛のためのものではない。『不戦条約』に違反し中国の主権を犯している。満州は住民の自発的な運動によって建国されたものではない」と中国の主張を支持しながらも、「満州に日本が持つ条約上の権益、居住権、商権は尊重されるべき」など日本への配慮も見られた。

そして、張学良の復帰など原状回復も否定し、①中国の主権下で自治政府を設置する、②治安は特別警察隊が維持する、③日本・中国軍を含むあらゆる軍隊は撤退し、非武装化する、ことなどを提案した。だが、日本は独立国家・満州国の承認をすべてに優先させ、それ以外の事変解決の代案には目を向けなくなっていた。

翌昭和8年2月、国際連盟総会が開かれ、リットン報告書の主旨に基づき、「日本の軍事行動は自衛とはいえず、満州国の分離独立は承認すべきではない」旨の勧告の同意確認の結果、賛成42票、反対1票（日本）、棄権1票（タイ）となって、松岡洋右全権率いる日本はこれを不服としてその場を退場した。3月8日、日本政府は、脱退を決定し、またしても国内世論は代表団を拍手喝采で迎えることになる。

歴史書を紐解くと、今もって「なぜ日本が国際連盟を脱退したのかよくわからない」との見方が残っている。連盟が勧告案を可決しても法的には脱退する必要はなく、事実、「居直り」案も選択肢にあったようだし、松岡自身も脱退論者ではなかったといわれる。

いずれにしても、中国の巧みな外交努力が功を奏して国際連盟が中国に同調し、中国の排日行為の厳しさについては理解を示さないまま、日本に対する不信感と反発を増大させたことが背景にあったのは否めないだろう。

同年5月、日本は中国と「塘沽（タンクー）停戦協定」を締結し、関東軍の長城以北へ引き揚げや長城線南側の非武装地帯の設置などを決め、満州事変は一応のピリオドを打つことになる。後年、昭和史を振り返って「満州で止まっていたら」と回顧されるたびに必ず引用されるのが本停戦協定である。

戦後、日中戦争の起点を満州事変までさかのぼらせ、「15年戦争」と呼称する見方もあるが、満州事変が本停戦協定で一応の決着をみていることは、国際法上も事実と考える。

なお、満州国は当時の世界の約60か国のうち20か国が承認している。1934年にはローマ法王庁が承認し、イタリア、スペイン、ドイツなども続いて承認する。ソ連も事実上承認の関係にあり、満州に住んでいた漢人さえも蒋介石といっしょになることを望んでなかったといわれる。一方、ソ連の傀儡だったモンゴル人民共和国については、ソ連1か国しか承認していない。

これらから、終戦後の烙印とは別に、「当時の内外情勢を打開するための処置として満州国建国は一理あった」との見方を全否定することはできないと考える。

なお、塘沽停戦協定締結後、約80万人の国民政府軍は、約15万人の共産軍を包囲殲滅する作戦に乗り出し、共産軍はそれまで築いてきた各地のソビエト地区を放棄して延安に逃れる（国府側は『2万5千里の追剿』と呼び、中共側は『長征』と呼ぶ）。

11 内外の情勢変化と「支那事変」

「二・二六事件」の背景とその影響

1933（昭和8）年に国際連盟を脱退してからの約3年間は「激動の昭和」にしては静かな時が流れた。その静寂を破ったのは、1936（昭和11）年に発生した「二・二六事件」だった。事件自体は国内問題ではあったが、二・二六事件は、日本のその後の外交や国防に少なからず影響を及ぼすことになる。

まずその思想的背景として、事件後、死刑に処せられた北一輝などが主導して一部の青年将校らに浸透していった「昭和維新」の革新思想があった。要約すると、①白人帝国主義に対するアジア主義として、日本が戦争に訴えても国際的不正義を正すとの主張、②社会主義の影響を受けた平等主義として特権階級の廃止などの主張、③議会制民主主義に対抗し、革新派による専制体制の主張などである。

陸軍内の対立も鮮明になった。一枚岩のように見えた「一夕会」が、この革新思想を信じて国家改造を目指す青年将校らによる「皇道派」と第1次世界大戦の教訓から「国家総力戦」の準備と計画を整備するために軍部主導の政治運営を主張する「統制派」に分裂する。

両派の対立は、対ソ・対中戦略でも対立する。いうなれば、統制派の対ソ柔軟・対中強硬戦略に比して、皇道派は対ソ強硬・対中柔軟戦略だった。このような背景から、二・二六事件の前年、皇道派を軍中央から一掃しようとした永田鉄山が刺殺される事件が起きる。

この対立の延長で、二・二六事件が発生するが、昭和天皇の「朕自ら近衛師団を率いてこれが鎮定に当たらん」との強いご意志もあってクーデターは失敗。青年将校とつながりのあった真崎甚三郎、荒木貞夫大将らは予備役に編入され、統制派と皇道派の争いも決着をみる。

しかし、事件の後遺症は簡単には消えず、予備役に編入された真崎らの復活防止の名目で「軍部大臣現役武官制」が再び息を吹き返すなど、軍国主義化の潮流は歯止めのない状態になっていく。一方、政局も荒れに荒れる。広田弘毅首相は国会運営の大混乱を機に辞任し、その後継に指名された宇垣一成内閣は陸軍の反対で組閣流産、代わりの首相・林銑十郎も解散する理由もないのに衆議院を解散し、政党勢力を勢いづかせた責任をとり、在職3か月で総辞職する。

このような政局の混乱から、国民に新世代の出現を期待させ、当時45歳の若き近衛文麿が首相となり、外務大臣には広田弘毅が就任する。岡崎氏は「大日本帝国を破滅させた責任者をだれかと言えば、(中略)広田、近衛、そして後の陸相、参謀総長となる杉山と、いずれも大事な節目に指導力を発揮せず、大勢順応した不作為の罪を責められるべき」(『百年の遺産』)と断じていることを紹介しておこう。

「支那事変」前夜の中国情勢

この時期の日中関係は平穏だった。そのわけは、蔣介石が共産軍の包囲殲滅に集中し、塘沽停戦協定締結後の対日関係は行政院長の汪兆銘(おうちょうめい)に委ねていたからだった。汪兆銘は日露戦争の最中に留学生として来日し、西郷隆盛や勝海舟にも深く私淑(ししゅく)して親日派になり、「優れた人間同士が理解し、信頼し合えば、いかなる困難も克服できる」という「東洋思想」の持主でもあった。1935(昭和10)年、汪兆銘は抗日派に狙撃されるが、一命は取りとめる。この結果、のちの「支那事変」勃発時、わが国は中国側キーパーソンの汪を欠くことになる。

さて、劣勢な共産軍から「抗日統一作戦」結成の呼びかけに対して、共産軍の狙いを見抜いている蔣介石は応じなかったが、1936(昭和11)年12月、戦意がない張学良を直接指導するため、蔣介石が張の根拠地の西安に乗り込んだところ、逆に逮捕監禁される「西安事件」が発生する。

レーニン没後、その後継者としての地位を固めたスターリンは、毛沢東の「殺蔣抗日」に反対し、「国民党と日本を戦わせ、お互いが疲弊するのを待つ」との基本戦略のもと、蔣介石を釈放する代償として「共産党討伐の中止」「一致抗日」を約束させ、「第2次国共合作」が成立する。ソ連の陰謀がみごとに成功し、国民党内の知日派が失脚する一方、親ソ派が台頭し、ここに来て蔣介石ははっきりと「敵は日本」と定めた。まさに西安事件が支那事変、その後の「日中戦争」の引き金となったのである。

「盧溝橋事件」発生と拡大

張作霖爆殺事件から満州事変そして各種の北支工作などについては、依然として謎はあるものの、終戦後は日本軍が仕組んだとされている。しかし、1935（昭和10）年頃から1937（昭和12）年の「盧溝橋事変」に至る間に、北支・中支・南支各地で発生した諸事件には日本側の秘密工作の証拠がなく、長い間の反日宣伝活動で感情が高ぶった一般国民か、国民党下部か、共産党系かは明確でないにしても、すべて中国側から挑発を受けていたことは明白である。

西安事件後の日中両国の対峙状況は、華北では41万人の兵力が5千人の日本軍を包囲する形となり、徐州方面でも35万人の兵力が北上をうかがうなど、日中両軍の緊張が高まっていた。しかし、日本側はあくまで華北にとどまり事態の不拡大方針を堅持していた。

このような情勢下の7月7日夜、盧溝橋事件が発生する。演習を終えた日本軍に突如、中国側からと思われる数発の銃弾が撃ち込まれたのである。翌8日払暁以降も、再三にわたり不審な発砲を受ける。隠忍自重すること7時間、ついに日本側は中国に攻撃開始しこれを撃滅する。

盧溝橋事件について、現在の中国政府は「日本側が意図的に侵略を開始した」としているが、日本政府は、中国に遠慮して「偶発説」を採用、歴史教科書には「武力衝突が起きた」とだけ書いてあるものもある。

事件当日、日本軍は検閲のための演習を実施中だったが、中隊長の配慮で兵士は重い鉄兜(てつかぶと)をかぶってなかった。鉄兜もかぶってないような部隊が実弾を発射し、戦争を引き起こすような行動を起こさないのは明白なのだ。

歴史研究家の間では「日本軍を見通しのない戦争に引きずり込むために、国民党軍を矢面に立たせて消耗させ、共産党を勝利に導く道を開く」という共産党の陰謀だったという説が最有力である。実際に日本と戦争を画策していた共産党の秘密党員などの手記や告白も出回っているので、中国政府が認めないとしても、中国側からの発砲であったことは間違いないと断言できよう。共産党本部(延安)の指示ではなかったという意味では「偶発」だったかも知れないが、「状況証拠が明白でもそれを事実として受け入れないのが中国の歴史認識である」ことを知る必要があろう。

なぜ日本軍があの現場にいたのかについても改めて付記すれば、それは、日露戦争前の義和団事件までさかのぼる。各国と中国の最終議定書で、北京から上海に至る十数か所に各国の軍隊を駐留するという協定を結び、日本以外にも当時、アメリカ、イギリス、フランス、イタリア(ドイツやロシアは撤退)が駐留していたのである。

さて、事件勃発後の拡大である。ただちに外務省と陸軍中央は「不拡大・現地解決」の方針を固める。しかし、陸軍内部は「拡大派」と「不拡大派」が対立し始める。不拡大派は「日本が出兵したら、泥沼にはまって長期戦に陥る可能性があり、列強に漁夫の利を与えかねない。それよりも満州経営に専念し、対ソ戦に備えるべき」というもので、作戦部長の石原莞爾らがその中心人物だった。これに対して、強硬意見を発する拡大派が存在したが、拡大派といえども、中国の反日・侮日の機運が高まるなか、反日政策を改めさせようとする「対支一撃論」であり、けっして全面戦争を求めるものではなかった。

事件2日後の7月9日、現地で「停戦協定」が結ばれ、軍の派遣はいったん見送られるが、中国軍による協定違反の執拗な攻撃が続き、日本軍は我慢しきれなくなって再度反撃を開始する。7月27日、日本の天津軍が中国に開戦を通告し、北京と天津を掃討するが、それまで日本を挑発していた中国軍はあっという間に北京・天津を放棄し、南の方に逃げてしまう（「北支事変」と呼ばれる）。

その後、昭和天皇が「もうこの辺で外交交渉によって決着させてはどうか」とのご意向を近衛首相に漏らされたこともあって、日本政府・陸海軍は一丸となって積極的に和平に乗り出すが、7月29日、「通州事件」が発生する。通州は、それまで長城以南では最も安定した地域で、多数の日本人が安心して暮らしていた。日本の軍隊が盧溝橋事件で街を離れていた留守に、本来、日本の居留民を守るべき中国保安隊3千人が反乱を起こし、日本人居留民を襲撃し、200人以上の日本人が言葉では表現でないような残忍で猟奇的な殺害・処刑を受ける。

そして「支那事変」へ

さらに8月13日、蒋介石が中央軍を上海に増派し、日本租界への攻撃に端を発した「第2次上海事変」が発生する。こちらは海軍が主導して陸軍を引きずり込むが、その経緯は次のとおりである。

盧溝橋事件が起きるや、米内光政海相は不拡大方針を主張していたが、海軍は、本事件が中国全土に波及する可能性が高いとの認識のもと、軍令部と海軍省が協議のうえ、全面作戦に備えた作戦計画や処理方針を作成する。これに対して、作戦部長の石原莞爾は、海軍の強硬論について「作戦の本質を知らないものである」と嶋田繁太郎軍令部長に申し入れたとの記録も残っている。

日本側は「北支における権益をすべて白紙に戻す」という寛大な方針に基づき和平交渉案を作成し、中国側と交渉しようとするが、第1回目の話し合いを予定していた8月9日当日、交渉阻止を狙いすましていたかのように「大山事件」（海軍陸戦隊の大山中尉以下2人の射殺事件）が発生し、会談は流れてしまう。

この事件を境に上海情勢が悪化するや、米内海相はそれまでの不拡大方針を放棄して、陸軍の派兵を要請、居留民保護の目的で派兵が閣議決定される。米内はのちに「全面戦争になった以上、南京を攻略するのが当然」と発言するまで強硬論に傾く。拝謁した米内海相に対して、天皇が「これ以後も感情に走らず、大局に着眼して誤りのないよう希望する」旨のお言葉が下されたとの記録も残っている。

　一方、蔣介石は盧溝橋事件勃発後、「不戦不和」「一面交渉、一面交戦」の中で葛藤していたが、7月下旬には和平をあきらめ、「徹底抗戦」を全軍に督励する。そして応戦から決戦に転換する。その理由として、軍事力、特に空軍に対する自信と国際都市・上海で有利に戦えば、対日経済制裁など外国の支援を得られるだろうと考えていたといわれる。

　8月14日、日本海軍第3艦隊の旗艦「出雲」に対する爆撃が上海租界の歓楽街への爆撃となり、千数百人の民間人死傷者が発生する。中国側は「自衛抗戦声明」を発表し、全国動員令を下令する。日本側はこれを事実上の宣戦布告と受け止め、翌15日、近衛内閣は「支那軍の暴虐を膺懲し、南京政府の反省を促す」と声明を発表し、「上海派遣軍」（司令官・松井石根大将）を編成する。海軍は、かねてからの計画どおり、南京や南昌などに対する本格的な爆撃を開始するが、これらは上海を戦場に限定していた陸軍参謀本部の作戦計画を大幅に超えるものだった。

　これによって、実質的に日中全面戦争に突入するが、１９４１（昭和16）年12月に日米開戦が勃発するまで、両国とも実際の宣戦布告を行なわなかった。その理由は、双方ともアメリカの「中立法」の発動による経済制裁の回避が念頭にあったが、日本は早期事態解決を狙っていたことに対して、中国側は軍需物資輸入に問題が生じることを懸念していた。

　8月17日、日本は従来の不拡大方針の放棄を決定し、「支那事変」と呼称する。9月末、不拡大派の筆頭、石原莞爾作戦部長は更迭され、後任の下村定部長によって、主戦場を華北から華中に移す。

陸軍も不拡大方針を放棄したのである。日本軍が上海南の杭州湾に上陸すると、中国軍は予想外に敗走を続け、11月中旬には上海全域をほぼ制圧する。陸軍は上海戦線終結をもって軍事行動停止案を作成していたが、海軍などの時期尚早との反対からこれを見送る。

北支事変から支那事変に拡大した後も、日本はドイツを仲介に和平工作（トラウトマン工作）を始める。仲介案の骨子は「中国側が今後、満州を問題としないという黙約の下に、華北の諸協定を廃止し、その代わり反日運動を取り締まる」というものだった。蔣介石もこの案を支持するが、杉山陸相は、不拡大派の石原莞爾がすでに満州に転任していた陸軍内の強硬派の突き上げを受けて一夜にして約束を反故にする。その後の閣議において、近衛首相も広田外相も一言も発言しなかった。近衛、広田、杉山に対する岡崎氏の厳しい指摘は、このような判断や指導力の欠如を指しているものと考える。

さて、中国軍の敗走を目のあたりにして、蔣介石は、首都・南京を死守すべきか否か迷った結果、死守を決める。ソ連の参戦に最後の望みを託し、中国共産党も「南京防衛は中国人民の責任であり、日本軍に対して人民が総武装化して戦うべき」と主張していたことも背景にあった。

1937（昭和12）年12月1日、大本営は「南京攻略」を下令し、海軍爆撃隊による爆撃も南京に集中する。蔣介石は南京死守を宣言したのにもかかわらず、12月6日、南京総攻撃の直前、脱出を決意する。その理由として、日本軍の圧倒的な軍事力の差の前に敗北を予測したことに加え、参戦を期待していたスターリンから「日本が挑発しない限り、単独での対日参戦は不可能」との回答、さらに一向に改善しないイギリス、アメリカなどによる国際支援などがあった。

この結果、蔣介石をはじめ中国政府高官は次々に南京を離れ、重慶の山奥まで逃げ込んでしまう。この際、日本軍に利用されないよう、中国軍は多くの建物などを焼き払ってしまい、市民の多くも戦禍を逃れ、市内に設置された南京国際安全区（難民区）へ避難する。

12月9日、松井司令官は、中国軍に南京城を引き渡すよう開城・投降を勧告するが、中国軍の司令官が拒否したので総攻撃と掃討を命ずる。蔣介石の撤退指示が遅れたうえ、日本軍の進撃が極めて敏速だったことから中国軍は撤退の時機を逸してしまい、揚子江によって退路がふさがれていたことから混乱状態に陥り、多数の敗残兵が便衣兵（私服、民族服を着用して一般市民に偽装して敵対行為をする戦闘員）になって難民区に逃れようする。こうして13日には、中国軍の組織的抵抗は終了し、日本軍は南京を占領する。

このような状況の中で「南京事件」が発生したとされる。南京事件の犠牲者は、東京裁判における判決では20万人以上、南京戦犯裁判（１９４７年）では30万人以上とされ、中国の見解は後者に依拠している。現在、外務省の公式サイトでは「非戦闘員の殺害や略奪行為などがあったことは否定できないが、被害者の具体的な人数については諸説あり、正しい数を認定することは困難である」としている。

その真相はいかなるものだったのだろうか。日中共同研究も明確な分析は避けているが、幸いにも、松井大将をはじめ南京攻略に参加した各指揮官の日記や従軍記者の写真や手記が残っており、その抜粋を『南京戦史資料集』として偕行社が編纂している。それらによると、南京攻略前に「軍紀緊縮の訓示」を行なった松井司令官にとって、「南京の大虐殺」は寝耳に水の驚きだったことがわかる。そして、従軍記者の写真や手記などを読む限りにおいて、敗残兵の処断などの事実はあったものの、いわゆる通常の掃討であり、南京の場合には、明らかに国際法違反である便衣兵の捜索・処刑（これ自体は戦時国際法上合法とされた）が多かったことが理解できる。

特に「十数万人を処理した」とする唯一の日本軍の騎兵将校である太田壽男少佐の供述書（1954年8月付）も、少佐の終戦後の足跡や供述書の内容と南京での実行動に矛盾があって信ぴょう性が乏しいうえ、大問題になった「百人斬り競争」の2人の将校の写真も攻略前の写真だったことが判明している。

なお、陸上自衛隊の戦史教育参考資料『近代日本戦争概説』においては、南京攻略の戦史は約1ページにわたりその作戦の概要が記されているのみで、「南京市内には市民がほとんどいなかったし、占領直後には市内に部隊が入れない処置などもあった。多数の遺棄遺体は、敗走した中国軍のものであった」とさらりと記述されているのみである。

「支那事変」内陸へ拡大

南京を離脱した蔣介石は、国民政府を重慶に移すが、実際には、重慶には一部の政府や党の機能しか置かず、武漢（南京と重慶のほぼ中間に位置）に事実上の戦時首都の機能を保持して、断固たる抗戦意志を表明する。トラウトマン和平工作は南京陥落後も引き続き進められていたが成功せず、1938（昭和13）年1月16日、近衛文麿は「国民政府を対手にせず」という有名な声明を発し、トラウトマン工作は終焉する。

武漢に撤退した頃から、蔣介石は日中戦争が長期化することを意識し、「持久戦」に戦略転換する。同年5月、日本軍は徐州作戦を実施して同地を占領、徐州占領後は、徐州を離れた中国軍を追うように華南を目指す。こうして計画より約1か月遅れて武漢攻略に向かい、8月、武漢作戦を発動、10月下旬には武漢三鎮（武昌、漢口、漢陽）を陥落する。これと相前後して、重慶への支援ルートを押さえようとして広州などの沿岸部も占領する。

蔣介石は武漢陥落後、湖南へ撤退し、11月、「抗戦の第1段階は終わった。事後は、民衆を取り込んだ遊撃戦を主とする持久戦を実施し、守勢から攻勢に転じる第2段階に入る」と「遊撃戦」を宣言し、12月には重慶に移動、本格的な重慶国民政府を始動させる。

11月、日本は第2次近衛声明を発し、「東亜新秩序」を提唱して汪兆銘との連携を模索、それに呼応するように、汪兆銘は重慶を脱出する。12月、近衛首相は第3次近衛声明を発し、中国に再び講和を求めるが、蔣介石は抗戦の正義を訴えこれを拒否する。1940（昭和15）年3月、汪兆銘は南京に新国民政府を樹立し、11月、正式に主席に就任する。

重慶国民政府は、抗戦のための物資の調達が困難を極めた。中国経済の中心は上海など沿岸部であり、「大後方」といわれた四川省など内陸部には抗戦のための産業基盤がなかったのである。にわかに重化学工業などの建設に着手するが、簡単に基盤形成はできず、列強の援助に頼ることになる。

この結果、周辺地域との間に「援蔣ルート」といわれる輸送ルートの開発が進められた。特に雲南からビルマへの道路開通、ベトナムから雲南、ソ連から新疆への輸送ルートの確保が急がれ、このために、アメリカ、イギリスから巨額の借款が行なわれた。

日本軍は、重慶政府に圧力を与えるために、湖南省の長沙作戦を実施する一方で陸海軍の爆撃機による重慶爆撃を開始する。この重慶爆撃は欧米各国から厳しく批判される。特にルーズベルト大統領は「無差別爆撃は戦時国際法違反だ」と激しく抗議し、その延長でアメリカの対日制裁が次々に拡大され、やがて日米の直接対立に至るきっかけとなる。

爆撃については、当初はアメリカ、イギリスなどの第三国への被害は避けるように厳命されていたが、重慶の天候は霧が発生して曇天の日が多いため、目視による精密爆撃は難しく、だんだん目標付近を絨毯(じゅうたん)爆撃するようになる。この絨毯爆撃作戦は海軍主導で行なわれ、中国方面艦隊の井上成美(しげよし)参謀長が日中戦争の早期終結を目的に提言した作戦だった。しかし、陸軍はその無意味さや非人道性を確認し、爆撃参加を中止した。

重慶爆撃は、蔣介石軍がアメリカ製の対空火砲の多くを飛行場付近や軍事施設から市街地域に移動させたため、日本軍はやむなく市街地域の絨毯爆撃を実施したという一面もあった。一般市民を巻き添えにするこの処置自体も明確な国際法違反だったが、この事実は葬り去られ、やがて連合軍によるドイツや日本の都市爆撃に応用され、終戦にあたり、アメリカによって「非人道的な侵略、戦闘行為を繰り返した悪質な軍事国家・日本を倒した」と歴史の誇張例としても使われてしまう。

重慶爆撃は1943（昭和18）年8月まで続き、その犠牲者は中国側の発表によると1万2千人（一説にはもっと少ない）といわれるが、東京大空襲や原爆投下の犠牲者と桁違いなのは明らかである。

支那事変拡大の足跡を総括すると、日本軍は当初、短期決戦で中国側の戦意を喪失させ、勝利を得るつもりだったが、中国側は持久戦をもってそれに応じた。その結果、日本軍は100万人前後の兵力を中国大陸に注ぎ込むが、中国側を降伏させることはできず、戦線は膠着し、中国大陸は、①重慶国民政府の統治空間、②中国共産党の統治空間、そして、③日本軍および日本占領下の現地政権統治空間など大きく三つに分かれることになる。

なかでも問題なのは、中国共産党の統治空間だった。中国共産党は、あくまで重慶政府の下で抗日戦争を展開しており、コミンテルンも重慶政府の指示に従うよう厳命していたが、毛沢東は重慶に対する共産党の独立自主を目指し、遊撃戦によって一定の面積を得ると、それを「辺区」としてその拡大を企図していった。

「日本を中国大陸に引きずり込み、蔣介石軍と戦わせ、双方が疲弊した頃を見計らって漁夫の利を得る」との共産党の戦略が功を奏し始めたのだった。実に巧妙なやり方だったが、コミンテルンとは少し温度差が出始めたのも事実だった。また、この辺区拡大は、やがて重慶政府との間でも軋轢を生むことになる。蔣介石の共産党不信が拡大し、共産党も重慶の国民党と敵対する姿勢を明確にしていく。

コミンテルン・共産主義者たちの暗躍

さて、この当時のソ連（コミンテルン）の陰謀は、中国のみならず、アメリカ、欧州、日本を含め全世界に及んでいたが、当時、その全容は不明のままだった。そのことが史実とかけ離れたまま近現代史の歴史観が定着する要因となったと考える。だが、冷戦終焉後の1995年、アメリカ国家安全保安局が「ヴェノナ文書」の公開に踏み切り、それまでの近現代史の歴史観を根底から揺るがす事態となった。

ヴェノナ文書とは、第2次世界大戦前後に、アメリカ国内のソ連の工作員たちがモスクワとやり取りした通信の内容をアメリカ陸軍情報部がイギリス情報部と連携して秘密裏に傍受して解読した記録であり、この文書によって工作員たちの活動の詳細が判明したのである。

日本国内においても、共産主義者たちが活発に活動していたことは昭和初期から知られており、戦時中も「ゾルゲ事件」のような大事件が発生する。そして、ヴェノナ文書の公開よりかなり早い1950（昭和25）年に、内務省警保局や特高警察でも勤務し、共産主義者の謀略活動の実態を追及した経験を有する三田村武夫氏が、昭和政治秘録として『戦争と共産主義』を上梓した。

この著作により共産主義の陰謀の歴史やその実態を解明する書籍が戦後まもなくして出版されたのにもかかわらず、戦前の歴史研究がこれらの事実を無視あるいは軽視してきたことに対して、疑問を越えてある種の意図さえ感じるものの、少なくとも、支那事変前後から日米開戦突入に至る日本の歴史は「共産主義者の活動が歴史を動かした重大な要因として無視できない」と考えざるを得ないのである。改めて当時の国内事情に触れておこう。

三田村氏によれば、日本を追い詰めた共産主義者たちの陰謀の基本的考えは次のように要約されよう。

コミンテルンの目的は、全世界共産主義の完成であり、そのための資本主義の支柱たるアメリカ、イギリス、日本などを倒さなければならない。その手段は、①革命勢力を強化して革命により内部崩壊させる、②資本主義国家を外部から攻め武力で叩き潰す、の二つだが、どちらも実行の可能性は低い。その結果として考えた戦略が「資本主義国家と資本主義国家を戦わせ、どちらも疲弊させ、漁夫の利を得る」だった。

この戦略に基づき、欧州方面ではドイツとイギリス・フランスを戦わせ、アメリカを巻き込む。極東方面でどうしても叩き潰さなければならないのは、日本と（アメリカ・イギリスがバックにいる）蔣介石政権である。日本と蔣介石軍を噛み合わせるとアメリカ・イギリスが必ず出てくるので、その方向に誘導する。そうするとシナ大陸と南方のアメリカ・イギリス植民地で日本、蔣介石、アメリカ、イギリスが血みどろの死闘を演ずるだろう。この争いが疲弊した時に一挙に兵を進め、襟首をつかんでとどめを刺す。あとは中共を中心に極東革命を推進すればいい、という計略である。

その後の歴史はまさに彼らの陰謀のどおりになるが、その第1段階は「ファシズム反対」「帝国主義反対」のスローガンを掲げ、社会主義勢力を味方につける。第2段階は連合国対枢軸国の戦いを「デモクラシー対ファシズムの戦い」と位置づけ、自らをデモクラシー勢力として隠蔽し、連合国の仲間入りをする、である。

この間、日本においては、有識者、マスコミ、官僚、軍部を巧妙に操り、無謀な戦争に駆り立て、日本を自己崩壊する方向に誘導する企てを行なう。この際、できるだけ合法的に食い込み、内部から切り崩す。なかでも、陸軍の存在に注目する。陸軍は大部分が貧農と小市民、将校も中産階級出身で反ブルジョア的、しかも国体問題ではコチコチの天皇主義者なので、この点をうまくごまかせば十分利用価値があると判断した。

そのうえで「天皇制廃止」をやめて、「天皇制と社会主義は両立する」との思い切った戦術転換を敢行し、「天皇を戴いた社会主義国家を建設する」という理論を確立する。さらに「戦争反対」などとはけっしていわず、「戦争好きの軍部をおだてて全面戦争に追い込み、国力を徹底的に消耗させる。このあとに敗戦革命を展開する」という大胆な戦略だったのである。

近衛文麿は、終戦間際の昭和20年2月、有名な「近衛上奏文」を天皇に提出する。その概要を三田村氏は次のように要約している。

「近衛は、過去十ケ年間、日本政治の最高責任者として、軍部、官僚、右翼、左翼、多方面に亘って交友を持ってきた自分が、静かに反省して到達した結論は、『軍部、官僚の共産主義的革新論とこれを背後よりあやつった左翼分子の暗躍によって、日本はいまや共産革命に向かって急速度に進行しつつあり、この軍部、官僚の革新論の背後に潜める共産主義革命への意図を十分看取することができなかったのは、自分の不明の致すところだ』と言うのである」（『戦争と共産主義』）

〝時すでに遅し〟だったが、自分が共産主義革命者たちのロボットとして踊らされたことを告白し、「不明の致すところ」として国家の命運を狂わしたことを懺悔したのである。

「東亜新秩序」声明とその影響

1938（昭和13）年11月に発表された「東亜新秩序」声明は、日中戦争の目的をそれまでの「中国側の排日行為に対する自衛行動」としてきたことから、「日本、満州、中国による東亜新秩序の建設にある」と新たな目的を設定したことを意味し、中国の領土保全や門戸開放を定めたワシントン体制下の「九か国条約」を事実上否定するものだった。

その3年前の1935年、ナチス・ドイツは「ヴェルサイユ条約」を破棄して再軍備を宣言、翌36年には、西ヨーロッパの安全保障を取り決めた「ロカルノ条約」を破棄してラインラント進駐、イタリアもエチオピアを併合するなど、ヨーロッパの緊張が激化していたことから、イギリス・アメリカなど列強諸国は東アジアに本格的に介入できないだろうと判断した結果、東亜新秩序声明に至ったといわれる。しかも、本声明の理論は「ヴェルサイユ体制」打破を掲げるナチス・ドイツの「ヨーロッパ新秩序」のスローガンを倣ったものだった。

ところが予想に反し、この東亜新秩序声明に対して、重慶国民政府はもちろん、アメリカ・イギリス両国が猛反発する。アメリカは4000万ドルの対中借款を決定し、イギリスも1000万ポンドの中国通貨安定基金を設定するとともに、500万ポンド（2300万ドル）の政府保証を与える。このように、アメリカ・イギリスともに、本声明を機に財政的な中国支援に踏み出すことになる。

ソ連もまた、1937年8月、「中ソ不可侵条約」を締結し、約1億ドルの借款を中国に与え、各種兵器や軍需物資を供給する一方、翌39年には1億5千万ドルの対中援助契約を結ぶ。

一方、東亜新秩序声明発表直前の8月、ドイツから、ソ連のみならず英仏も対象とする「日独伊3国同盟」の提示がある。ドイツは従来の親中国政策を軌道修正して、満州国の承認、中国への武器・軍需品の輸出禁止など対日提携強化に方針を転換し、対日接近によって対ソ連に備えるとともに、アジアに広大な植民地と勢力圏をもつイギリスを背後から牽制する役割を日本に期待した。イタリアも1937年に満州国を承認し、「日独伊協定」に加わるとともに国際連盟を脱退する。

これに対して、日本陸軍はドイツとはソ連のみを対象とした同盟を結び、イタリアとはイギリスを牽制するために秘密協定にとどめると考えていたが、ドイツは、あくまでイギリス、フランス、ソ連を対象にした軍事同盟を要望した。陸軍は対ソ牽制のために同盟そのものが不成立になることを恐れ、結局ドイツ案を受け入れようとする。

しかし、外務省や海軍は英仏を対象とする同盟には強く反対して、翌39年1月、この問題の閣内対立によって近衛内閣は総辞職してしまう。後継の平沼騏一郎内閣も「日本が同盟に躊躇するなら、ドイツはソ連と不可侵条約を結ぶ」と警告され、同年5月、日独伊の軍事同盟が調印されるが、依然として外務省や海軍の同意が得られず、閣議は紛叫する。

改めて、三田村氏も指摘する東亜新秩序の発案者（たち）が、各国の思惑が交錯してこのような展開になることを当初から企図していたとすれば、ものすごい謀略だったと脱帽するが、このような国内情勢の混乱の最中にノモンハン事件が発生する。

最後に、今なお「支那事変から日中戦争は日本の侵略ではなかった」と主張する歴史家は後を絶たない。戦場が中国大陸であった限りにおいて「日本側にまったく非がなかった」とは主張しがたくとも、日中戦争拡大に至るさまざまな要因が日中両サイドにあったことは間違いないだろう。

「陸軍悪玉論」も同じである。支那事変の拡大の経緯などを見れば、軍国主義者＝戦争拡大論者＝陸軍と決めつけるのは、あまりにも史実と違うことを記しておこう。

12「ノモンハン事件」の背景と様相

日ソ対立の要因──ソ連側

「ノモンハン事件」の背景として日ソ対立の要因についてまとめておこう。まずはソ連側の要因である。欧州と東アジアは地理的には遠く離れているが、スターリンにとってはいずれもその動向が気になった。スターリンは「地球儀を見ながら戦争を指導した」といわれるが、小さな地球儀上では、欧州と東アジアは目と鼻の先の近さに見えたようだ。当時、日露戦争やシベリア出兵の経験などから、一般にロシア人には日本人に対するコンプレックスがあり、逆に日本人にはロシア人への侮りがあったことは事実だった。スターリンとて例外でなく、ドイツと日本の双方から挟撃されれば、ソ連がひとたまりもなく崩壊するという悪夢をつねにいだいていた。

満州事変以来、ソ連と日本は長い国境線を挟んで直接対峙することになるが、日本は満州国（東北

3州）の地歩を固めた後に、内蒙古、外蒙古方面へ勢力拡大を図っていた。蒙古はソ連にとって致命的な地政学上の利益をともなう場所であることから余計に神経質になっており、特にソ連の保護国となった外蒙古は、ソ連からすれば対日本帝国主義侵攻の防波堤の役割を担っていた。

そのうえ、約4000キロメートルに及ぶソ満国境は、約3900キロメートルが河川や湖沼で、特に国境の目安とされたアムール川とその支流は水量の影響で川の流れが変わるなど状況をさらに複雑にしていた。こうして、満州事変以降、約200件の国境紛争が起きていた。

のちに「三国同盟」に発展する「日独防共協定」の締結（1936年）は、その秘密文書のなかに対ソ軍事同盟の性格を持っていたので、スターリンをさらに苛立たせ、日ソの緊張は高まった。

スターリンは中国情勢についても「中国国民政府の圧力がなくなれば、日本は後顧の憂いなく対ソ攻撃に踏み切る」として強く警戒していた。西安事件で処罰を望んだ毛沢東と激しく対立したのは、蔣介石がいなくなると中国の対日戦線が破綻することを恐れたためでもあった。そのような危惧を背景にして、「中ソ不可侵条約」（1937年）を結び、対独戦争の脅威にさらされている中にあって、中国に対して英米両国をはるかに凌ぐ借款や武器を提供していた。

こうした情勢の中で、日ソ間の最初の本格的な戦闘となったのが、1938（昭和13）年7月に起こった「張鼓峰事件」だった。当初、国境を越えて侵入したのはソ連兵だったが、関東軍の第19師団は夜襲をもって国境線を回復する。大本営は支那事変の処理への影響を考慮し、国境線回復後は専守防衛の方針を示し、外交交渉による解決に努めるが、ソ連は航空機の支援の下に再び逆襲に転じ、日本軍は苦戦する。

結局、両軍が対峙している位置をもって停戦合意がなされ、その後の現地交渉によって双方とも張鼓峰頂上より80メートル以上離れて対峙することで決着する。本事件は、ソ連の圧倒的な火力の反撃にあって日本軍が一方的に撃破されたようになっているが、日本側が戦死約530人、負傷約910人だったのに比し、ソ連崩壊後の資料によると、戦死約240人、負傷約610人となっており、戦いはほぼ互角だった。本事件によって、日本軍はソ連軍の火力徹底思想や戦法の柔軟な改善などの実態を初体験したのだった。

日ソ対立の要因―日本側

次に、日ソ対立の要因を日本側からみてみよう。わが国、特に陸軍は明治以来伝統的にロシアを仮想敵国の筆頭に挙げ、対ソ戦争を最も警戒していたこと、また満州国建設の目的の一つも対ソ防衛戦のための縦深の確保があったこと、さらに、昭和13年夏頃、ドイツから日独防共協定をソ連だけにとどまらず、他国にまで広げて軍事同盟に切り替えようという強い申し出があったことは前述した。

ヒトラーは、欧州戦争に参加するのが嫌なら、名目だけでもいいから日独伊の「三国同盟」を世界に発表しようと促したが、これ以降、この「参戦」条項をめぐって政府内で大議論することになる。

ソ連の脅威に直面している当時の日本陸軍中央（主に作戦部）は「ドイツと同盟を結ぶことで、ドイツの軍事力をもってソ連の背後から強力に牽制できる」として、その結果、「ソ連からの攻撃の心配なしに中国に対して全兵力を行使することが可能になり、この勢いで蔣介石を和平に応じさせることができる」と「三国同盟は日本の国際的地位向上に繋がる国家戦略」と考えていた。

陸軍内にも「英仏との対立はアメリカとの戦争にもつながる」と反対する意見もあったが、政界の一部や外務省、それに天皇周辺にも陸軍中央の考えに賛意を示す者が増えていく。

平沼首相は外交にはまったく門外漢だったが、真正面から立ちふさがったのは海軍省首脳（米内光政海軍大臣、山本五十六次官、井上成美軍務局長）だった。特に山本は「対米英戦争に勝算はまったくない」とし、この同盟は「ソ連への牽制では有効だが、ヒトラーに引きずられ、日本は、英仏はおろかアメリカとの大戦争に巻き込まれる」と大反対する。同じ人物がのちに日米開戦の発端となる真珠湾攻撃を主導するのだから、歴史は不思議である。

このようななか、五相会議（首相、外相、陸相、海相、蔵相）が、昭和14年1月から4月までいつ果てるともなく続き数十回を数えるが、合意に達することなく、天皇が明確に「三国同盟の参戦条項に反対」の意思を表明されていることも伝わってきた。

三国同盟は、それから1年後の昭和15年9月、第2次近衛内閣時の外相松岡洋右の剛腕によって締結されるが、政府内で三国同盟を議論していた4月、日本人を激怒させる面倒な事件が発生する。国際都市・天津市内のイギリス租界の劇場において、日本側に立つ華北政権の中国人が反日テロ団によって暗殺されたのである。

それまでの天津のイギリス租界は反日テロ団の根拠地になっているとして日本人居留民の憤激の対象になっていた。イギリスは租界の特権を利用して抗日分子の潜入を黙って見過ごすばかりか、テロ団は租界の銀行から資金を得て抗日策動を容易にしていた。本事件の後、イギリスが犯人の引き渡しと裁判にかけることを激しく拒み続け、国内は日増しに反英排英が拡大し、その反動として、三国同盟推進の動きが活発になってくる。

このような経緯を経て、5月7日、板垣征四郎陸相は再び不退転の覚悟で五相会議に臨むが、石渡壮太郎蔵相が「経済問題に限り英米を刺激することはもっとも避けなくてはならない」と発言し、続いて米内海相が「アメリカはドイツを極度に憎悪している。ドイツと接近するとアメリカの対日悪化は深まる。わが国の貿易の70パーセントは英米との貿易である。日本が参戦すると、日米間の貿易がなくなることを覚悟しなければならい」と発言し、外相も賛同して板垣の中央突破は失敗する。それでも諦めない陸軍中央は、参謀総長の上奏権を使って天皇に直訴しようとするが、「参戦に絶対不同意」と拒否されてしまう。

ちょうどその頃、欧州ではヒトラーとスターリンの2人の独裁者が接近し、併せて、ヒトラーはソ連と日本、スターリンは英仏とドイツと二重取引を始める。しかし、欧州列国の微妙な駆け引きからわが国は完全に蚊帳の外に置かれていた。そして、5月11日、ノモンハン事件が発生する。その細部については次節で述べる。

6月、イギリスの犯人引き渡し拒否を理由に、北支那方面軍は天津租界の封鎖を断行する。この処置を知って、7月、アメリカは「日米通商航海条約」破棄を通告してくる。この破棄通告によって、アメリカは条約失効の6か月後からいつでも「対日経済処置」を実施し得ることを示した。実際に、翌昭和15年1月、「日米通商航海条約」は失効し、やがて「対日石油全面禁輸」へ拡大し、日米開戦に発展することになる。その細部も後述する。

「ノモンハン事件」勃発

ノモンハンは、満州西北部ハイラルの南方約200キロメートルの草原にある小さな集落である。当時の地図を見ると、ノモンハンの北側は西の方に満州国が張り出し、南側は東の方に外蒙古が張り出しているのがわかる。満州国は独立以来、ノモンハン西側を流れるハルハ河を国境と設定していたが、外蒙古側はハルハ河東方約20キロメートルを国境線としていた。当時の地図もこれら2種類の表記があるという、まさに国境をめぐる係争の地だった。

外蒙古側には蒙古軍のみならず、二度にわたる5か年計画によって充実が図られていたソ連軍戦力も配置されていた。満州国側は、国境警備の満州国軍のほかに、関東軍の第23師団がハイラルに駐屯していた。第23師団は昭和13年に内地で編成されたばかりで、3個歩兵連隊基幹で装備も劣り、兵力も不足していた。このような師団がなぜソ満国境の「係争の地」に配置されたかその真相は不明だが、支那事変の真っただ中にあって精強な師団を中国大陸に投入したことと、陸軍首脳部がこれほど大規模な戦闘がこの地域で発生することを予測していなかった結果であると考える。

ノモンハン事件は、通常、第1次と第2次に分けられる。第1次ノモンハン事件は、5月11日、外蒙兵約70人がハルハ河を渡河し、満州国軍監視哨を攻撃するところから始まる。満州国軍の7時間にわたる反撃の結果、一旦はハルハ河西岸に後退するが、翌12日、約60人の兵士が再び渡河越境し、13日には所在の満州国軍と再び戦闘状態に入る。

第23師団は東支隊（師団捜索連隊基幹、東八百蔵中佐指揮）を編成し、15日、現地に急派する。同支隊が到着し攻撃前進すると、外蒙兵はハルハ河西側に後退したので、同支隊はハイラルに帰還する。ところが、17日、またしても外蒙兵が渡河越境したので、師団長は侵入した敵を急襲することを決し、28日、山県支隊（師団捜索連隊基幹、山県光武大佐指揮）も攻撃に参加させるが、ハルハ河西岸からの砲火によって前進を阻止されたうえ、逆に外蒙兵の逆襲を受け、東支隊が玉砕する結果に陥ってしまう。

関東軍は「徹底的に反撃して日本の決意を示す必要がある」との結論に達して、第23師団全力、第7師団の一部、第1戦車団隷下の安岡支隊（戦車2個連隊、歩兵1個大隊などから編成）、第2飛行集団をもって反撃の準備を整えた。

こうして、第2次ノモンハン事件前半の戦いが起こる。まず6月22日、来襲ソ連機延べ150機を迎撃するが、ソ連軍は機数を増やし、新鋭機を繰り出してくる。関東軍はついにソ連軍機の根拠地のタムスクを攻撃することに決し、6月27日、約130機をもってタムスク空襲を決行する。このタムスク攻撃は、不拡大を方針とする陸軍中央の許可を得なかったため、その後、陸軍中央と関東軍の間に感情的な対立が生じることになる。

第23師団は7月1日未明、ハルハ河を渡河し、西側のソ連軍陣内に突入する。ここでソ連軍戦車の大群と遭遇して100両余りを撃破するが、ハルハ河東側に後退するなど、戦線は膠着する。

このような経緯から、関東軍は戦線を整理、越冬を準備するとともに、ノモンハン地域の指揮を統一するために第6軍司令部を編成する。この矢先の8月、第2次ノモンハン事件後半の戦いが始まる。ソ連軍はジューコフ将軍の指揮の下、日本軍の4~5倍の戦力を投入して全線で攻撃を開始し、関東軍は大打撃を受ける。この結果、関東軍は第6軍に第2、第4の2個師団、全満の火砲を配属し、断固反撃に転ずる新たな作戦を準備するが、陸軍中央は不拡大を方針として関東軍の攻勢作戦を中止させる一方で、対ソ戦備弱体化を防止するために、中国戦線から2個師団の転用を計画する。

停戦協定と事件総括

8月23日、突然、「独ソ不可侵条約」が締結され、9月1日、ドイツとソ連がポーランド侵攻を開始し、第2次世界大戦が勃発する。平沼内閣は「三国同盟交渉の打ち切り」を決定し、「欧州情勢は複雑怪奇」との名言を残して総辞職してしまう。あれほど紛糾した三国同盟が無意味になったのだ。

のちに判明するが、ノモンハン事件の最中から、スターリンはゾルゲに「日本が本気でソ連攻撃を計画しているかどうか」を探らせ、その企図があればそれを阻止するスパイ活動を指示していた。そして、「南進論」につながるゾルゲらの活動によって、ソ連は東アジアの後顧の憂いなく欧州正面に戦力を集中でき、事前に取り決めたドイツとの分割ラインに向かってポーランドに侵攻するのである。

やがて、ソ連側も停戦を望んでいることが判明し、9月8日から交渉が開始され、9月16日、モスクワで停戦協定が締結される。日本もドイツという主敵が存在するソ連が日本相手に断固として対応するわけがないとの読み違いや、独ソが「不可侵条約」締結に向けて接近していることを感知していないという外交的な失敗があった。

日本軍は停戦後、国境の不明確な地域から部隊を後退させ、また「侵入してきたソ連軍に対する攻撃は関東軍司令官の命によるものとする」ことを定めた。この結果、ソ満国境は「大東亜戦争」末期まで比較的平穏に過ぎるのである。

停戦時点においては、関東軍部隊は極東ソ連軍に敗北したと認識しており、改めて対ソ戦備の充実が喫緊の課題として浮上する。筆者は陸上自衛隊の幹部教育において、ノモンハン事件については「負け戦」として学んだことを記憶している。しかし、ソ連崩壊後明確になった人的被害は、ソ連・モンゴル軍の死傷者・行方不明者総数が約2万6600人超と、約1万7400人の日本軍を上回っており、決して「負け戦」ではなかったのである。また「戦史」として、国境付近の状況や戦況の推移のみを学んだ結果、欧州と東アジア情勢の関連、なかでもスターリンとヒトラーの思惑、ゾルゲらの活動、さらに満州が事件以降、終戦時まで平穏だった事実などについて学ぶことはなかった。

13 日米開戦に至る内外情勢

危機迫る欧州情勢と「第2次世界大戦」勃発

第2次世界大戦に至る欧州情勢について少しさかのぼって触れておこう。

日本が支那事変の泥沼に陥り、身動きがとれない状況になっていた頃、欧州には戦争の危機が迫っていた。ナチス・ドイツが1935年に「ヴェルサイユ体制」を破棄して再軍備を宣言し、37年に、非武装地帯と定められていたラインラント進駐を断行したことなどはすでに触れたが、38年には「サン＝ジェルマン条約」（第1次世界大戦後の1919年、連合国とオーストリアの間で結ばれた条約）によって禁止されていたオーストリアとの併合を実現する。こうして、ヒトラーは「ドイツの生存圏」を主張し、次々にそれを実行していく。

この間、英仏は、欧州に圧力を強めつつあったソ連・共産主義の脅威に対してドイツが矢面になって対抗してくれることを期待して、有名な「宥和(ゆうわ)政策」をとることに終始、ソ連・共産主義の出現とヒトラーの巧みな戦略の前にもろくも崩れ去ろうとしていたのである。

1938年、ナチス・ドイツに脅威を感じたチェコスロバキアが動員する。当時のチェコ陸軍は43個師団、そのうち35個師団が近代兵器によって高度に機械化されていた。これに対してドイツ軍は、歩兵が23個師団、機甲化騎兵など5個師団、大部分は訓練課程を修了していない兵士たちからなり、予備兵も未熟だった。つまり、ドイツ軍にはチェコ軍と戦う能力がなかったのは明らかで、チェコの動員がヒトラーの攻勢を踏みとどまらせる結果となった。

さて、第2次世界大戦までの道程を考える時、必ず、イギリスのネヴィル・チェンバレン首相の宥和政策が批判の対象に挙がるが、このチェコの強硬姿勢とヒトラーの自制という構図がまったく逆のメッセージを国際社会に与えることになる。戦争の発生を回避するために、チェンバレンはあらゆる外交ルートを通じて、ドイツを懐柔するとともに、ヴェルサイユ体制の不正の象徴といわれたズデーテン地方をドイツに戻すようチェコを脅迫するなど、チェコに柔軟姿勢をとるよう求めたのだ。これにフランスも同調する。当時のフランスは70個師団以上を動員できる能力があり、ドイツを恐れることはなかったのだが、新たな戦争が起こり、再び国土が蹂躙される恐怖心がフランスを臆病にさせていた。

チェコは、イギリス・フランスの圧力によって、軍事的優位にあるにもかかわらずズデーテン地方の「自治案」を呑む。しかし、ヒトラーはチェンバレンに対して「自治案では問題にならない。直ちに占領し、割譲しなければならない」と要求した。

チェンバレンがこの時点でヒトラーの邪悪さを見抜き、英仏がチェコ側に立って軍事行動に出れば、ドイツは一撃のもとに粉砕され、第2次世界大戦は起こらなかったに違いない。

しかし、チェンバレンはさらなる妥協の道を探り、こともあろうに、イタリアのムッソリーニに仲介を求め、「ミュンヘン会議」（1938年9月）を開催する。そこで「これ以上領土要求をしない」との約束を交わす代償としてヒトラーが望むすべてを与え、会議への参加を許されなかった哀れなチェコに与えるべき妥協を容赦なく取り上げてしまったのである。

この結果、ヒトラーはズデーテン地方を割譲するが、英仏の権威低下を目前にして、ポーランドとハンガリーがドイツにすり寄る姿勢を見せ、ハイエナのようにチェコから領土を掠め取ろうとする。こうして1939年3月、ヒトラーはポーランドとハンガリーと組んでチェコを解体させ、35個師団余りの敵兵力を消滅させたばかりか、チェコの重工業を手に入れることによってドイツ軍の装備を飛躍的に向上させた。

フランス首相のエドゥアール・ダラディエは、ミュンヘン会議を終え、暗澹たる気分で帰国の途につくと、「戦争を回避した」として国民から思いがけない熱狂的な歓迎を受ける。「愚か者どもめ、自分たちが何を歓呼しているかも知らないで」とつぶやいたと伝わっているが、それから1年も経たないうちにパリは陥落する。

イギリス・フランスが自らの手で同盟国を抹殺して差し出す様子を見て、最も失望したのはスターリンだった。英仏と同盟交渉を進めながら「利益になる条約なら誰とでも結ぶ」と考えていたヒトラー率いるナチス・ドイツとも秘密交渉を開始する。

一方、チェンバレンはチェコの消滅を機に、突然、対独強硬路線に転換する。39年3月末、ヒトラーはポーランドにダンツィヒ（現グダニスク：旧ドイツの飛び地）回廊を要求すると、イギリスはポーランドと同盟条約を結び、ポーランド防衛の意志を示す。

当時のポーランドもまた、ヒトラーの犠牲になるような小国でなく、領土的野心もある大国だった。ヒトラーは対ソ連戦略のために真剣にポーランドと同盟を結ぶ用意があったといわれるが、ポーランドはドイツともソ連とも同盟を結ぶ意思がなく、戦意も旺盛、ソ連軍の自国通過を含むソ連、英仏と対独共同行動を拒否し、その構想を頓挫させていた。

しかし、このポーランドとイギリスの同盟は、ポーランドの利害を異にするドイツとソ連両国の利益を瞬時に一致させた。1939年8月、ソ連とドイツは「不可侵条約」を発表し、その付帯条項によってポーランドを両国で分割しようとする。これに対して、イギリスとフランスがドイツに宣戦布告し、第2次世界大戦が勃発するのである。

「石油の一滴は血の一滴！」

さて、本書のメインテーマでもある「日本はなぜ『日米開戦』を選択したのであろうか？」「なぜ回避できなかったのであろうか？」に焦点を置きつつ、当時の内外情勢や日米交渉の経緯などを振り返るところまできた。

日米開戦の選択については、東京裁判の判決要旨はさておき、歴史研究家の間でも諸説あり、立つ位置によってまったく違った見方がある。

「戦争の世紀」といわれる20世紀には、さまざまな近代兵器が発達し、大量殺戮が可能になった。その陰には、石油をはじめとする化石エネルギーの存在があり、近代の戦争は石油なくしては成り立ち得ないものだった。その事実を知らせてくれたのは、戦車、航空機、潜水艦など石油を燃料する兵器が開発され、それらが勝敗を左右した第1次世界大戦だった。これ以降、各国は石油の戦略的重要性を強く認識し、石油利権をめぐって激しい攻防を繰り返すことになる。

やがて日本も「大東亜戦争」遂行の標語として「石油の一滴は血の一滴！」を使うが、少し時代をさかのぼり、わが国の石油事情についてまとめておこう。

日本は海軍だけが建軍以来一貫して燃料問題に取り組み、艦船の燃料を石炭から石油に変更する研究を継続する一方、重油タンクを横須賀に建設し、炭油混焼方式の大型軍艦「生駒」建造していた。しかし、産油国でない日本の石油確保は困難を極める。特に「八八艦隊」は、建造費が当時の国家予算の約三分の一、維持費が国家予算の約半分を必要とする大計画だったので、国会の議論は国家としての燃料油の問題を巻き込むことになる。

昭和になり、ようやく陸軍も海軍に同調し始め、国家の政策として、石油の民間備蓄義務、石油業の振興、石油資源の確保、代用燃料工業の振興などの政策を「石油国策実施要綱」としてとりまとめた。

さて、またもや「歴史のｉｆ」であるが、「もし満州に油田が発見されていたら、その後の日本の歴史は大きく変わった」と誰もが考えるのではないだろうか。

この仮説はあながち非現実的なものではなかった。現在の中国の原油産出量は、世界第7位（２０１８年）にランクされ、そのほとんどが旧満州国および華北に所在する大油田から産出されているからである。中国は戦後、ソ連の技術協力を得て旧満州国中央部の大規模な石油の探鉱を開始し、「大慶油田」や「遼河油田」などを次々に発見、中ソ対立以降は、アメリカや日本の先進技術を導入して、華北の「勝利油田」「大港油田」などの増産に成功する。満州国建国からわずかに30年余り後の出来事である。

満州国建国時代も満州や北支で石油を求めて大々的な調査や試掘が実施されたが、陸軍には地質調査や探鉱作業の専門家がいなかったことに加え、陸海軍の連携不足、さらには満州の石油探鉱そのものが国家機密であり、当時最高水準だったアメリカの探鉱技術を活用できないなどから発見には至らなかった。

このような背景もあって、陸軍内部においても、伝統的にソ連を仮想敵国とした「北進論」から、石油を求めて「南進論」に傾いていく。そして、近衛首相が唱えた「東亜新秩序」に従って、「アジアの盟主日本が、同じアジアの同胞を植民地の苦役から解放し、その石油資源を日本の安定した供給源とするのは極めて道理にかなっている」とした、松岡洋右外相の「大東亜共栄圏」構想に結実していくのである。

他方、日本のこの国策は、アメリカと真っ向から対立することになる。当時、石油自給率8パーセントの日本は、石油の80パーセントをアメリカから輸入していたが、アメリカの石油禁輸によって、やがて日本は世界最初の「石油危機」に直面する。

その結果、「石油の一滴は血の一滴！」の標語になるが、当時、アメリカは世界最大の石油生産国・輸出国であり、原油生産量は日本の740倍もあった。まさに日米戦争は「石油で始まり、石油で決まった」のである。

日本の戦争指導組織――陸海軍の対立

多くの昭和史研究家の間では、大東亜戦争は「失敗の歴史」とされ、その要因として必ず指摘されるのが「陸海軍の対立」である。陸海軍の対立を含む日本の戦争指導組織についても触れておこう。

まず、対比されるアメリカ・イギリスの戦争指導組織であるが、イギリスは第1次世界大戦の苦い経験から、大戦後の1918年、早くも「王立空軍」を独立させ、1924年に国防会議付属機関として三軍参謀総長会議を設置した。チャーチルが首相になると、国防大臣を新たに設置して自ら兼務し、シビリアン・コントロールの体制を整備した。そして三軍参謀総長会議の下部組織として統合計画幕僚部、統合情報委員会、統合行政計画幕僚委員会などを設け、チャーチルは三軍参謀総長会議を活用して戦争指導を行なった。

アメリカはイギリスとの連合作戦を協議するために、イギリスに倣って統合幕僚会議ならびにその下部組織を整備してルーズベルト大統領が戦争指導に活用した。さらに、真珠湾攻撃の後には、その教訓から太平洋や欧州などの主要戦域の指揮権を統一した「統合部隊」を設けたのである。

これに対して、すでに述べたように、日本の陸海軍は明治初期の生い立ちから違っており、陸軍はドイツ、海軍はイギリスからそれぞれの国防思想・作戦思想・政治との関係など別個に模倣することになり、相互不信と対立を生み出す土壌が出来上がってしまった。

それでも明治18年に「国防会議」を設置し、皇族を議長として陸海軍の将官を議員とする会議を設けたが、明治22年に創設された海軍参謀本部が海軍省の隷下に入ったため、統合された参謀本部は解消されてしまう。

一方、「戦時大本営条例」が制定され、戦時の軍令は陸軍参謀本部の下で統合される。この体制で日清戦争を戦ったが、戦争後、海軍側の主張によって、戦時大本営条例が改正され、参謀総長・軍令部総長が並列した大本営で天皇を輔弼(ほひつ)するシステムに改められた。

この体制で日露戦争を戦い抜き、統合運用は戦後の課題となったようだが、戦後、児玉源太郎が急逝したため、この課題は解決されることなく時が過ぎてしまう。逆に明治末期には「長派陸軍」「薩派海軍」といわれたように、藩閥抗争も災いして、陸海軍の対立はますます深くなっていった。

また、日本は第1次世界大戦には限定的参加にとどまったため、イギリスのように、欧州戦場で展開された戦争やその教訓を学ぶ機会がなく、考えや立場を異にする陸海軍が激しい対立を繰り返しながら、支那事変から日米開戦を迎えることになる。

アメリカの「日米通商航海条約」破棄と第2次近衛内閣誕生

国内は1938（昭和13）年5月に施行された「国家総動員法」による統制経済とともに思想統制も強まった。

この影響もあって、昭和14年頃の国民生活は窮乏の一途をたどり、平沼内閣後継の阿部信行内閣は早くも国民の求心力を失い、力不足とみなされる。この結果、年が明けた1940（昭和15）年1月、阿部首相は出身母体の陸軍からも見放されて総辞職、後任には海軍大将の米内光政内閣が成立する。米内首相は阿部内閣同様、アメリカ・イギリス重視の外交路線を引き継ぐが、組閣したその日から倒閣運動が始まるという状況だった。

さて、支那事変以降の日本の行動に対してアメリカが警戒心をさらに増大し、中国を支援するとともに、天津租界封鎖の対抗措置として「日米通商航海条約」破棄を通告したことはすでに触れた。日米の直接対立の始まりとなった本通告は、外交交渉によって解決を図ろうとしたイギリスの決心を不満とするルーズベルト大統領の警告処置だったといわれる。

この破棄通告によって、イギリスは一転して全面譲歩姿勢から強硬姿勢に変更し、交渉は無期延期となる。その結果、中国に大きな既得権益と経済的影響力を持つイギリスと衝突することが浮き彫りになり、アメリカのイギリス重視も明らかになった。どちらも日本にとって重大な影響を持つことになるが、特に石油類の80パーセント、鉄類の49パーセントなど多くの重要物資をアメリカの輸入に依存していたことから、戦争遂行のための戦略的重要物資の供給途絶の可能性が明確になった。実際に翌昭和15年1月、日米通商航海条約は失効する。

陸軍は欧州の大戦勃発に対して、不介入の態度をとる一方で「国家総力戦に向けた国防国家体制の確立」と「日中戦争の早期解決」を当面の課題と考える。そして、「欧州の戦火は、いずれは世界中に拡散し、日本もその去就を決めなくてはならない」として、6月、①日本・満州・華北・内蒙古の「自衛的生活圏」を軸に、②日満中による「東亜新秩序」、③「大東亜を包含する協同経済圏」の三重構造からなる「綜合国策十年計画」をまとめ上げる。

その頃、欧州ではドイツが西方攻撃を開始し、オランダ、ベルギー、さらにフランスに侵攻し、破竹の勢いで周辺国を占領しようとしていた。その電撃侵攻によって5月27日にはイギリス軍のダンケルク撤退、6月14日にはパリ陥落、6月22日、ついにはフランスがドイツに降伏する。

国内では、昭和13年夏頃から活動があった近衛新党結成の動きがますます活発になり、欧州情勢の激しい変化の中、陸軍も親軍的新党結成に賛成し、8月、第2次近衛内閣が発足する。しかし、「新党は天皇の統治権を制約する幕府的存在」とする批判から、行政を補完する精神運動組織としての

「大政翼賛会」の設置に変更、10月中旬、これを発足させる。

こうして、陸軍の「綜合国策十年計画」は、近衛内閣の組閣直後、「基本国策要綱」として反映される。これによって、日満支の結合による「大東亜の新秩序」の建設が明確になり、陸軍は「南方武力行使の対象を極力イギリスのみとして、対米戦は努めて避ける」よう方針変更し、陸海軍合意のもとに「世界情勢の推移に伴う時局処理要領」を決定する。

その概要は「世界は今や歴史的な一大転換期」にあると認識し、「ドイツや日本などの現状打破国と米英など現状維持国との争いは避けられない。ドイツは次々に欧州の強国を征服している。日本の使命は『大東亜生存権』を建設し、白人帝国主義の下の奴隷的境遇からアジアを解放することだ」と考えるようになる。これを後押しするように、独ソ不可侵条約で棚上げにされた三国同盟の動きが、ドイツの快進撃の結果を受けて再燃し、「バスに乗り遅れるな！」の世論の大合唱が拡大するのである。

「日独伊三国同盟」と「日ソ中立条約」締結

しかし、欧州戦線は陸軍が期待したようには進展しなかった。フランス占領後、フランス国内の空港使用が可能となったドイツは、１９４０（昭和15）年7月中旬頃からイギリスに対する本格的な航空攻撃（バトル・オブ・ブリテン）を開始するが、イギリス空軍の頑強な抵抗にあった結果、ヒトラーはイギリス侵攻を翌春までの延期を決断する。

8月、松岡外相とフランス駐日大使との間で日本軍の進駐と航空基地使用などを認める協定が成立した矢先の9月、日本軍は援蔣ルートの遮断を目的に北部仏印（北ベトナム）に進駐を開始する。この日本軍部隊の独断越境事件により現地交渉は停滞するが、日本は強硬に武力進駐を実施、フランス軍と交戦状態に入り、交戦は2日間続く。

一方、ドイツのイギリス上陸作戦延期決定後の9月27日、「日独伊三国同盟」が近衛首相支持のもと松岡洋介外相主導で締結され、日本政府は、独伊側に立って欧州戦争に本格的にコミットする姿勢を明確にする。この時点の日独伊三国同盟締結は陸軍がリードしたものではなかったが、「南方武力行使の際には、独伊との軍事同盟が必要」とする陸軍中央もそれを容認する。それ以上に当時の新聞はじめ世論の大多数も早期締結を熱狂的に支持したのだった。

松岡は対米英軍事同盟を念頭に置き、日独伊三国同盟にソ連を加え、アメリカの参戦を阻止しようと考えていた。陸軍は、あくまで対イギリス軍事同盟にとどまる意向だったが、アメリカの参戦阻止という点では一致していた。これに対して、米英両国の反日的態度は先鋭化し、この時点では、米英と日独伊の間で中立的な態度をとっていたソ連を米英陣営に引きこもうとしていた。

陸軍は、米英の援蔣行為禁絶、対ソ国交の調整など、あらゆる手段をもって重慶政府を屈服させることを基本方針とする「支那事変処理要領」を起案する一方、昭和16年1月、「大東亜長期戦争指導要領」および「対支長期作戦指導計画」を作成し、①仏印・タイを大東亜共栄圏の骨幹地域とする、

②ソ連に関しては、さしあたり静謐（せいひつ）保持を方針とする。他方、③日中戦争をそれ自体として解決することを断念し、より大きな国際情勢の変化を利用して解決しようとして、天皇にも上奏された。

また1月末、「対仏印、泰（タイ）施策要領」が大本営連絡会議で海軍合意のもとに決定される。これに基づき、陸軍は「3月末までは南部仏印（南ベトナム）進駐を実施すべき」と考えるが、この時点では、松岡外相が「対英米戦争を誘発する」として反対したといわれる。なお、「大東亜共栄圏」という言葉は、昭和15年8月に松岡外相によって使われたが、公式文書として使われたのは、この「対仏印、泰施策要領」が初めてだった。

松岡外相は昭和16年3月、「日ソ不可侵条約」を締結するため、欧州へ旅立つ。ソ連との不可侵条約によってアメリカに圧力をかけて譲歩を引き出そうというのが狙いだった。訪独中、独ソ関係が急速に冷え込むという情勢変化もあったが、日独の挟撃を恐れたソ連は、最終的には北樺太問題を棚上げして、4月13日、「日ソ中立条約」を締結し、世界中を驚かせた。

ちなみに、「不可侵」と「中立」には日本、ソ連それぞれの思惑があった。日本側が求めた不可侵は、仮に日本がアメリカと戦争になった場合、ソ連が交戦国に一切援助を行なわないこと、一方、ソ連が求めた中立は、仮にソ連がドイツと交戦状態になった場合、日本が中立を維持することを求めたものだった。

14 日米交渉の経緯

「日米諒解案」をめぐる混乱と裏切りの「独ソ戦」

ここで、昭和16年のこの時期に発生したさまざまな事象とともに「日米開戦」に至る日米交渉を振り返ってみよう。戦後、GHQによる歴史操作の結果、「一方的に日本が戦争を仕掛けた」と考えている人が多いが、その実態はまったく違っていたことが理解できよう。

陸海軍は「対仏印、泰施策要領」による「対南方施策要領」を作成し最終合意するが、その翌日の4月18日、つまり日ソ中立条約締結から5日後、野村吉三郎駐米大使から「日米諒解案」が打電されてきた。諒解案は、日米両国の友好関係の回復をめざす全般的協定を締結しようとするもので、①中国の独立と日本軍の撤兵、満州国の承認などを条件にアメリカ政府が蔣政権に和平を勧告する、②日本が武力による南進を行なわないことを保証し、アメリカは日本の必要な物資入手を協力する、③新日米通商条約を締結し、通商関係を正常化する、というものであった。

ただし、最終的にハル国務長官から示された「領土保全」「主権尊重」「内政不干渉」「機会均等」の現状不変更の「ハル4原則」については、野村大使はなぜか触れずに打電した。このことが、その後の日米交渉の展開に少なからぬ混乱を与えることになる。

日米諒解案について、近衛首相や海軍は日本にとって容認し得るものと歓迎し、陸軍省も日中戦争解決に資するものと歓迎した。他方、作戦部は、「日米諒解案はアメリカによる対独参戦のための時間稼ぎ」と分析し、「対米戦は不可避」と判断していたものの、諒解案は歓迎した。

当然ながら、昭和天皇も素直に喜ばれたが、そこに日ソ中立条約を締結した松岡外相が帰国し、外相である自分が関与しないところでまとめられた日米諒解案に対しては「盟邦の独伊に対して不信極まりない」と不快感を示す。松岡は「アメリカの役割は和平勧告のみにとどめ、日中間での平和条件の具体的内容には立ち入らせない」旨の独自の修正案を作成し、アメリカ側に提示させるが、アメリカが歯牙(しが)にもかけなかったのはいうまでもなかった。

野村とハルの日米交渉がスタートするが、不信を強めたアメリカの要求は、日米諒解案をはるかに超えて硬化し、①日中交渉の相手は蔣介石政権のみとし、②間接的に満州国を否認し、さらには③日本軍の中国駐兵を認めず、④東亜新秩序の否定など、両国間の隔たりがますます鮮明になっていく。

松岡の強硬姿勢によって再び日米開戦の危機が迫った頃、そのタイミングを見計らったように、日米の亀裂を決定的なものにする新たな事態が欧州で発生する。ヒトラーが「バルバロッサ作戦」を発動し、「独ソ戦」が勃発したのである。ドイツ軍の総兵力300万人、約2700機の航空機、約3550両の戦車がモスクワに向けて侵攻し、不意を衝かれたソ連軍は総崩れとなる。

ドイツは、独ソ戦の開始を同盟国である日本に事前通告しなかった。これを背信行為として同盟を空文化し、一気に日米交渉を加速させる可能性はあったと考えるが、日米諒解案亀裂直後だっただけに軌道修正は困難だった。

参謀本部作戦部は、またしても「ドイツの侵攻は短期間でソ連を崩壊させる」と見積もり、これを好機として北方武力行使、つまり対ソ戦への強い意志を持ち、「独ソ戦になれば、米英ソの連携は強化されるだろうから、西太平洋での米英の動きに備え、仏印とタイを包摂(ほうせつ)しておかなければならない」と南方武力行使も主張する。この考えは「ソ連が屈服すれば、日本への北方からの脅威を取り除くとともに、イギリスの対独戦意思を破砕して大東亜共栄圏形成の最大の障害を取り除き、南方作戦を容易にする。このことは、アメリカに対しても強い軍事的圧力となって、対独参戦を背後から牽制する効果を持つ」との期待感からきており、松岡外相とおおむね一致、松岡もソ連と即時開戦すべきこと、早晩、ソ連、アメリカ、イギリス3国と同時に戦わなければならないことを主張する。

これに対して、陸軍省軍務局は「ソ連の広大な領土と資源、それに一党独裁の強靱な政治組織から容易には屈服しないだろう」と判断、「独ソ戦をドイツの勝利で短期に終結する可能性は低く、長期持久戦になる」と見積もっていた。

こうして、陸軍内における情勢判断の見方の差異が明確になり、激しく対立する。この結果、独ソ戦にともなう国策案について陸軍省内で意見調整が行なわれ、「北方武力行使と南方武力行使については、陸軍省軍務局も容認しうる場合に限定する」という妥協案で「情勢の推移に伴う国防国策大綱」陸軍案がまとめられる。

この間、松岡の「ただちにソ連を攻撃すべき」との主張に対して天皇が否定的と知った近衛は、この機会に「三国同盟の前提が崩れた以上、これを無効化してアメリカとの交渉を進め、中国に和平を勧告してもらうしか道はない」と考える。しかし、大本営政府連絡懇談会においては、松岡の北進論、陸海軍の南進論が対立、激しい議論の応酬となる。両者ともドイツの快進撃に目がくらみ、近衛の同盟破棄論はまったく問題とならなかったのである。

この結果を受けて「情勢の推移に伴う帝国国策要綱」陸海軍案として、①大東亜共栄圏建設の方針堅持、②自存自衛のための南方進出の歩を進め、情勢の推移に応じて北方問題を解決する、との方針を決定する。この場において、慎重だった海軍から初めて「対米英戦を辞せず」との強い表現が示された。

本要綱は、7月2日、陸海軍案どおり御前会議で正式決定されるが、この決定は、その後の日本の進路の方向付けをしたものとして重要な意味を持っていた。特に「独ソ戦の動向をにらんで対ソ武力準備を整える」ことが公式に認められ、参謀本部作戦部は対ソ戦強化に向けて動きだすことになる。

その結果、参謀本部は在満部隊を総兵力85万人まで大動員するが、独ソ戦の厳しさにかかわらず、日本の参戦を強く警戒していたソ連は、極東ソ連軍の兵力を参謀本部が期待するほど削減しなかったのである。こうして、8月9日、ようやく参謀本部は年内の対ソ武力行使を断念する。

南部仏印進駐と米国の「対日石油全面禁輸措置」発動

さて、その後の日米交渉の経緯であるが、アメリカから修正案が届いたのは独ソ戦勃発前日の6月21日だった。そこには、日独伊三国同盟を従来以上に無力化することを強調する内容に加え、松岡更迭を促す口述書も添付されていた。

近衛首相は、陸海軍ともに日米交渉の継続を望んでいることから、独断で「口述書拒否」の電報を発出した松岡を排除するため、閣内不一致の理由で総辞職を奏上し、7月18日、新たに豊田貞次郎元海軍次官を外相に迎えて第3次近衛内閣を発足させ、ようやく松岡の政治生命は絶たれた。

一方、南方武力行使については、作戦部が「もし米英が南部仏印に先手を打って確保すれば国防計画は南から崩れていく。米英がまだ本格的準備ができていない間に、自存自衛のために南方作戦を実行する」と企図していたのに対し、軍務局は、「米英と戦争にならない範囲で南進するのが南部仏印進駐の限度」考えており、7月28日、南部仏印進駐が発動される。しかし、実際には日仏間の協定が進駐以前に成立し、武力行使をともなわない平和進駐となった。

しかし、これに対して、アメリカは「対日石油全面禁輸措置」を発動した。野村大使から「何かあれば、全面禁輸の断行は躊躇しないだろう」との情報が入っていたが、進駐時点では、陸海軍はアメリカのこの措置をまったく予期していなかったといわれる。

アメリカ国内においても、日本の南部仏印進出への対応は意見が分かれた。対日強硬派が「対日圧力をかければ日本が最終的に譲歩する」と判断していたのに対し、グルー駐米大使ら知日派は「日本を追い詰めると開戦に踏み切る可能性がある」と警告していた。

ルーズベルトの判断は「独ソ戦においてソ連が極めて危険な状況にあり、仮にソ連が敗北すれば、ドイツは本格的なイギリス侵攻に向かうだろう。その結果、イギリスに本格的な危機が訪れれば、アメリカはヨーロッパの足掛かりを失う」との危機意識を持ち、日本の対ソ戦開戦を阻止するために、「全面禁輸」という最大限の強硬措置に踏み切ったのだった。

「日米首脳会談」の提案と決裂

こうして、日本にとって「対米対応」が第一義的な外交問題として浮上するが、イギリスやオランダもアメリカに追随し（いわゆる「ABCD包囲網」）、石油をはじめ軍需物資輸入の道がほぼ閉ざされた。このような情勢下の8月4日、近衛は、中国からの撤兵も辞さない覚悟で、ハワイでルーズベルト大統領と首脳会談を決意し、陸海軍の頭越しに野村大使に訓電する。

日米首脳会談構想に対して、陸軍省は現政策の履行を条件に同意したが、参謀本部は、近衛が三国同盟を弱める方向でルーズベルトと妥協することを危惧して強硬に反対した。しかし、陸軍省の説得によって、参謀本部は「三国同盟を弱める約束をしない」という条件で了解する。

首脳会談の申し出に対し、ハル長官は冷淡だったが、ルーズベルト大統領は「アラスカではどうか？」と前向きな姿勢を示し、野村を喜ばせた。これには裏があった。首脳会談申し出の直後、米英首脳会談が行なわれ、対日強硬論策を求めるチャーチルに対して、ルーズベルトは「私にまかせてほしい。3か月ぐらいは彼ら（日本）をあやしておける」と発言している。アメリカにとって、この時点の対日交渉は、開戦準備を完了するまでの時間稼ぎだったのである。

8月14日、会談を終えた両首脳は、米英共同宣言として「大西洋憲章」が発表する。

その概要は、①合衆国とイギリスの領土拡大意図の否定、②領土変更における関係国の人民の意思の尊重、③政府形態を選択する人民の権利、④自由貿易の拡大・経済協力の発展、⑤恐怖と欠乏からの自由の必要性などに続き、のちの「国際連合」設立の根拠とされた「一般的安全保障のための仕組みの必要性」も謳われていた。この時点では、ルーズベルトが「この原則が世界各地に適用される」と考えたのに対し、チャーチルは「ナチス・ドイツ占領下の欧州に限定される」とした。つまり、アジア・アフリカのイギリス帝国の植民地にはこの原則が適用されるのを拒絶していた。

8月17日、米英会談を終えたルーズベルトから野村大使に対して「日本政府が武力によって隣接諸国に進出するなら、アメリカは必要な措置をとる」旨の警告文と、首脳会談提案に対して「アメリカが従来から主張してきた基本原則に適合するもの以外は一切考慮されない」とする強硬な回答が手交された。

これに対して、近衛は「これまでの行きがかりに捉われず、大所高所から太平洋全般にわたり日米間の重要な問題を討議し、最悪の事態を回避したい」と首脳会談にかける熱意を示す。また当初、大統領も乗り気であることが野村大使から伝えられたことから、随行の人選まで進めた。

この近衛の熱意に対して、グルー駐日大使も理解を示し、ワシントンに意見具申をするが、9月3日、アメリカ政府の回答は「首脳会談の前に、これまでの懸案事項について日米間で一定の合意が必要である」とし、その合意の中には、日米諒解案提示時に示され、野村大使が日本に送付しなかったハル長官の「領土保全」「主権尊重」「内政不干渉」「機会均等」の4原則も含まれていた。さらに、ハル長官は、これまでの日米間の懸案事項であった「特定の根本問題」、つまり「中国撤兵問題」「三国同盟問題」「通商無差別原則の問題」も合意が必要であると示唆した。

これらの問題まで「すべて合意が必要」とするアメリカ側要求について、首脳会談の前に妥協することは困難なことが明白になり、事実上、日米首脳会談の早期開催の見通しは立たなくなってしまった。この回答を受けて、日本政府と陸海軍は「米英蘭から対日禁輸を受けた場合は、自存自衛のために南方武力行使に踏み切る」とした対南方施策要領の見直しを迫られるが、この場においても、陸軍省と参謀本部、そして海軍の間には意見の相違が残った。

石油全面禁輸によって窮地に陥った海軍は「帝国国策方針」を作成し、8月16日、陸軍側に提示する。その内容は「10月中旬を目途に戦争準備と外交を並進させ、10月中旬に至っても外交的妥協が得られない場合は実力行使の措置をとる」というものだった。

これに対して、参謀本部は「即時対米開戦決意のもとに作戦準備をすべき」と強硬論を主張する。この背景には海軍と違い、陸軍には「国家レベルの開戦決意がなければ戦争準備は困難」との認識があり、かつ参謀本部の強硬論には「対米戦争の決意そのものを重視する」意図があった。つまり、戦争が主で、外交が従という立場だった。

参謀本部は「即時戦争決意」を盛り込んだ「帝国国策遂行要領」を作成し、陸軍省に提示するが、陸軍省ができるかぎり外交の余地を残して、あくまで日米交渉によって事態の打開を図ろうと難色を示した結果、双方の妥協案として「9月下旬に至っても要求が貫徹しない場合はただちに対米英蘭開戦を決意する」と双方の妥協方針が決定される。

この後、陸海軍が調整した結果、開戦決意を9月下旬から10月上旬と修正し、「帝国国策遂行要領」陸海軍案が完成する。

「帝国国策遂行要領」決定

当時、日本の国家としての意思決定は、御前会議で行なわれていたが、12月1日の日米開戦の最終決心に至る大きな結節は2回、9月6日の「帝国国策遂行要領」の決定と11月5日の「新たな帝国国策遂行要領」の決定である。

9月6日の御前会議においては、内閣側から近衛文麿首相、原嘉道枢密院議長、東條英機陸相、豊

田貞次郎外相、小倉正恒蔵相、及川古志郎海相、鈴木貞一企画院総裁に加え、統帥部側から杉山元参謀総長、永野修身軍令部長、塚田攻参謀次長、伊藤整一軍令部次長が出席した。

審議された帝国国策遂行要領は、①対米英蘭戦争を辞せざる決意のもとに10月下旬を目途として戦争準備を整える。②これと並行して米英に対し外交手段を尽くして要求貫徹に努める。③10月上旬に至っても要求が貫徹できない場合はただちに対米英蘭開戦を決意する、となっていた。

「本案文を一瞥通覧すると、戦争が主で外交が従のように見えるが、外交が不成功の場合に開戦するという理解でよいか？」と確かめた原枢密院議長の質問に、及川海相が「できる限り外交交渉を行う」と発言し、原案は可決された。

会議をまさに終了しようとした時、慣例上、御前会議で発言することがほとんどない天皇からご発言があり、次のように記録されている。「事自大につき、両統帥部長に質問すると述べられ、先刻枢密院議長が懇々と述べたことに対して両統帥部長は一言も答弁なかりしが如何、極めて重大な事項にもかかわらず、統帥部長より意思の表示がないことを遺憾に思うと仰せられる」（『昭和天皇実録』を引用した川瀬弘至著『立憲君主　昭和天皇』〔下巻〕）。その後、天皇は懐から1枚の紙を取り出し、日露戦争開始時に詠まれた明治天皇御製の和歌「四方（よも）の海　皆同胞（はらから）と思ふ世に　なとあだ波の立騒ぐらむ」を詠み上げられた。この和歌の句で、明治天皇の御製は「波風」となっていたものを昭和天皇はわざと「あだ波」と詠まれ、「対米開戦」反対の意思を強く表明されたとする解説がある。

天皇が和歌を詠まれた直後、沈黙を破って永野軍令部長が「海相の答弁が政府と統帥部を代表したものと思い、発言しなかった。外交を主とする趣旨に変わりはない」旨を発言し、杉山参謀総長も「軍令部長と同じ」と直立不動で発言し、御前会議は終わった。

帝国国策遂行要領は、海軍の同意を得ていたが、その原案は陸軍が作成したもので、ここに至るまでのさまざまな紆余曲折についてはすでに紹介した。総じて、この頃の国の舵取りは、陸軍主導、なかでも統制派のキーパーソンだった永田鉄山や石原莞爾らに続く、武藤章や田中新一など中堅クラスがその実権を持っていた。山縣有朋や児玉源太郎のような陸軍のトップクラスが判断していた明治時代とは明らかに違っていた。

なお、この御前会議のみならず、これに至る大本営政府連絡会議や閣議においても、近衛首相は、自ら画策した首脳会議が頓挫したせいか、戦争決意に対する異議や反対意見を一切述べていない。首相の地位にある政治家としては極めて不可解だった。

御前会議の結果、約1か月間の外交手段を尽くすことが求められたが、その間もアメリカ政府首脳の態度が日に日に硬化していった。10月2日には、ハル長官が野村に会い、改めて4原則を強調するとともに「仏印と中国から全面撤兵」を求める覚書を手渡した。

近衛は中国から全面撤兵を決意し、陸海外相らを集めて協議する。その席で、及川海相から「今や和戦いずれかに決すべきだ。その決心は総理に一任したい」と決断を強要され、東條陸相からは「駐兵問題は絶対譲れない」と断られる。この後もハル4原則や中国の撤兵など受諾をめぐって政府と陸海軍の間で幾度となく議論されるが、結局物別れに終わる。10月15日、野村大使から「首脳会談絶対見込みなし」の電報が届く。翌16日、日米首脳会談の希望が打ち砕かれた近衛は「閣内不一致」を理由に総辞職し退陣する。

問題は後継者だった。「陸軍を抑えなければ戦争になる。その陸軍を抑えられる者は東條以外になく、その東條に戦争回避の勅命があれば、日米交渉を再考するだろう」として原則を重んじる東條陸相に白羽の矢が立った。10月17日、参内した東條に対して、天皇は「九月六日の御前会議にとらわれることなく、内外の情勢をさらに広く深く検討し、慎重なる考究を加えよ」と述べられた。のちに「白紙還元の御諚(ごじょう)」といわれる日米交渉の期限を白紙にする勅命である。

「新たな帝国国策遂行要領」決定

これに基づき、東條は「主戦論」を棄て、撤兵問題などで妥協する日米交渉の「甲案」をまとめ上げる。その概要は、①欧州戦争への態度、つまり三国同盟の問題は従来どおりとして、参戦決定は自主的に行なう、②ハル4原則については、アメリカの主張を認める、③通商無差別は全世界に適用されるべきとしたうえで承認する、④中国の駐兵問題は従来どおり蒙疆(もうきょう)(内モンゴル一部)・華北・海南島に駐兵する(交渉によって25年とするも可)。それ以外は2年以内に撤兵する、などそれまでの日本側からみればかなり譲歩した案だった。

そして、11月1日の連絡会議では、第1案「戦争を極力避け、臥薪嘗胆する」、第2案「開戦を決意しこれに集中する」、第3案「開戦決意のもとに外交施策を続行する」の3案を提示する。第1案を永野軍令部長が拒否し、第2案の杉山参謀総長と第3案の東郷茂徳外相と激しく議論するが、第3案をもとに「新たな帝国国策遂行要領」が決まる。つまり「武力発動の時期を12月初頭と定め、陸海軍は作戦準備を完整す」「対米交渉が12月1日午前零時までに成功する時は武力発動を中止する」というものだった。

さらに、甲案をアメリカが拒否した場合に備え、「乙案」も用意し、二段構えの交渉で妥協に漕ぎ着けようとする。その内容は、①日本の南部仏印から撤退する代わりにアメリカは日本に石油を供給する、②両国は蘭印における必要な物資の獲得に協力するとの暫定協定案だった。

この「乙案」には、杉山参謀総長らが猛反発するが、武藤章軍務局長は「乙案を拒否すれば、外相辞職、政変となる」として受け入れ説得をする。これに対して、対米戦をすでに決意していた田中新一作戦部長は「絶対に許しがたい」として、その怒りの矛先を武藤に向けたといわれる。

この新たな帝国国策遂行要領が、11月5日の御前会議で決定される。これに先立ち、陸海軍の「対米英蘭作戦計画」はすでに10月下旬に決定されており、11月5日、山本五十六連合艦隊司令長官に「大海令」が、6日、寺内寿一(ひさいち)陸軍南方軍総司令官に「大陸令」が発令され、わが国は日米開戦に向けた準備に着手した。

つぶされた「暫定協定案」と「ハル・ノート」

対米交渉の「甲案」と「乙案」は11月4日、野村大使に打電される。野村は、11月7日にまず甲案をアメリカ側に提示するが拒否される。そして20日、今度は乙案を提示する。乙案には、フィリピンなどの戦力増強のため、対日戦先延ばしの時間的猶予を得ることを望むアメリカ側も関心を示した。後でわかるのだが、この時点でアメリカ側は日本の秘密暗号電報を解明しており（「マジック情報」といわれる）、日本の手の内をすべて知っていたのだった。

ハル長官は「石油禁輸などの経済制裁を3か月間解除し、さらに延長条項を設ける」とする新たな「暫定協定案」を提案し、「英蘭中などの同意を得た上で提示する」と回答した。

この暫定協定案に対して、オランダは賛成、中国は強硬に反対する。特に蔣介石は「もしアメリカが日本となんらかの妥協をすれば、それは中国を犠牲にすることになる」と危惧していたのである。チャーチルは「これ以上の戦争は欲しないが、中国に対して少し冷たいのではないか」という内容の電文を送ったといわれるが、暫定協定案の手交そのものには反対していなかったようだ。

11月25日、ホワイトハウスにハル長官のほか、陸海軍長官、陸軍参謀総長、海軍作戦部長が集められ、ハル長官が暫定協定案を説明するが、「対日関係の議論の中で主要なことは、われわれ自身が過大な危険にさらされないで、最初の1弾を撃たせるような立場に、日本をいかに誘導していくかであった」とスティムソン陸軍長官は日記に残している。この時点では、暫定協定案は日本側に提示される予定だったのである。

ところが、翌26日朝、暫定協定案は放棄される。その原因として二つの説がある。日本軍の南方移動の情報がアメリカ陸軍情報部からスティムソン陸軍長官に上げられ、「通常の行動」としていたにもかかわらず、それが長官からルーズベルト大統領になぜか誇張して伝わり、大統領が烈火のごとく立腹して放棄したという説と、ハル長官が（細部の理由は不明だが）一夜にして放棄を決断し、スティムソン陸軍長官に説明し、その裏付けとしてこの情報が大統領に伝えられたとの説である（どちらが正しいかは調べ得る限り不明だった）。「アメリカは最初から1ミリも日本に譲歩する気はなかった」とする説も有力で、当然ながら25日の時点では「ハル・ノート」はすでに出来上がっており、翌26日、ハル長官から野村・来栖大使に対して手交される。

その概要は、①中国と仏印より全陸海軍および警察力の撤退、②重慶政府（蔣介石政府）以外のいかなる政府の不支持、③日独伊三国同盟の実質的破棄を求める、などの10項目からなる過酷なものだった。

この「ハル・ノート」というのは正式な名称ではなく、正しくは「合衆国および日本間協定の基礎概略」といい、正式なアメリカ政府の提案ではなく、ハル国務長官の「覚書」ともいうべき「ノート」だった。後世の研究者たちは「1941年11月26日のアメリカ提案」と呼称し、東京裁判あたりから「ハル・ノート」と呼称されるようになる。

その東京裁判において、唯一「日本無罪論」の論陣を張ったパール判事は、ハル・ノートを「同じ通牒を受けた場合、モナコ公国、ルクセンブルク公国のような国であってもアメリカに対して武器を取って立ち上がったであろう」として、「アメリカ政府は日本が受託するとは考えていなかった。この通牒は最後通牒であり、宣戦布告にも等しいものである」と論破している。

戦後になってアメリカ側は「最後通牒でも宣戦布告でもなかった」と抗弁しているが、パール判事は「アメリカ政府は、手交した翌日、日本側の回答を待つことなく、戦争の警告を諸指揮官に発した」として、この時点、つまり、「11月27日から太平洋戦争が始まった」ことを立証している。

「日米開戦」決定

ハル・ノートを知った東條内閣はその内容に愕然とし、「もはや交渉の余地なく、開戦を決意するしかない」と判断する。なかには、田中作戦部長のように、ハル・ノートを好機到来として日本にとって国論を一致して開戦するため天祐だと考えた人物もいた。

11月29日、戦争回避の思いを捨てきれない天皇は、宮中に首相経験者を集めて懇談形式で意見を聞く。重臣の多くは避戦を示唆したが、ハル・ノートを突き付けられた以上、「開戦あるのみ」とする政府と統帥部の決定を覆すことはできなかった。

こうして、12月1日の御前会議において、「11月5日決定の『帝国国策遂行要領』に基づく対米交渉は遂に成立するに至らず、帝国は米英蘭に対し開戦す」として対英米蘭開戦が正式に決定される。昭和天皇は一言も発言されなかった。

会議の席で「ハル・ノートの中国（英語表記はCHINA、日本は支那と呼称）に満州が含まれているのかどうか」について、またしても原枢密院議長から東郷外相に問いかけがあった。外相は「これまでは含まれていなかったが、重慶政府を唯一の政府としていることからすると、前言を否定しているかもしれない」と意味不明なことを答える。「満州国の承認」あるいは「満州国に所在する関東軍の撤去は含まれない」ことが担保できれば、まだ交渉の余地があったにもかかわらず、これほど重要な問題にアメリカ側に質問した形跡がなく、日本側が勝手に解釈して開戦に踏み切ったのだった。

戦後、元大本営参謀の瀬島龍三氏は「『ハル・ノート』の原案は、対日強硬派のモーゲンソー財務長官の特別補佐官ハリー・デキスター・ホワイト氏によって起草されたものでありますが、その原案では『支那（満州を含む）』）となっております。発出にあたりその括弧内が削除されたのは、満州を含まない意向が示されたともとれますが、含まれるのは自明の理であるから削除されたともとれるものであります」（『大東亜戦争の実相』）と説明しているので、これが当時の陸軍の認識だったと考える。

不成立に終わった日米諒解案の時点では確かに「満州国の承認」は盛られていたが、それがなぜ最終的にハル・ノートのような表現になったのかは不思議である。実はここにこそ「何としても日米和平案をつぶし、日米開戦に追い込め！」とするソ連の意図が働いたという説がある。

財務長官の特別補佐官ハリー・ホワイトは、「ヴェノナ文書」でソ連情報部の協力者であり、工作作戦の名称まで明らかになっている。ヴェノナ文書にも名前が出てくる元ソ連軍NKDV（のちのKGB）のビタリー・グリゴリエッチ・パブロフは、NHKの特別番組の取材に応じ、「噂話にすぎなかったソ連の関与が、ハル・ノートの素案を書いた男、すなわちアメリカ財務省高官ハリー・ホワイトへの『雪』作戦という形で、その戦略的意図とともに、ここに明確に立証された」（須藤眞志著『ハル・ノートを書いた男』）旨の証言をしたのである。

ヴェノナ文書によると、ホワイトハウスのラフリン・カリー大統領補佐官や蔣介石顧問のオーウィン・ラティモアまでソ連の工作員だったことが明らかになっており、暫定協定案放棄につながる公電や強硬なハル・ノートの作成にまで関与していることが明白になっている。

それ以外にも、ルーズベルト側近として「ヤルタ会談」を取り仕切ったアルジャー・ヒスもソ連の工作員だったことが判明しており、ホワイトハウスは当時、ソ連の工作員や協力者に乗っ取られていたのだった。ちなみに、ヴェノナ文書によれば、ゾルゲや尾崎秀実などによる日本国内の「南進論」への誘導などについても明確になっている（江崎道朗著『日本は誰と戦ったのか』）。

米国側からみた「日米開戦」に至る経緯

「日米戦開戦」に至る経緯を振り返る時、戦争回避のチャンスは何度もあったと「歴史のｉｆ」が頭をよぎる。つまり、①「日米諒解案」を松岡外相が一蹴しなかったら、②近衛首相とルーズベルト大統領の首脳会談が実現していたら、③アメリカの「暫定協定案」が日本に示されていたら、④ハル・ノートに日本がもう少し受け入れ可能な条件を提示し、日本側が冷静に受け止めていたら、などである。

この背景に、中国からの撤兵問題、三国同盟問題、南部仏印進駐と対日石油全面禁輸などの日米の根本的な利害の対立点はあったにせよ、これらの「ｉｆ」の中で、①だけは明らかに日本側の問題であるが、ヴェノナ文書により暴露された工作員の活動を含め、②③④についてはアメリカ側に「そうはさせなかった要因」があることは否定できないと考える。

本書の冒頭で「アメリカに日本を裁く資格はない」としてアメリカを真っ向から批判した『アメリカの鏡：日本』（ヘレン・ミアーズ著）を紹介したが、長い間、アメリカにおいては、ルーズベルト大統領を批判するのは「歴史修正主義」とのレッテルを張られ、タブー視されてきた。しかし、戦後の時間の経過とともに、アメリカの史実を暴く書籍や発言が次々に明らかになってきている。

なかでも、２０１１年に第31代大統領ハーバート・フーバーの回想録『裏切られた自由』と題した大著がフーバー研究所によって刊行され、世界中で話題になった。その中で、フーバーは「日本との戦争のすべては――ということは太平洋戦争は――戦争に入りたいという狂人の欲望であった」（藤井厳喜著『太平洋戦争の大嘘』）としてルーズベルト大統領の罪状を暴いている。フーバーはまた、ソ連の脅威について警鐘を鳴らし続けたが無視される。しかし実際に、大戦後の国際社会はフーバーが懸念したとおりになっていく。アメリカ国内にも当時からこのような慧眼の持主がいたのだ。

15「大東亜戦争」の戦略と経緯

「陸軍省戦争経済研究班」(秋丸機関)の戦争研究

元自衛官としては、旧軍がいかなる戦略を持って「大東亜戦争」、なかでも日米開戦に臨んだのかに強い関心があった。日米戦争に至る経緯からもわかるように、いくら自らの意思で臨んだ戦争ではなかったとしても、戦争戦略や計画がなかったとは思えないからである。

大東亜戦争に臨む日本軍の戦争戦略・計画は、昭和16(1941)年11月15日の第69回大本営政府連絡会議で「対米英蘭蔣戦争終末促進に関する腹案」(以下「腹案」)として決定される。当然ながら陸海軍合意のうえでの決定であった。

その内容は「陸軍省戦争経済研究班」が昭和14年秋以降、およそ2年間かけて研究した成果を継承・編集したものだった。本研究班は、これを率いたのが秋丸次郎中佐だったことから「秋丸機関」

と呼ばれている。秋丸機関は、軍人のみならず、大学教授、企画院、外務省、農林省、文部省などの少壮官僚に加え、民間企業、業界団体、金融機関の精鋭など、総勢200人に及ぼうとする巨大な組織だった。なかには、治安維持法違反で検挙され保釈中の身であった東大助教授（休職中）のマルクス経済学者・有沢広巳のような異色な人物も含まれていた。

大本営政府連絡会議において決定された「腹案」は、その存在自体も歴史の中で埋もれ、長い間完全にベールに包まれていた。元自衛官の筆者さえ、その概要は『日米開戦 陸軍の勝算――「秋丸機関」の最終報告書』（林千勝著、2015年初版発行）で知ることになった。

それによると、戦後、語られているイメージとまったく違い、陸軍がいかに科学的かつ合理的だったかが理解できる。特に、日本やドイツ、それにアメリカ・イギリスの戦争遂行能力（研究班は「経済抗戦力」と呼称）の分析はかなり的確だった。たとえば、ドイツについては、ドイツの勝利を妄信していた大方の陸軍参謀たちと違い、ドイツの経済抗戦力は独ソ戦最中の昭和16年がピークと見積り、生産力確保のためにはソ連占領が必要なこと、そのうえ、対ソ連戦が膠着状態になる可能性やドイツの大きなリスクになることまで分析していた。また、アメリカ、イギリスの経済抗戦力や動員力、それに弱点までもほぼ的確に見積り、日本が「大きなリスクを負いながらも、これら弱点を突く方策はある」と極めて科学的に分析している。

個人的な印象を正直に言えば、この書籍を通じて、ようやく旧陸軍の「あの戦争にかけた乾坤一擲の戦略（本音）」に触れたような気がして、以来、陸軍観が180度変わったことは事実だった。

ちなみに、国家総力戦に関する基本的な調査研究と各省庁や民間などから選抜された研究生に対する教育と訓練を目的に設立された内閣総理大臣直轄の「総力戦研究所」は、この秋丸機関とは別物であり、『日本人はなぜ戦争をしたのか—昭和16年夏の敗戦』（猪瀬直樹著）で詳細に紹介されている。林千勝氏は「この演習では、総力戦に対する深い洞察も、敵の弱点（戦略点）の研究・検討もなかったのです。残念ながら、この最も大事な点を、猪瀬直樹氏は致命的に見過ごし誤解したまま、短絡的な文脈に基づく著作を世に出してしまったのです」と指摘する。2冊を比較して読むと違いは一目瞭然だ。

戦争戦略（「腹案」）の概要

日本の日米開戦の戦略、つまり「腹案」の概要に触れておこう。腹案は「方針」と「要領」に分かれ、それぞれが二段階に区分されている。

第一段階の「方針」は、「速やかにアメリカ、イギリス、オランダの極東の拠点を叩いて南方資源地帯を獲得し、自存自衛の体制を確立する」として「大東亜共栄圏という広域経済圏の獲得」を掲げている。

その「要領」として、「長期自給自足態勢の確立を掲げるとともに、アメリカ海軍主力については、日本から積極攻勢に出るのではなく、逆にこちらへ誘い込んで撃破するという日本海軍の伝統的な守勢作戦思想」を掲げており、まさに日本海海戦の再現を考えていたのである。

第二段階の「方針」は、「比較的脆弱な西正面、蔣介石政権の屈服と、独伊と連携してのイギリスを封鎖・屈服する」との大方針を打ち出し、アメリカについては「合作相手のイギリスの屈服により戦争継続の意思を喪失せしめる」としている。この内容は、明らかに秋丸機関の研究成果の最終報告から導き出されたものだった。

その「要領」は、「第二段作戦の核心、イギリスの屈服を図るための西向きの方策」、つまり「西進」が記されており、「日本は、インド（印度）やオーストラリア（豪州）に対して攻略および通商破壊の手段により、イギリス本国と遮断して離反を図り、次にビルマの独立を促進し、インドの独立を刺激」する。「さらに日本と呼応して、ドイツとイタリアが、中近東・北アフリカ・スエズに侵攻して、西アジアに向かう作戦を展開し、イギリスの支配地を切り崩し、イギリスに対する封鎖を強化し、もし情勢が許せば、イギリス本土上陸を実施する」と続く。

そして「イギリスの封鎖・屈服のためには、日本によるインド洋やインドでの作戦が極めて重要」であるとし、「ここでも、アメリカ海軍主力は極東近くへ誘い込んで叩くのであり、日本が太平洋に東進して積極攻勢に出ることはまったく意図していない」ことを繰り返し述べている。

それ以外に、蔣介石政権の屈服については、「特に米英の援助の遮断に力点」が置かれている。一方、ソ連に対して「南方進出の関係上、戦争は回避する方針」を貫いていた。

以上が、わが国の「日米開戦」に臨む戦争戦略の骨子であったが、実際の戦争経緯は、当初の予定になかった真珠湾攻撃やミッドウェー海戦などが生起したのに加え、ドイツとイタリアが早期に敗北して、日本が描いた戦略環境は大幅に狂ってしまう。しかし、戦争開始前の戦略としては、当時の状況からけっして無謀極まるものではなかったことがわかる。

陸軍省や参謀本部の考えもほぼ同様だった。つまり、対米英蘭戦は長期戦になる。よって、先制奇襲攻撃によって戦略上優位な態勢を確立し、重要資源地域および主要交通路を確保して長期自給自足の体制を整えることを目指していたのである。唯一の差異は、参謀本部が依然として南方資源を確保した段階で、対ソ武力行使を意図していたのに比し、陸軍省は対ソ武力行使には否定的だったことである。

「真珠湾攻撃」の真実

日米開戦は大きく4期に分けることができる。第1期が開戦から約4か月間で、日本軍が大活躍した時期、第2期がその後の約1年2か月間で、日本軍が連合国軍とほぼ互角に戦争をしていた時期、第3期が昭和18年7月から約1年間で、日本軍が防戦一方の作戦を強いられた時期、そして第4期が昭和19年7月から終戦までの約1年1か月で、日本軍側にとっては敗戦処理、連合国軍側にとっては残敵掃討の時期である。

さて、第1期の緒戦「真珠湾攻撃」である。その華々しい大勝利について触れる必要はないと考えるが、真珠湾攻撃の大成功のニュースはまたたく間に日本中を熱狂させ、山本五十六連合艦隊司令長官は軍神のように当時の新聞やラジオで大称賛された。

一方、有名な「リメンバー・パールハーバー」の合言葉に代表されるように、本奇襲作戦はルーズベルト大統領にたくみに利用され、アメリカ人の戦意に火をつけてしまった。アメリカ国民は激高し、厭戦気分は雲散霧消し、「日本叩くべし」の声が全米で高まったのだった。

日本の軍部は、ルーズベルト大統領がチャーチルの要請に応えて第2世界次世界大戦に参戦を企図しているのに反し、アメリカ国民の多くが第2次世界大戦への参加を拒(こば)んでいることをよく知っていた。だから、アメリカ世論の厭戦気分を高め、戦意を喪失したままにしておくことが得策と考えていた。「腹案」には、その手段としてアメリカを直接叩くというよりも盟友イギリスを屈服させることを選択していた。その腹案に同意していた海軍軍令部は、当然ながら真珠湾攻撃に大反対していた。

大本営政府連絡会議で腹案を決定したのは11月15日だったが、その時点で山本五十六提督率いる連合艦隊は真珠湾攻撃を目指し、最後通牒がアメリカに手渡されれば、すぐに攻撃できるようすでに動き出していた。当時、第1航空艦隊所属の航空機が錦江湾など九州各地で猛訓練していたのもこの頃である。これは、明らかに「戦う場合は、極東にアメリカ海軍を引きつけて」との方針だった腹案、つまり大本営政府連絡会議の方針を無視した行動であり、軍事組織として体を成していないと批判されても仕方ない行動だった。

山本長官はなぜ真珠湾攻撃、そしてこの後のミッドウェー海戦を実行したのだろうか。その後の歴史がわかる今になって振り返ると、両作戦ともあまりに無謀で、やるべきではなかったと結論づけざるを得ないが、アメリカ通の山本長官がなぜこのような大博打に出たのか、その究極の真意はどこにあったのだろうか。

また、その山本長官はいつから真珠湾攻撃を決めていたのか、また、軍令部や大本営政府連絡会議がなぜ山本長官の暴挙を止められなかったのか、についても疑問が頭をよぎる。

その答えとして、昭和16年1月7日付の山本長官から及川古志郎海相宛の書簡の中に「開戦劈頭（へきとう）に敵主力艦隊を猛撃爆破し、米国海軍及び米国民をして救うべからざる程度にその志気を阻喪せしめる」とあるので、腹案決定の10か月も前の時点で本作戦を企画していたと推測される。

そして3月頃、連合艦隊から真珠湾攻撃の細部を聞かされた軍令部が大反対したとの記録も残っている。10月に入り、山本は「これをやらされなければ辞める」とまで主張して永野修身軍令部長を説得し、永野軍令部長は熟慮の末、「出先指揮官を羈絆（きはん）せず自由にやらせるのがわが海軍の伝統だ」として同意したといわれる。ここでいう「羈絆」とは「さまたげになる」との意味であるが、国家の命運を決する一大作戦を「海軍の伝統」として独断で同意したのだった。

では、東條首相（兼ねて陸相）は真珠湾攻撃を知っていたのだろうか。戦後の東京裁判において、東條は真珠湾攻撃についてキーナン検察官から執拗に質問されるが、「連合艦隊が真珠湾攻撃を準備していたことも、11月5日に作戦命令が発せられたことも、11月23日頃、連合艦隊が日本を出発したことも知らなかった。知ったのは12月1日、（最終決心の）御前会議の日であり、陸軍大臣として参謀総長から知らされた。御前会議では話題にならなかった。8日までの間、何度も謁見したが、首相の立場で天皇にそれについて報告することもなかったし、話題にもならなかった」と証言している。この証言によれば、一国の首相にも報告しないまま、海軍が連合艦隊主導で真珠湾攻撃を準備・発動し、ゴーサインが出るのを待っていたということになる。

東條の証言から、天皇もこれについては知らなかったようで、昭和天皇や側近の日誌などの書籍を読む限りにおいても、「天皇が事前に真珠湾攻撃を知っていた」と記述している文章を発見することはできなかった。本当に極秘裏に作戦準備が進められていたのである。

ここにこそ、戦前の日本政府の組織的欠陥があったといわざるを得ない。これまで紹介したように、①陸海軍の対立に加え、②統帥権の干犯問題により、(現役の軍人が司る内閣であっても)政府が軍部をコントロールできない、③天皇の軍事的・政治的な権限は実質的に存在しなかった、ことが現実だったわけで、強力なシビリアンコントロールの元、統合運用体制が完成していた米英に対して、日本はまったく違った体制で戦争に突入したのだった。

次に、なぜ最後通牒が遅れたのだろうか。

真珠湾攻撃そのものが「戦略ミス」とするならば、最後通牒の遅れは、ルーズベルト大統領にとっては、願ったり叶ったりの「戦術ミス」だったと考える。それを「日本軍は宣戦布告なしに卑怯な攻撃を行なった」として逆用され、「スニーク・アタック」や「リメンバー・パールハーバー」の合言葉のもと、厭戦気分だったアメリカ国民のあいだに一気に復讐心が燃え上がった。そもそも「開戦に関する条約」（1907年成立、日本も署名）では、「締結国は、明瞭かつ事前の通告なしに相互間の戦争を開始しないこと」と書かれており、山本長官もその点を最も気にしていたといわれる。

その最大の要因として、一般には在ワシントン大使館の前夜の送別会に加え、事務方が翻訳に手間取ったことなどが挙げられている。機転の効かないエリート官僚の典型としてそれ自体は批判されるべき不手際であるが、それだけが遅れの原因ではなさそうである。

海軍軍令部は、奇襲を成功させるために、当初は真珠湾攻撃開始予定時刻の1時間前に通告と決めていたものを、軍令部次長の伊東整一がさらに検討を加え、攻撃開始の30分前の手交に変更した（この事実はなぜかあまり語られていない）。これもあって、14部からなる覚書のうち、最後の1部が本省から現地に届いたのは、13部目が届いた14時間後だったとのことで、しかもそれには「大至急」の指定がないばかりか、誤字脱字だらけで解読作業が大幅に遅れたようだ。

人類の歴史を振り返れば、「宣戦布告」のない戦争など珍しくはない。第2次世界大戦においては、ドイツのポーランド攻撃もソ連による日本攻撃も宣戦布告はなかったのであり、第2次世界大戦後、アメリカもほとんどの場合、宣戦布告なしに攻撃を行なっている。

それらから考えると、真珠湾攻撃のみが卑怯もの扱いされる筋合いはないが、ルーズベルト大統領のプロパガンダに利用されたことは間違いなく、海軍と外務省の意思疎通の悪さや現場の事務処理能力の不十分さなどから、わが国が汚名を着せられたうえに命運まで左右されたのである。ちなみに、当時ワシントンで勤務していた外務官僚たちはその後、全員出世する。なかには事務次官になった人も国連大使になった人もいる。

こうして、12月8日、日本軍はハワイの真珠湾を攻撃するとともに、イギリス領マレー半島に上陸し、ここに大東亜戦争の火ぶたが切られる。12月12日、東條内閣は「支那事変」を含めて「大東亜戦争とする」と閣議決定する。よって、大東亜戦争の開始は1937（昭和12）年7月7日（盧溝橋事件勃発の日）ということになるのである。

その理念は「欧米諸国によるアジアの植民地を解放し、大東亜共栄圏を設立してアジアの自立を目指す」ことであり、この理念を貫こうとした「大東亜戦争」という名称は、アジアの植民地の宗主国を中心に構成された連合国にとって都合が悪かったため、戦後GHQによって使用禁止となり、「太平洋戦争」という呼称が代わって用いられるようになる。

その後、マスコミなどでは大東亜戦争の呼称が意図的に控えられているが、逆に大東亜戦争の呼称を使用すべきとの主張もある。わが国が目指した戦争戦略（腹案）からしても、太平洋戦争と呼称すべきものでなかったことは明白なのだ。本書においては、「政府の閣議決定した呼称を使うべき」との立場を貫き、大東亜戦争という呼称を使用している。

一方で、アメリカ側もオアフ島北端のレーダーが日本軍機を発見していながらもB-17爆撃機と誤認し、何らの措置をとらなかったとの判断ミスがある。これらもあって、アメリカ太平洋艦隊司令官のキンメル大将と、アメリカ陸軍ハワイ管区司令官ショート中将は退役させられるが、のちにキンメル大将は「事前に真珠湾攻撃があることを知りながら、故意に連絡してこなかった」とルーズベルト大統領を告発する。

その根拠として、1941年1月以来、グルー大使から国務省宛に送られた暗号電報（時期は海軍が真珠湾攻撃の検討を始めた頃と一致）に始まり、東京―ハワイ・ホノルル総領事間の176通に及ぶ暗号電文のほとんどをアメリカ陸海軍諜報部が傍受していたのにもかかわらず、ハワイに何らに通報がなかったことを挙げている。

また、真珠湾攻撃が始まる前に、ルーズベルト大統領に13部までの解読文が渡り、「これは戦争だ」と発言していたこと、そして4時間前に、スターク海軍作戦部長やマーシャル陸軍参謀総長も14項目全部の暗号解読文が届き、スターク提督がキンメル大将に知らせようとすると、マーシャルはそれを制止し、攻撃から2時間後に普通電話で知らせたこともわかっている。マーシャル参謀総長のこれらの言動は、今でも不可解とされている（マーシャルについてはのちほど触れる）。

こうして、チャーチル首相に「私は、宣戦はしない。戦争を作るのだ」と語ったといわれるルーズベルト大統領の術中に見事にはまる形で日米開戦の幕が開いたのだった。今なお「日本は汚い攻撃をした」と信じて疑わない人たちが日米両サイドにたくさん存在するが、そろそろ史実をしっかり見極める時期に来ている。

真珠湾攻撃以外の日本軍の緒戦の快進撃を要約する。12月8日未明、日本軍は南方のイギリス植民地でも行動を開始する。陸軍の第25軍（山下奉文司令官、3万5千人）が行動を開始すると、これを阻止しようとするイギリス東洋艦隊がシンガポールから出撃するが、10日午後、仏印の飛行場から飛び立った海軍航空隊が戦艦「プリンス・オブ・ウェールズ」と巡洋艦「レパルス」を撃沈して、開戦3日目にして太平洋の制空権、制海権を握ってしまう。報告を受けたチャーチルをして「すべての戦争を通じてこれ以上直接的な衝撃を受けたことはなかった」と言わせた瞬間だった。

第25軍はマレー半島に上陸し、銀輪部隊で知られる追撃作戦を実施し、シンガポールに向かって猛烈な勢いで半島を南下する。そして55日間で約1100キロメートルも進撃し、翌年1月末にはシンガポールを臨むジョホールに到達する。2月8日からシンガポールへの上陸作戦を敢行し、熾烈な戦闘の結果、2月15日にはシンガポールを占領する。こうして百年以上にわたった大英帝国アジア植民地の牙城が陥落することになる。

引き続き、陸海軍はラバウル、ジャワ、フィリピンなどを次々に占領して戦線を拡大していく。あまりの快進撃に対して、天皇は「戦果が早く上がり過ぎる」と内大臣につぶやかれたとの記録も残っている。

「ミッドウェー海戦」「ガダルカナル島の戦い」をめぐる議論と結果

さて第2期である。海軍が真珠湾攻撃で緒戦を飾り、陸軍がマレー半島からシンガポール占領など東南アジアの作戦をほぼ計画どおりに進捗していた昭和17年3月頃、大本営政府連絡会議で「今後採るべき戦争指導の大綱」が決定される。

「既得の成果を拡充して長期不敗の攻勢態勢を整えつつ、機を見て積極的の方策を講ず」という文言が挿入されているが、当初の守勢的戦略をあわよくば攻勢的戦略に転換しようとした。この文言は、連合艦隊に引きずられた海軍の「大東亜戦争の主作戦は終始一貫、太平洋正面にある」とする立場を考慮したものだったと、のちに参謀本部の田中新一作戦部長は回想している。

陸軍は攻勢の限界を超えることを恐れ、ジャワ占領をもって長期持久態勢を固め、連合艦隊主力をインド洋に指向すべきと主張する。海軍も2月頃までは、インド洋作戦の図上演習を実施するなど、その時点では陸軍と同様の戦略を保持していた。

一方、この間も海軍統帥部と連合艦隊の確執が続き、緒戦の真珠湾攻撃で攻撃目標であった空母が無傷のままだったなど、中途半端に勝った結果として組織的欠陥の傷をさらに大きくする。そのきっかけとなったのは、昭和17年4月、日本を震撼させた奇襲爆撃、つまり「ドゥーリトル空襲」だった。

ドゥーリトル空襲は、空母「ホーネット」から発進したドゥーリトル中佐率いる16機のB-25が東京方面などを爆撃した日本本土への初めての攻撃であった。この空襲は、実際の損害以上に日本の中枢部に直撃弾を浴びせた格好になる。日本軍のメンツは丸つぶれになり、特に海軍に与えた衝撃は甚大で、なかでも山本長官のプライドは大きく傷ついた。また、これによって、「ミッドウェー作戦が必要だ」とする山本長官の主張が説得力を増してしまったのである。

こうして、4月に決定された海軍の第2段作戦計画には、インド洋の作戦やオーストラリア攻略に通ずるサモア諸島やニューカレドニアなどの作戦に加え、ミッドウェー島攻略、さらにはハワイ攻略まで盛り込まれた。これによって、明治以来、迎撃戦を基礎としてきた海軍は、今まで研究はおろか考えたこともない作戦様式の戦闘を続けることになる。

当然ながら、軍令部は本作戦に大反対したが、再び「計画が受け入れられなければ長官の職にはとどまれない」との山本長官の主張に対して「真珠湾攻撃の英雄を辞めさせるわけにはいかない」と作戦を了承する。頭に血が上った山本長官らには、ドゥーリトル空襲に込められたアメリカのしたたかな意図を見抜けなかったのだった。

ミッドウェー海戦（昭和17年6月5〜7日）の結果についての説明は必要ないだろう。日本は主力空母4隻と、多数の艦載機、搭乗員を一挙に失い、山本長官の連続決戦構想は破綻してしまう。開戦以来一度も変えていない暗号はすでにアメリカ・イギリスに解読され、アメリカ軍は日本人の八木秀次氏が開発した「八木アンテナ」の技術を改良発展させて実用化したレーダーを装備して待ち構えていたこともあって、負けるべくして負けたのだった。そのうえ、こともあろうか海軍は、この大敗北と壊滅的損害を陸軍側には長く知らせていなかった。

その後もインド洋作戦、つまり「腹案」への回帰のチャンスがあった。ドイツがようやくリビアにあるイギリス要塞を陥落させ、エジプトへ突入し、日独伊枢軸側の勝機が巡ってきた。これを受けて、海軍は再編した連合艦隊を投入してインド洋作戦を決定し、陸軍参謀本部もセイロン島攻略を進言する。

しかしながら、またしても山本長官がこのチャンスを壊す。マラリア諸島やカロリン諸島などの攻略を経てガダルカナルに固執するのである。この結果、連合艦隊はミッドウェー海戦を上回る決定的大失態を南方方面で演ずることになる。

さて、戦争の要所になると、なぜかいつも軍政では名を馳せた井上成美提督の名前が顔を出す。「ガダルカナル島の戦い」（昭和17年8月〜18年2月）の端緒は当時、南洋方面の総帥でもあった井上第4艦隊司令官の決心のもとでガダルカナル島に航空基地建設を始めたことによって開かれた。井上司令官は、前年の8月、日米開戦に反対して会議の席上、及川海相を怒鳴りつけたことが原因となり、栄転という形で艦隊司令官に左遷されていた。

その井上司令官がいつの時点でミッドウェー海戦の惨敗を知ったかは不明だが、この建設の提案に対して、当初、ミッドウェー海戦の結果を知っていた連合艦隊司令部は、ラバウルからさらに1千キロメートル離れているガダルカナルに対しては、「制空権の確保が無理」として難色を示す。しかし、最終的に許可する。山本長官がミッドウェー海戦の結果に失望し、ガダルカナル進出の可否や攻勢作戦方針を再検討する気配がないなか、井上司令官が惰性のままに攻勢終末点のはるか彼方で基地建設を始めたとする見方もあるが、その真意は不明のままだ。

当然ながら、制空権のないこの地域の基地建設情報はアメリカ軍に探知されることになる。そして完成した航空基地に海軍航空部隊が進出する直前を狙った8月、アメリカ海兵隊が突如、ガダルカナルに上陸し、航空基地はいとも簡単にアメリカ軍の手に落ちてしまう。それを予測して対応策をとっていなかった海軍の不作為だった。ようやく海軍は陸軍に基地の奪回を依頼するが、細部情報不明の陸軍は、作戦において最も戒めるべき「逐次戦闘加入」を繰り返し、激烈な消耗戦を展開して大失敗するのである。

井上司令官は、昭和17年10月、山本長官の推薦で海軍兵学校長に異動するが、この時の心境を「自分は戦が下手でいくつかの失敗も経験し、海軍兵学校の校長にさせられた時は、まったくほっとした」と語っている。井上提督の実像を物語っていると考える。

この失敗によって「腹案」、つまり日本の戦争戦略は完全に破綻する。しかもこの結果は、日本軍の作戦への影響だけにとどまらなかった。インド洋を遮断できなかったことから、アメリカは大量の戦車や兵員を喜望峰回りでアフリカ東岸航路によりエジプトに送ることができ、ドイツ軍のスエズ進出は止められ、ドイツ軍は翌年5月のチェニジアの戦いで壊滅してしまう。

一方、陸海軍がガダルカナルで死闘を繰り広げていた頃、独ソ両軍もスターリングラードで市民を巻き込んで壮絶な市街戦を展開していた。1943（昭和18）年1月24日、スターリングラード陥落の1週間前、米英両首脳がカサブランカで会談し、会談後、ルーズベルトは「ドイツと日本の戦力を完全に除去しない限り、世界に平和が訪れることはない。戦力の除去とは、無条件降伏を意味する」と宣言し、「カサブランカ会談を『無条件降伏会談』と呼んでほしい」とも付け加えた。

チャーチルは、ルーズベルトがそこまで挑発するとは考えておらず、逆に「日独に無条件降伏を要求すれば、死に物狂いで抵抗し、戦争がますます長引くに違いない」と内心、「怒り心頭に発した」

と回想している。実際、「国家そのものの否定」を意味する「無条件降伏要求」を前に、日独両国は戦争を続けるしか道がなくなるのであり、原子爆弾の開発成功を間近にしたこの時点で、「無条件降伏要求はこの新兵器を使う大義名分ではなかったか」との分析もあることを記しておこう。

やがて欧州戦局は重大な分岐点を迎える。1月31日、スターリングラードが陥落するのである。

「絶対国防圏強化構想」への転換と粉砕

次に第3期である。昭和17年末頃から連合軍の反攻が強烈になり、陸海軍統帥部は戦局の打開に苦心する。海軍側にも「戦線の縮小が必要」とする意見があったが、またしても連合艦隊側は「ラバウルなど太平洋の要点の保持が必要」と主張し、現戦線の縮小に強力に反対した。

そして昭和18年3月、山本長官が遭難するという事故もあって、8月、ようやく海軍の「第3段作戦計画」が示達される。その概要は「広大な太平洋地域で航空作戦を主として陸軍と協同して防勢作戦を遂行し、戦力の充実を待って攻勢に転ずる」というものだった。

9月には、大本営政府連絡会議において、「今後採るべき戦争指導の大綱」として「絶対国防圏強化構想への転換」が決定される。その範囲は千島―内南洋（太平洋中西部）―西部ニューギニア―スンダ列島（スマトラ島付近）―ビルマを含む圏域を「絶対確保すべき要域」とし、現戦線で持久しつつ、この絶対国防圏の防備強化に努めるというものだった。

しかし、1か月半前に出された海軍の第3段作戦計画は変更されないままだったので、連合艦隊はブーゲンビル島やマーシャル諸島などで作戦を続行し、貴重な航空戦力を大量に消耗してしまう。

欧州正面では、この年の夏頃から戦争の終末に向けた動きが活発になってくる。独ソ戦の勝敗が明確になり、日本の後退期に入ったこの段階で、アメリカでは、日本との戦争にソ連の参加を求める声が高まってくるのである。

ルーズベルトが、ソ連参戦の条件に関する極秘情報としてスターリンが千島列島の領有を希望していることを知り、「千島列島はソ連に引き渡されるべき」との見解を示したのはこの頃だった。そして、1943年10月19日、米英ソ3国外相会談（モスクワ会談）の席上、ハル長官はソ連のモロトフ外相に「千島列島・南樺太をソ連領とする」条件を提示して参戦を求めた。モロトフ外相は即答を保留するが、会談の最終日の30日、スターリンは「ドイツに勝利した後に日本との戦争に参加する」と伝えた。

11月22日から26日、ルーズベルト、チャーチル、蔣介石がエジプトのカイロに集まり会談し、連合国の対日本方針と戦後のアジアに関する決定を行なう（スターリンは「日ソ中立条約」で5年間の相互不可侵が定められており、まだ日本とは戦争状態ではなかったため、参加せず）。

会談の結果、12月1日、「連合国は日本国の侵略を制止し、日本国を罰するために、今次の戦争を遂行している」「日本が無条件降伏するまで軍事行動を継続する」などの決意の明示とともに、①第1次世界大戦以降に日本が奪った太平洋諸島を剥奪、②満州、台湾、澎湖島のように、日本が中国から奪った領土を中国へ返還、③日本が暴力・貪欲により略取した一切の地域から日本を駆逐、④朝鮮半島の独立、などの要求が盛り込まれた対日方針が「カイロ宣言」として発表される。

カイロ宣言の対日方針は、その後、連合国の基本方針となって「ポツダム宣言」に継承されるが、カイロ宣言はあくまで「宣言」であり、それ自体は国際法上なんら効力を有しているわけではなかった。余談だが、日本の北方領土返還要求の根拠にカイロ宣言が挙げられるが、「宣言」を読めば、いかなる解釈も成り立つような極めて巧みな表現で書かれていることがわかる。

カイロ会談から2日後の11月28日から12月1日まで、今度はルーズベルト、チャーチル、スターリン、それに3カ国の外相や軍指導者らが出席し、「テヘラン会談」が行なわれる。

会談内容は多岐にわたる。ノルマンディー上陸作戦を決行することや戦後の世界平和維持機構の枠組みなどについても意見交換される。スターリンは、この会談において、ドイツ降伏後の日本との戦争参戦を正式に約束する。

昭和19（1944）年になると、今度は航空機の生産割当をめぐり陸海軍が対立する。海軍はこの場に及んでも「大東亜戦争は海洋戦であり、海を制するものが戦争に勝つ」と主張し、陸軍の2倍を要求するが、陸軍は「陸上基地を枢軸として陸海空の三位一体の戦闘こそが残された唯一の戦闘法である」として譲らず、結局、陸軍が2万7120機、海軍が2万5750機の生産で妥協する。

海軍はいたずらに損耗を重ねたが、陸軍も無謀なインパール作戦（3月～7月）を強行して、主力3個師団がいずれも兵力の75パーセント以上の死傷者を出すなど、自ら絶対国防圏を弱める結果を招いていた。昭和19年6月には、マリアナ沖海戦で日米艦隊が激突し、空母3隻を失う惨敗に終わり、7月には、サイパンが約1万人の在留邦人とともに玉砕する。

このように、1年も経たずして「絶対国防圏」は破られてしまう。さすがの東條首相も自信を失いつつあり、それでも内閣改造によって打開を図ろうとするが、岸信介国務相の反乱に遭い、7月、ついに退陣する。後継に小磯国昭首相、そして米内光政海相が復帰し、事実上の連立内閣が成立する。

「捷1号作戦」の発動と失敗

最後に、昭和19年7月から終戦まで第4期を振り返ってみよう。小磯内閣のもとで、和平をたぐりよせる期待を込めた一大決戦が「捷1号作戦」だった。

大本営は、絶対国防圏の破綻によって縮小した新国防要域の防備を急速に強化し、要域のいずれかの方面に敵が来攻した場合に、陸海空戦力を結集して決戦すると企図し、この作戦名を「捷号（しょうごう）」作戦と名付けた。そして、捷1号がフィリピン、捷2号が台湾・南西諸島、捷3号が本州・四国・九州、捷4号が北海道と区分した。

連合艦隊の中核である第1機動部隊がほとんど使いものにならず、ようやく陸海軍航空部隊の統一指揮も準備されるが、この時期の最大の問題は航空攻撃の主目標の選定だった。海軍側は空母機動部隊の撃滅を期すことを主張するが、陸軍側はその可能性が少ないので、広域に分散退避させて極力航空戦力を温存し、より脆弱な敵上陸船団の撃滅を主目標にすべきと主張する。この結果、海軍が空母攻撃、陸軍が攻略部隊攻撃と陸戦の航空支援とその役割を分担する。

そして、昭和19年10月、アメリカ軍のフィリピン・レイテ島への進出を受けて、捷1号作戦が発動される。フィリピン在住の陸海空戦力を集中し、大打撃を与えるという決戦構想で、主戦場となるルソン島には30万人の兵力を投入する計画だった。

海軍航空部隊は当初の計画どおり、台湾沖に出現した空母17隻、戦艦6隻を含むアメリカの大艦隊を攻撃、大本営海軍部は「空母11隻、戦艦2隻など大打撃を与えた」と発表し（10月19日）、久しぶりに国民は熱狂した。しかし、間もなく撃沈したはずの空母が台湾沖を航行しているのが判明する。海軍は「いまさら取り消すわけにもいかない」とまたしても陸軍に伝えず、それがのちに未曾有の悲劇を生むことになる。

大本営発表を信じた南方軍は、マッカーサー率いるアメリカ軍を過小評価したまま、レイテ島に戦力を投入する。ここで捷1号作戦が発動されるが、栗田艦隊がレイテ湾まであと80キロメートルまで迫ったところで、「謎の反転」（その真相は今もって不明である）を実施し、作戦はまたしても失敗に終わる。

神風特別攻撃隊も組織され、初戦果を上げたのも、この海戦だったが、連合艦隊の損害が大きく、戦艦「大和」を除く主力艦の大半を失い、艦隊として決戦力を喪失してしまう。

その頃、欧州正面は独伊の敗戦が濃厚になってくる。イタリアは7月にムッソリーニが解任、逮捕されて、9月には降伏、王政が廃止されて共和制に移行する。

ドイツも敗走を重ね、6月、連合国はノルマンディーで上陸作戦を敢行し、8月にはパリを解放する。東部戦線でもソ連軍が史上最大の反撃戦「バグラチオン作戦」を発動し、ソ連領内からドイツ軍を追い払う。12月、ヒトラーの最後の賭けといわれた「バルジの戦い」で連合国軍に打撃を与えたが、反撃されて翌1945年1月撤退する。

東京大空襲と「沖縄戦」

戦争最後の年、昭和20（1945）年の新春を迎え、天皇は歴代首相ら7人の重臣を集め、意見聴取をされた。軍部を刺激しないように、一人ひとり参内して内々に話を聞くという形式をとったといわれる。天皇は重臣のだれかが「一日も早く終戦すべき」と進言するのを待っておられたようだが、唯一「即時和平」を口にしたのは近衛文麿だけだった。

この席上、近衛は、すでに紹介した「近衛上奏文」を献上する。近衛は「最も憂慮すべき事態は、敗戦よりも共産主義革命である」として、戦争終結のためには軍部の立て直しが必要であることを進言する。天皇は近衛の発言が終わるのを待って、「軍部の粛正が必要ということか、近衛はどう考えるか」と問われ、皇道派の山下奉文（フィリピンで激戦中）か派閥色のない阿南惟幾（あなみこれちか）を推薦したといわれる。近衛はルーズベルトが無条件降伏に固執していたにもかかわらず、この時点ではまだ「条件付き講和」を想定していたようだ。

一方、2月4日から11日、クリミア半島のヤルタに米英ソ首脳が集まり、「ヤルタ会談」を開催する。表向きはドイツ降伏後の処置だったが、対日問題では、①ドイツ降伏後2〜3か月後にソ連が対日戦に参加する、②南樺太および隣接する島嶼はソ連に返還する、③旅順港の租借を回復する、④千島列島はソ連に引き渡す、などの「ヤルタ秘密協定」が交わされていた。しかし不覚にも、ソ連参戦などの秘密協定を日本はまったく察知できていなかった。当時の状況から外務当局の情報収集力の非力を責めるのは酷であるが、後日、またしても政府の判断を狂わせる結果となる。

そのような情勢下の3月10日、初めての大規模な無差別爆撃である東京大空襲が実施される。270機のB‐29が約1万6000トンの焼夷弾を投下し、東京、特に下町の住宅密集地を狙い、一夜にして死者10万人超、被害家屋26万棟超、罹災者百万人超の大被害が発生した。無差別爆撃は明確な国際法違反であったにもかかわらず、ルーズベルトは躊躇せず、終戦まで延べ約3万3000機のB‐29が、累計約14万7000トンの焼夷弾を本土の主要都市に投下し、非戦闘員約80万人超が犠牲になった。

アメリカ軍は、本土への無差別爆撃をさらに本格化するために、サイパンと東京のほぼ中間に位置する硫黄島の確保を企図し、勝者の損害が敗者を上回るという硫黄島の死闘も繰り広げられた。

そして、終戦前の最後の戦いが「沖縄戦」だった。4月1日からアメリカ軍が上陸を開始し、日本軍は筆舌に尽くしがたい死闘を繰り返してアメリカ軍を苦しめた。アメリカ軍が1か月で終了すると見積った戦いは、6月19日まで約3か月弱続いた。

アメリカ軍が沖縄に上陸した4日後の4月5日、小磯内閣が全閣僚の辞表とともに天皇に拝謁する。後継者選びのために開かれた重臣会議は激しい議論の末、枢密院議長（元侍従長）鈴木貫太郎に大命が下りた。

この場に及んでも、陸軍はなお強気で、①あくまで戦争を完遂すること、②陸海軍を一体化すること、③本土決戦のために諸施策を躊躇なく実行すること、など3条件を求めた。これまで陸海軍の統合に対して、海軍側にはつねに「統合すれば陸軍に飲み込まれる」という警戒感が根底にあったといわれるが、主戦力をすでに喪失していた海軍はもはや抵抗する力もなかった。

4月12日、ルーズベルト大統領が急死する。欧州戦線でも太平洋戦線でも勝利がゆるぎないところまできて、この機会に肖像画を描きたいとポーズをとっていた時に突然頭を抱えて前のめりに倒れ、約2時間後に息を引き取ったのだ。死因は脳出血、63歳だった。

沖縄戦は、日本軍の戦死者約6万5000人、県民の犠牲者は約10万人に達した。唯一残った戦艦「大和」も壮絶な最期を迎える。これに対して、アメリカ軍も戦死者7600人、戦傷者3万1800人超に及び、特攻作戦による凄まじい攻撃もあって空母13隻、戦艦10隻など368隻が損傷した（資料により数字に差異あり）。この死闘がアメリカをして無条件降伏要求の見直しを迫られるようになったといわれる。

16 「ポツダム宣言」から終戦

トルーマン大統領誕生

ルーズベルト大統領の後任にはトルーマン副大統領が昇格する。ミズーリ州出身のトルーマンは、副大統領時代、ニューヨークの超エリートで大金持ちのルーズベルトからまったく相手にされなかったのは有名な話で、真偽は不明だが、2人は就任式以来、一度も会わなかったというエピソードが残っている。

日本にとって幸いしたのは、トルーマンは、ルーズベルトほど無条件降伏にこだわっていなかったし、ルーズベルトほどソ連を信用していなかった。沖縄戦後の九州上陸作戦で最終的な損害が約50万人から100万人に達する分析があると聞くや、すでに大勢が決着したと思っていた戦争でこれほどのアメリカ人の犠牲者が出ることに驚愕し、「これではソ連を利するだけ」と判断する。

ただちに、ホワイトハウスに首脳を集め、戦略会議を開く。軍首脳は上陸作戦決行で一致するが、会議後、無条件降伏要求の修正を持ち出され、「戦争の早期解決には、国家としての生存と立憲君主制という条件で天皇の保持を認めてやること」との陸軍次官補マックロイの意見にトルーマンは相槌を打つ。

こうして、スティムソン陸軍長官やグルー国務次官らが中心となって日本への降伏勧告案が検討される。この時点で、降伏勧告があれば、歴史は変わっていたのだろうが、ある理由で降伏勧告声明は見送られる。その理由となったのが原子爆弾の開発だった。トルーマンは「原子爆弾が完成すれば、ソ連の参戦がなくとも日本に降伏勧告できる」と考え、完成を待つことにした。トルーマンは、原子爆弾の製造に関する「マンハッタン・プロジェクト」についてもまったく知らされておらず、大統領に就任し、初めて20億ドルの巨額を注いで開発が行なわれていることを知ったのだった。

「対ソ交渉」に頼る

4月27日、欧州では、ムソリーニがパルチザンに捕らえられ、処刑される。ドイツは国内を米英ソに蹂躙され、4月30日、ヒトラーが自殺、5月7日、無条件降伏し、欧州戦線はすべて決着する。

6月8日、日本は御前会議で「今後採るべき戦争指導の基本大綱」を決定するが、「あくまで戦争を完遂し、もって国体を護持し、皇土を保衛し、聖戦の目的の達成を期す」、つまり本土決戦態勢を強化する内容だった。この段階ではまだ「終戦」という言葉は一言も出てこなかったのである。しかし、民心の動向に関する発言もあり、国民の厭戦気分の充満は無視できないとの認識を深めたことも事実だった。

沖縄戦終了後の6月22日、天皇が首相、外相、陸海両相、両総長を宮内庁に呼び、懇談会を開く。その席上で天皇は「戦争の終結について速やかに具体的研究をして、その実現に努力することを望む」と発言される。この言葉を受け、鈴木内閣は、対ソ交渉に取り組む。米英によって無条件降伏以外の直接交渉の道が閉ざされていたため、残された唯一の選択枝だったとはいえ、すでに「ヤルタ秘密協定」によって、「日ソ中立条約」を破棄して、対日参戦を約束、南樺太や千島列島を奪い取る万全の準備をしていたソ連に日本の命運を託そうとしたのだ。

その後の歴史を知る立場からみると、極めて滑稽な動きに見えるが、それだけ追い込まれていたことは明白だった。天皇も日に日に激しさを増す空襲の下、食糧難も深刻化するなかにあって、藁にもすがりたい思いから、対ソ交渉の督促と特使の派遣を提案され、近衛文麿に内諾を得るところまで話が進む。

さっそく、駐ソ大使に特使の受け入れと「戦争を速やかに終戦することを願っている。米英が無条件降伏を固執する限り、日本は戦い抜くしかなく、これによって彼我の流血を大きくするのは不本意なので、人類の幸福のために速やかに平和を克復することを希望する」との「聖旨（せいし）」を極秘で伝えるように訓令する。しかし、ソ連はこの聖旨を握りつぶし、「近衛特使の使命が明瞭でない」として対日参戦の準備が整うまで時間稼ぎをするのである。

「ポツダム宣言」

ポツダム会談は7月17日から8月2日までの間、主に第2次世界大戦の戦後処理を決定するために開催される。連合国三首脳による会談は、テヘラン、ヤルタに続き、これが三度目だった。トルーマン大統領は外交もまったく素人で、本会談においても、海千山千のチャーチルやスターリンと交渉するために、国務省が用意した分厚い〝Q&A〟を携えて会議に出席したといわれる。

主なテーマであるヨーロッパの戦後処理のうち、ポーランド問題、賠償問題、そして旧枢軸国内に成立した各政府（東欧諸国）の扱いをめぐってイギリスとソ連が激しく対立する。

会談の最中、イギリスの総選挙が行なわれ、保守党が大敗し、チャーチルは首相の座を追われたため途中で帰国してしまい、労働党のアトリーが首相として会議に残る。しかし、イギリスの主張は変わらず、イギリス、ソ連の対立は頂点に達し、あわや決裂の危機に陥るが、ようやくアメリカが示した「3条件」（ポーランド国境、ドイツの賠償、旧枢軸国政府問題）をイギリス、ソ連が受け入れ、決裂は免れる。

日本に関しては、会談が始まる前の7月15日、トルーマンはスターリンから対日参戦の確約を得るが、7月18日、原爆実験が成功したとの報告を受けたトルーマンは「ソ連が参戦しなくとも勝利できる」と確信し、ソ連の影響力が増大する前に日本に降伏勧告しようと決意する。

その決断の背景には「日本がソ連を仲介して和平工作を進展中」との情報を得たスティムソン陸軍長官が対日降伏勧告をポツダム会議で行ない、「ソ連が日本の懐に飛び込むことを防ごう」としたこともあったようだ。

宣言の当初案には「現皇統による立憲君主制を排除しない」と入っていたが、ソ連や中国などに根強かった「天皇退位論を考慮すべき」とする対日強硬派の巻き返しによって削除されてしまう。

しかし、宣言が「吾らは日本国政府が直ちに全日本国軍隊の無条件降伏を宣言す」となっているように、国家に対する降伏ではなく、軍隊の降伏を求めており、日本民族が綿々と受け継ぎ、日本軍将兵が命に代えて守ろうとした国体は、明文化はされておらずとも保証されていると読み取れる。さらに本州、北海道、九州、四国および周辺小諸島に限定されたとはいえ「主権」も残り、本宣言は、対等の主権国家間の合意という形をとっていると読み取ることができる。

チャーチルも一部修正したうえで同意し、降伏勧告案が完成する。なお、当時、日本と交戦していなかったソ連側の介入はほとんどなく、蔣介石は一度も参加しておらず、チャーチルも帰国してしまったため、「ポツダム宣言」そのものは、トルーマンが3人分の署名をして発せられた。同時にトルーマンは原爆投下命令も承認した。

このような経緯を経て、7月26日、ポツダム宣言がアメリカ、イギリス、中国3か国による共同宣言として発表される。宣言自体は13項目からなり、その6番目に、宣言によって示された戦争観として「日本の人々をだまし、間違った方向に導き、世界征服に誘った影響勢力や権威・権力は排除されなければならない。無責任な軍国主義が世界からなくなるまでは、平和、安全、正義の新秩序は実現不可能である」と日本の軍国主義者を平和的な世界秩序の破壊者・侵略者として断定していること、10番目に「すべての戦争犯罪人に対しては厳重なる処罰を行うものとする」と戦争犯罪人を裁くことが明示されていた。これらを含め、終戦後の進駐軍による占領政策のほとんどは、このポツダム宣言に拠っている。

原子爆弾の投下

翌7月27日、東郷外相から天皇陛下に対してポツダム宣言の内容が報告されるが、この時点では、まだ対ソ交渉による終戦工作を捨てていなかった外務省は調整に動かず、陸海軍はポツダム宣言に反発した。軍部の突き上げを受けた鈴木首相は28日の記者会見で「ポツダム宣言に重大な価値があるとは考えない。戦争完遂の既定方針に変更なし」と宣言無視を表明した。

この表明により「日本が宣言を拒否した」と判断したアメリカは非情な措置をとる。8月6日、人類史上初の原子爆弾が広島に投下される。原爆投下については、アメリカ政府内でも各方面から疑念の声が上がったといわれるが、最終的にはトルーマン大統領が決定した。

その3日後の9日、ソ連が対ソ交渉をないがしろにして突如、満州に侵攻する。同じ日、今度は長崎に原爆が投下される。広島に投下されたウラン235の原爆の約1・5倍の威力があるプルトニウム239を使用した原子爆弾だった。

広島、長崎の当時の犠牲者は、両市合わせて最大約24万6000人とされていたが、その後も被爆の後遺症が続き、2019年8月現在、50万1787人の戦没者が登録されている。

トルーマンは「2発の原爆投下は、日本への侵攻を防ぐ一助となり、日米の将兵約50万人の命が救われた」とする一方で、それを正当化するために「日本軍の真珠湾攻撃でアメリカは不意を突かれた」ことにも言及し、まさに西部劇の仇討のような理由も述べている。

1945年のギャラップ調査では、85パーセントのアメリカ人がトルーマン大統領の決断を支持したが、2018年の調査では「日本への原爆使用は正当化できる」は56パーセントにとどまっている。

天皇陛下の決断、そして降伏

二度の原爆投下とソ連参戦後の8月9日、ようやく鈴木首相は戦争指導会議を開く。その席で東郷外相は、ポツダム宣言受け入れの条件として「天皇の国法上の地位を変更しない」ことだけを主張するが、阿南陸相らはそれに加え、「占領は小範囲で短期間」「武装解除は自分の手で」「戦犯処理は自分の手で」の4条件を主張した。その夜の午後11時50分頃から御前会議が開かれた。議題は一つ、

「ポツダム宣言」を東郷外相の1条件で受け入れるか、それとも阿南陸相らの4条件をつけるか、だった。

異例の御前会議においても、両派は意見を述べ合うばかりで一致をみられなかった。日付が変わった10日午前2時を回ったところで、鈴木首相は「まことに異例で畏れ多いことでございますが、ご聖断を拝しまして、聖慮をもって本会議の結論といたしたいと存じます」と天皇の決断を仰ぐ。天皇は「それならば自分の意見を言おう。自分の意見は外務大臣と同意である」として次のような理由を述べられたと『昭和天皇実録』に記されている。

「従来勝利獲得の自信ありと聞くも、計画と実行が一致しないこと、防衛並びに兵器の不足の現状に鑑みれば、機械力を誇る米英軍に対する勝利の見込みがないことを挙げられる。ついで、股肱（ここう）の軍人から武器を取り上げ、臣下を戦争責任者として引き渡すことは忍びなきも、大局上三国干渉時の明治天皇の御決断の例に倣い、人民を破局より救い、世界人類の幸福のために外務大臣案にてポツダム宣言を受諾することを決心した」（『昭和天皇実録』三四巻 宮内庁）

10日午前7時、中立国スイスとスウェーデンの日本公使宛に、「ポツダム宣言」を受諾するとの電報が送られ、両公使によって降伏の意思がアメリカ、中国、イギリス、ソ連に伝達された。そして午後7時、日本政府の対外情報発信を担っていた同盟通信社は、対外放送で日本降伏受け入れ意思を表明するが、このニュースは日本国民に伏せられていた。

8月14日の御前会議において、天皇は「皇軍将兵、戦没者遺族、戦災者の心中を思うと、胸奥の張り裂ける心地するが、時運の赴くところ如何ともしがたい」と涙ながらに仰せられて降伏を宣言された。一同、御前も憚らずどっと泣き伏し、なかには大きく肩を震わせる者もあったといわれる。翌8月15日正午、終戦の勅語が玉音放送された。

玉音放送2日後の8月17日、東久邇宮稔彦王（ひがしくにのみやなるひこおう）は皇族として初めて首相になり、ラジオで陸海軍に自制を呼びかけるとともに、朝香宮鳩彦王（あさかのみややすひこおう）、竹田宮恒徳王（たけだのみやつねよしおう）、閑院宮春仁王（かんいんのみやはるひとおう）を中国、満州、南方の各方面司令部に派遣して終戦の聖旨を伝達し、軍隊の団結と有終の美を求めた。

占領軍の急激な日本改造を避けるために、先手を打って武装解除を試みた結果だったといわれているが、わが国の歴史上、皇族が自らイニシアチブをとり、依然、血気盛んな軍人らを慰撫（いぶ）するために行動したのは初めてだった。

17 占領政策と日本国改造

マッカーサー登場

わが国は終戦後、マッカーサーを最高司令官とし、アメリカ極東軍を主体とする連合国軍（通称、進駐軍）に約7年間も占領される。その司令部の正式名称は「連合国軍最高司令官総司令部」であるが、一般にはGHQと呼称されている。

マッカーサーが連合国軍最高司令官として厚木海軍飛行場へ愛機「バターン号」でやって来たのは、昭和20年8月30日だった。その第一声で「メルボルンから日本までの道のりはとてつもなく長く険しい道であった」と、フィリピンからオーストラリアへ避難し、再びフィリピンを取り戻した後、ようやく日本へたどり着いた率直な感想を述べている。その言葉の裏には、フィリピンで一旦は日本軍に敗北し、部下を見捨ててオーストラリアまで敗走を余儀なくさせられた屈辱感と復讐心が微妙な割合で混じっていたことは明白だった。

その後、マッカーサーは厚木から最初の宿泊地である横浜へ向け移動する。沿道には約3万人の日本兵がマッカーサーに対して敬意を示すために彼の車列に背を向けて立哨するなか、横浜市山下公園前のホテルニューグランドに入った。その後、9月8日に東京に移動。赤坂のアメリカ大使公邸を宿舎にして、同月15日からGHQの庁舎として接収された日比谷の第一生命館での執務に就いた。

マッカーサーは、陸軍士官学校をトップで入学し、トップで卒業した。歴史上、マッカーサー以上の成績で卒業した者はこれまで2人しかいないといわれるほど優秀だった。父は陸軍中将アーサー・マッカーサー。母メアリーは息子を溺愛し、心配のあまり士官学校在学中は近くのホテルに移り住んだという有名な逸話が残っている。その父は日露戦争の観戦武官として日本に赴任するが、戦争終了後、マッカーサー中尉も父の副官として日本で勤務し、東郷平八郎、大山巌、乃木希典ら日露戦争で活躍した司令官たちと面談し、感銘を受けたとの回想記が残っている。50歳の最年少で陸軍参謀総長に抜擢され、その後引退する。引退後はフィリピンの軍事顧問として赴任し、戦争勃発後、アメリカ極東軍司令官として現役復帰するのである。

軍人としての評価は二分される。マッカーサーは自尊心、虚栄心、誇大妄想、復讐心などが強く、その人間性にも問題があったとの指摘もある。そのうえ、人種差別・宗教差別主義者でもあったようだ。

そのようなマッカーサーを最高司令官として指名したトルーマンは、マッカーサーに対して「①天皇と日本政府の統治権は、連合国軍最高司令官のマッカーサーに隷属する。よって、権力を思うとおりに行使せよ、②日本の支配は、満足すべき結果が得られれば日本政府を通じて行われるべきであるが、必要なら直接行動してもいい。武力行使を含めて必要な方法で実行せよ」と史上空前の権力を与える。

若い頃に来日の経験があり、明治の軍人たちに感銘を受けたマッカーサーだったが、マッカーサーの「日本観」は当初から厳しいものがあった。そのうえ、日本を勉強し、理解しようとする意欲もなかった。マッカーサーは「征服者の風格」を保つために、国家行事を除きけっして日本人と同席しなかったし、朝鮮戦争が開始した1950年6月までの間、東京を離れたのはわずかに二度だけだった。当然ながら、アメリカの土は14年間一度も踏まなかった。また、執務室に電話も引かず、秘書も置かなかった。日本人と会ったのは、天皇陛下、首相、外相、両院の議長くらいで、それも公式の仕事上、必要な時だけに限定されていた。

マッカーサーは熱狂的にもてはやされていた「民主主義」を振りかざし、アメリカの民主主義が今日のアメリカの強さをもたらしたとして、「『日本の降伏』を軍事的敗北だけでなく、『信仰の崩壊』と見た。この崩壊により、日本国民の中に道徳的、精神的、さらに肉体的にも完全な空白が生まれた。この空白状態の中に民主主義を注ぎ」込もうとした（西鋭夫著『國破れてマッカーサー』）。

そのマッカーサーが試みた占領政策のうち当初から重視したのがキリスト教の伝道だった。この手段として、愛国心、誇り、道徳、歴史、文化など長い年月をかけて育まれ脈々と受け継がれた日本の

「心」を奪い取り、キリスト教を流し込み始めたのである。そのため、3千人を超える宣教師を自身の権力を使って呼び寄せ、当時の日本の人口約7200万人に対し、約1千万冊の聖書を惜しげもなくばらまいた。国民は聖書を喜んで受け入れた。当時、紙そのものがほとんどなかったので、大人たちは煙草の巻紙として聖書を本来の目的以外に使用したといわれる。国際基督教大学も設立するが、結果として、日本のキリスト教信者は、現在においても200万人未満（人口の約1・6パーセント程度）にとどまっている。

最初の指令の顚末と天皇陛下のご訪問

昭和20年9月2日、東京湾に停泊する戦艦「ミズーリ」で降伏文書調印式が実施され、日本側の人選が難航した結果、重光葵（しげみつまもる）外相と梅津美治郎（うめづよしじろう）参謀総長が臨んだ。調印式を終えて宿所に戻った重光外相にマッカーサーより「日本国民に告ぐ」で始まる、次のような内容の文書が舞い込む。①軍政を敷き、公用語は英語とする、②一切の命令違反は軍事裁判で死刑などに処す、③米軍軍票を日本の法定通貨とする。

重光外相は軍政布告など、ポツダム宣言を逸脱したこの内容に唖然として、翌日、さっそく「軍政を敷けば混乱が生じ、その結果について日本側は責任を負わない」と脅しのような抗議した。これに対して、マッカーサーはたじろぎ、軍政の布告案を撤回し、直接軍政より間接統治の方を選択する。

しかし、これは思わぬ結果を招く。重光は黙っていればいいものを記者会見でこれを広言したためにGHQの不評を買う結果になり、「日本人を甘やかしてはならない」と対日政策の硬化につながってしまう。当初から勝者と敗者の明確な線引きがあったのだった。

こうしたなかで、マッカーサーを揺り動かした筆頭は天皇陛下だった。9月27日、天皇がモーニング姿でマッカーサーをご訪問された。マッカーサーは「天皇が命乞いに来たと思った」旨を回想録に記しているが、天皇が口にされたのは正反対で「戦争責任はすべて私にある。私の一身はどうなろうともかまわない。あなたにお任せする。このうえ、どうか国民が生活に困らないよう、連合国の援助をお願いしたい」との趣旨を述べられ、マッカーサーを驚かせた。

マッカーサーは「私は大きい感動にゆさぶられた。諸事実に照らし、明らかに天皇に帰すべきではない責任を引き受けようとしている。この勇気に満ちた態度は私の骨の髄まで揺り動かした」旨の回想も残している。この会見により、マッカーサー自身は天皇を「日本の最上の紳士」とみなし、訴追反対の意思をより強くするとともに、天皇の影響力を保つことで占領統治を成功させようとしたといわれる。

この天皇との会談も思わぬ事態を招く。モーニングで正装した天皇とラフな格好のマッカーサーが並んで撮った写真が翌日の新聞（朝日、毎日、読売）に掲載されてしまったのである。当時の国民にとっては衝撃的な写真だったが、内務省は掲載した新聞を発禁処分する。これに対して、絶好のプロパガンダと考えたGHQは、処分を無効として改めて発行を命ずる。この一連の騒動もまた、GHQ

が対日強硬政策を行なう引き金になってしまったのである。

トルーマン政権による「対日政策」指示

GHQの占領政策は、マッカーサーに絶大な権力があったとはいえ、GHQの方針のみで決定したわけでないことも明白である。アメリカの日本研究は、ペリー来航以降、つまり19世紀後半までさかのぼる。本格的な研究は「太平洋問題調査会」（1925年設立）という民間の学術団体が担っていた。そして、真珠湾攻撃の数か月後には「対日占領政策研究」を開始し、戦争が終盤に近づいた1944年12月、本調査会の臨時会議がニューヨークで開催された。この会議において「日本人の国民性」の定義として、①原始的、②幼稚・未熟で、少年非行や不良の行動に類似、③精神的・感情的で不安定で「集団的神経症」、などという偏見と誤解に満ちたレッテル貼りが行なわれた。この学問の名で行なわれた日本人の性格構造分析がGHQの対日政策に決定的な影響を及ぼすことになる。

そのうえ、トルーマン政権からGHQに対する対日政策に関する指示が幾度か発出され、これらがGHQの占領政策を決定づけた。すべての指示をトルーマン大統領が目を通し、同意したわけではないとの指摘もあるが、まず9月6日、「降伏後における米国の初期の対日方針」が指示された。それによると、占領の究極の目的は「日本国が再びアメリカの脅威となり、世界の平和と安全の脅威とならないことを確実にすること」「国連憲章の理想と原則に示されたアメリカの目的を支持する平和的で責任ある政府を樹立すること」などとあり、「日本をアメリカの属国にする決意の声明だった」（西悦夫氏）との分析もある。これらの指示を受け、占領政策は次第に具体的・強硬的になる。

同時に、マッカーサーと連合国との主導権争いも繰り返された。特にソ連とは意見の相違が絶えなかった。その端緒は「日ソ中立条約」を一方的に破って満州に侵攻したソ連兵の略奪行為と70万人から90万人といわれる日本兵と民間人のシベリア抑留だった。連合国は、日の丸の代わりに星条旗を掲げさせたようなアメリカの独裁をねたみ、特にソ連はマッカーサーから独立した軍隊による北海道占領を要求するが、マッカーサーはこれを一蹴する。

1945年9月、「極東委員会」が設置されるが、イギリス、ソ連、中国が対立し、ようやく12月、これら3か国に加え、オーストラリア、フランス、カナダ、フィリピンなど11か国の代表で構成されることが決まった。翌年2月、ワシントンで初会合が開かれ、強力な権限を持っていた極東委員会は、①日本占領の政策を作る、②マッカーサーが出した指令や政策決定を検査する、③マッカーサーの行動を加盟メンバーの要請に基づいて調査する、とその権限を明確にする。

しかし、マッカーサーは「アメリカは太平洋戦争の勝利に最も貢献しただけでなく、日本占領の負担をほとんど担っていた。よって、アメリカが占領政策を作る道義的かつ正統の権利を主張するのは当然」としてこれを跳ねのける。この強硬姿勢を可能にした背景に、ソ連がまだ原子爆弾を保有していないことがあったが、「5年から10年先」と見積ったアメリカ軍事情報局をあざ笑うかのように、ソ連の原子爆弾実験成功の報告がトルーマン大統領に入ったのはそれからわずか3年後だった。

初期の占領政策と「ＷＧＩＰ」

トルーマン政権から初期の対日方針指示を受けたマッカーサーの最初の指令は「自由の指令」といわれるものだった（10月４日）。その概要は、①治安維持法の廃止、②政治犯の釈放、③特別高等警察の解体、④内相や警視総監らの罷免などである。これによって、内務・警察官僚４千人が罷免される。

さすがに東久邇宮首相のプライドが許さず、承服できないとして内閣総辞職する。しかしこれが、日本政府がまとまって抵抗の意思を示した最初で最後だった。東久邇宮内閣は50日ほどしか持たず、後任には、対米英協調外交を推進した幣原喜重郎（しではらきじゅうろう）が選ばれた。73歳の身で一度は固辞するが、天皇に懇願され引き受けることになった。

10月９日、幣原首相はさっそくマッカーサーと初会談に臨むが、その場で、マッカーサーから、日本国民を精神的奴隷状態から解放するため、①婦人参政権による日本女性の解放、②労働組合の結成奨励、③学校教育の自主主義化、③秘密審問（しんもん）の廃止と司法制度の確立、④経済機構の民主主義化、などの指示が出された。

のちに、占領期初期の政策は、日本を「戦争犯罪国家」に仕立て上げる宣伝が重点だったことが判明する。「ＷＧＩＰ」（War Guilt Information Program）の推進である。ＷＧＩＰは、その存在自体長くベールに包まれていたが、1979（昭和54）年、アメリカのウイルソンセンターで占領下の検閲事情を調査していた江藤淳氏がその存在に言及したことに始まる。

WGIPの所掌は、GHQの民間情報教育局（CIE）だったが、ポツダム宣言によって、日本を「野蛮な戦争犯罪国家」に仕立てたものの、当時の日本人には、戦争贖罪意識も道徳的過失もまったくないと占領軍が認識したことが導入のきっかけとなったようだ。その目的は二つ、①日本人を洗脳することと、②アメリカに都合の悪いことを糊塗（こと）することだった。

こうして「大東亜戦争」や「八紘一宇」などの用語の使用禁止、GHQ提供の『太平洋戦争史』の新聞掲載、『真相はかうだ』のラジオ放送などを実施した。いずれも日本軍の極悪非道をことさらに強調する内容だった。

同時にGHQは、特異な日本精神を病的と強調し、再教育によって、伝統精神を排除しようとした。その手段として、まず日本人の天皇観や国家観の解体に着手し、そのため、教育内容の抜本改革を指令、「修身」「歴史」「地理」の教育廃止、教科書の不都合な事実の黒塗り、軍国主義者とみなされた教職員らを追放した。

そして、昭和21年1月1日、昭和天皇の『新日本建設に関する詔書』が新聞各紙に掲載された。俗に「人間宣言」といわれるものである。本詔書は、日本の民主主義の精神は輸入のものではないと強調し、国民に誇りを忘れないよう諭すものであったが、後段にGHQの主導によって「天皇は現人神（あらひとがみ）でない」の一文を入れさせ、「天皇の神格性」を天皇自身に否定させたのだった。

また、日本国憲法にもある「政教分離」を実現させ、皇族の縮小と国家神道の廃止を目的に「神道指令」も発した。靖国神社まで焼き打ちしようとする意見があったが、イエズス会の神父が「いかなる国や民族にも戦没者を祀る権利がある」との発言を受け、中止したといわれる。

軍国主義者とみなされ、不適格者として追放された教職員は7千人を超えた。教職追放のために「教職員適格審査」を制度化し、全国130万人の小中学校教員、大学教授などを対象に審査し、①日本の戦争を肯定する者、②積極的に戦争に加担した者、③戦後の自由と民主主義を受け入れない者に除籍を求め、血縁者三親等まで教員として就職を禁止した。人権を声高に唱えた教育改革だったが、教員の人権はまったく無視された。

これらの処置は、GHQの指示のもと、文部省主導で行なわれたが、その体質は戦後70年以上が過ぎた今でも残り、組合員の活動やほとんどの大学が未だ国の安全保障や国防に関わる研究を拒否し続けているなど、占領軍の「再教育プログラム」を忠実に実行しているように見える。

昭和20年9月14日、朝日新聞が「原子爆弾の非人道性は人類の認めるところであり、われわれは敢然とその非を鳴らさなければならない」とアメリカを批判する記事を掲載したところ、マッカーサーの逆鱗に触れ、2日間の発行停止処分を受ける。これをきっかけとして朝日新聞の社是は180度変わり、今日の朝日新聞に生まれ変わるのである。

また同時に「プレス・コード」が発令される。内容は、①ニュースは真実でなければならない、②公共の治安を乱す記事を掲載してはならない、③連合軍に関して、破壊的または誤った批判をしてはならない、④占領軍に対して破壊的な批判を加えたり、疑いや怨念を招くようなものを掲載してはならない、など10項目からなり、「日本で印刷されるすべての出版物に適用される」とした。

この大方針のもと、GHQは6千人を上回る民間検閲支隊（CCD）をもって大規模な民間検閲も実施した。「それは、還元すれば、『邪悪』な日本と日本人の思考と言語を通じての改造であり、さらにいえば日本を日本ではない国、ないしは一地域に変え、日本人を日本人以外の何者かにしようという企てであった」（江藤淳著『閉ざされた言語空間』）という、WGIPの目的に沿った検閲が周到な計画に基づき行なわれた。

のちに触れる日本国憲法第21条第2項に「検閲は、これをしてはならない。通信の秘密は、これを侵してはならない」を挿入させたGHQが、同じ時期に徹底した検閲を実施していた。奇妙な話であるが、それが占領下の実態だった。

「日本国憲法」の制定と意義

「日本国憲法」は、昭和21年11月3日に公布され、翌年5月3日から施行された。マッカーサーが幣原首相に対して「『大日本帝国憲法』を改正し、民主的な憲法を作れ」と正式に指示したのは、昭和20年10月11日だったので、わずかに1年余りの期間で憲法が出来上がったことになる。すでに取り上げたように、明治天皇が憲法起草を命じてから13年、伊藤博文が中心となって起草を開始してから

5年の歳月をかけた大日本帝国憲法と比較するといかにも拙速だったという印象を持つ。

その制定経緯を簡潔に整理しておこう。まず、マッカーサーの指示を受けて、10月25日、政府内に「憲法問題調査委員会」を設置し、憲法草案の策定作業を始めた。委員長は国務相の松本烝治(じょうじ)、委員には東大教授宮沢俊義ら、顧問に憲法学の大家・美濃部達吉などを起用、当代一流の布陣であった。

翌21年1月7日、松本は、①天皇が統治権を総攬する大原則は変更なし、②議会の議決権の拡充、③国務大臣は議会が責任を持つ、④国民（臣民）の自由・権利の保護の強化などの4原則を柱とする憲法改正私案を作成し、天皇に上奏する。一方、1月上旬、トルーマン政府もマッカーサーに対して、天皇を廃止しない場合でも、①軍事に対する天皇の権能は失う、②天皇は内閣の助言に基づいてのみ行動しなければならない、など憲法改正の基本方針を伝えた。

2月1日、憲法草案を毎日新聞が1面トップで「憲法改正調査会の試案　立憲君主主義を確立」との大見出しでスクープした。この内容は比較的リベラルの「宮沢甲案」とほぼ同等のものだったとのことだが、毎日は「あまりに保守的・現状維持的」と批判し、後追いしたほかのマスコミも批判的だった。

当時は、今ほど情報漏洩が問題にならなかったのかも知れないが、これにより事態は急変する。マッカーサーは日本側が作成している試案の提出を求め、十分な説明もないままGHQの手に渡ってしまう。GHQ高官らは「試案があまりに保守的、現状維持的なものに過ぎない」と批判されていることを知り、「旧態依然たるもの」と決めつけてしまう。

なかでも、天皇大権に手を触れていない草案は、「人間宣言」まで強要したマッカーサーの逆鱗に触れた。その背景には、近く開かれる極東委員会で天皇追訴の方針が打ち出される恐れもあったというGHQ側の事情があり、同委員会が行動を起こす前に「自由主義的な憲法改正で天皇存続の流れを固めて起きたかった」というマッカーサーの意図があった。

幣原内閣への不信を強めたマッカーサーは、2月3日、GHQ民政局長のホイットニーに2月12日までの10日間を期限に憲法草案の作成を命令する。この際、のちに「マッカーサー3原則」といわれる条項を示した。第1に「天皇は国の元首の地位を与えられるが、その職務と権限は、憲法に従って行使され、国民の基本的意思に応えるものでなければならない」、第2に、「日本は紛争解決の手段としての戦争のみならず、自国の安全保持の手段としての戦争をも放棄する」、第3に、「貴族や爵位などの廃止を含み封建制度を廃止する」である。なお、「戦争放棄」については、マッカーサーは、回想録に「幣原首相が先に提案した」と自己弁護のような証言を残しているが、その真偽のほどは不明のままである。

草案作成を命じられた民生局行政部には憲法の専門家はおらず、日本への理解も浅い軍人（中佐から少尉まで）や通訳など20人余りの素人集団だった。彼らは憲法学の基礎すら学ぶ余裕はなかった。

元自衛官の筆者は、軍人の階級は国によって多少の差異はあっても世界共通の経験とか資質を有していることを知っている。将官は将官、佐官は佐官、尉官は尉官なのである。仮にいくら優秀であっても、昨日まで鉄砲を担いでいた佐官や尉官の集団がにわかに憲法など作れるわけがない。彼らは、不戦条約、アメリカ憲法、フィリピンやソ連を含む他国の憲法、民間団体の私案などから気に入った条文を写し取り、つなぎ合わせていくという、憲法のような国家の基本となる法体系を造るには、まったくふさわしくない作業を急ピッチで進めた。

こうして、「マッカーサー草案」が出来上がり、2月13日、ホイットニーから吉田外相と松本国務相に手渡され、「日本の憲法改正案は受け入れられない。総司令部でモデル案を作ったのでこの案に基づき、日本案を支給起草してもらいたい」と告げられる。「天皇の地位について、元帥は深い考慮をめぐらしているが、この案に基づく憲法改正でないと天皇の一身を保障することはできない」と脅迫ともとれる発言も付け加えられた。

第1条の天皇は「シンボル」と規定されているなど、2人は「大日本帝国憲法」の改正ではなく、解体案であること悟り、色を失って顔を見合わせたといわれる。その後、政府は、GHQへ説得を試みるが、「天皇の一身」を担保にされた政府に他の選択肢はなく、ただちに、英文の草案を日本語に翻訳する一方で、一部独自に修正して新憲法草案の完成を急ぐが、「憲法案を(日本語でいいから)提出しろ」とGHQから矢のような催促が届き、閣議にもかけずに提出すると、その場で英訳され、マッカーサー草案と異なる部分を次々に再修正される。

3月6日、事実上GHQ製の憲法改正草案要綱が政府案として公表され、6月、新憲法案が帝国議会の審議に付される。最大の争点は「国体の護持」だったが、政府は「護持された」で押し通す。こうして、新憲法案は一部修正のうえ、可決されて、明治天皇の誕生日を祝った「明治節」の11月3日に「日本国憲法」が公布される。

素人の立場で憲法の意義などを取り上げるのは僭越だが、素人だからこそどうしても疑問が残る点に絞って、日本国憲法についてまとめておこう。まず、憲法の制定経緯である。今でも憲法擁護派には「日本人が自主的に作成した」との論陣を張る人たちが少なからず存在すると聞くが、憲法制定の経緯を素直に振り返れば、日本語では「押し付け」という以外の言葉を探すのは不可能と考える。特に、日本もアメリカも調印している「ハーグ陸戦協定」（１９０７年改正）に「占領者は絶対的な支障のない限り、占領地の現行法律を順守する」と明記されているにもかかわらず、マッカーサーが本協定を無視して、新憲法制定を決断したことに対する疑問は消えない。

第2に、憲法自体は、確かに格調高い文章にはなっているが、英文を直訳したこともあって一般には難解な文章となっていることはこれまで多方面から指摘されているとおりと考える。

第3に、憲法の寿命である。起草した当事者たちは「国会決議で簡単に改正できる」と証言している。しかし、当事者たちの意に反して、いつの間にか簡単には改正できないような仕掛けが、憲法前文、有名な第9条、そして第96条などに残ってしまったことも疑問である。

日本国憲法は「ドイツ基本法」とよく比較されるが、東ドイツが分離したこともあって、名称を憲法ではなく「基本法」として、最後の１４６条にドイツが国民自主憲法を制定した時（つまり、東西ドイツが統一した時）、「この基本法は失効する」と明文化している。しかし、実際には60回以上も改正を重ねた「基本法」は国民から支持され現存しているが、政府そのものが消滅していたドイツでさえ、このような知恵を仕込んでいた。

日本が主権を回復し独立した時に、依然として首相の座にあった吉田茂が改憲を発議した記録はなく、それればかりか、軽武装・高度成長路線が「吉田ドクトリン」として保守の論客からも高い評価を得ているのは不思議である。

最後に、元自衛官の立場からは、何としても「第9条」が気になる。「日本の再軍備の可能性は皆無だ」と、極東委員会に印象づけたいマッカーサーの意向を代弁するように、吉田首相が「(のちに訂正するが)自衛戦争そのものを否定する」と発言したこともあって、第9条改正の敷居が一挙に高くなってしまった。現下、そして見通す将来の情勢下において、第9条のような考えが通じるのか、特に憲法学者を中心に一度白紙に戻して根本から議論してもらいたいと願っている。

ただ昨今、「問題は憲法じゃない。憲法学者だ!」(篠田英明著『憲法学の病』)のような指摘があり、改めて、これこそがマッカーサーの狙いだったと不可解ながらも自らを納得させている。

「3R・5D・3S政策」

日本やドイツに対する国家改造は、紀元前2世紀の古代ローマに敗れたカルタゴと比較されるような徹底したものだった。すでにその改造の一部は紹介したが、その基本原則は「3R・5D・3S政策」といわれるものだった。思想家の安岡正篤は、この政策ついてGHQのガーディナー参事官から直接聞いたとして細部を紹介している。

まず、改造の基本原則である「3R」政策とは、①Revenge（日本に対する復讐）、②Reform（改組：日本の仕組みを作り変える）、③Revive（復活：日本の独立を許す）である。

次に「5D」は「重点的施策」で、①Disarmament（武装解除）、②Demilitalization（軍国主義の排除）、③Disindustrialization（工業生産力の破壊）、④Decentralization（中心勢力である行政組織や財閥などの解体）、⑤Democratization（アメリカ型民主化）である。
①「武装解除」と②「軍国主義の排除」の前提に「アメリカが日本を守る（保護する）」ことが担保されていたため、結果として、日本人に「日本の軍事についてはアメリカに依存すればいい」という傍観者意識を植え付けることになったと考える。また、⑤「アメリカ型民主化」には、新憲法による天皇の象徴化、神道の国家からの切り離しや国旗掲揚の禁止、教育勅語の廃止なども含まれている。
そして、これらの政策や施策を円滑かつ活発に行なわせる潤滑油的な補助政策が最後の「3S」政策、いわゆる「愚民化政策」といわれるもので、①Sports（スポーツの推奨）、②Screen（映画）、③Sex（性の解放）である。

総じていえば、「3R・5D・3S政策」とは、日本に対する復讐（R）をなすため、戦前の日本の仕組みを破壊（D）し、それにともなう不満のはけ口（S）を用意するという、極めて巧妙な占領政策だったことがわかる。この政策は、茫然自失に陥っていた日本人に対する宣伝工作（心理戦）として絶大なる効果を奏した。実際に、日本国民の多くは自分たちの私益追求を最優先し、それ以外は何も考えないような「骨抜き」にされたのだった。

そして、それまで「鬼畜米英」と叫び続けていた日本人は、すぐに「進駐軍様々」となり、日本人が持ち続けてきた強烈な国家意識は雲散霧消してしまう。それを象徴するのが、占領下の日本人がマッカーサー元帥宛に直訴した投書「拝啓マッカーサー元帥様」であり、推定で約50万通あったといわれる。

元来、人間は権威に寄りかかりたがるといわれるが、日本人はその傾向が強いのであろう。

「東京裁判」の性格・結果・評価

「東京裁判」についてはすでに裁判の当事者や歴史家たちがその問題点などについてさまざまな視点から解説しているが、それらの要点のみをまとめて振り返っておこう。東京裁判の正式名称は「極東国際軍事裁判所」であり、昭和21年5月から昭和23年11月までの2年半にわたって開かれた。通例に従い、本書では「東京裁判」と呼称する。

戦争裁判は、第1次世界大戦後は実現しなかったため、第2次世界大戦まで前例がない。第2次世界大戦においては、ドイツを裁いた「ニュールンベルク裁判」が1945（昭和20）年11月20日から開始され、翌年10月には判決が下された。

東京裁判では、わが国が戦争を始める引き金になったアメリカの経済封鎖などはすべて正当化されたうえ、その狙いは「民主主義対ファシズムの戦い」の一環であったとする一連の戦争において、勝者側の正義の普及、そして逆に「戦場における日本軍隊の残虐性を世界中に宣伝し、日本国民の脳中に拭いがたい罪悪感を烙印する」（田中正明著『パール判事の日本無罪論』）ことにあった。

このため、マッカーサーは「裁判所条例」（チャーター）を作らせ、「A：平和に対する罪」「B：戦争犯罪」「C：人道に対する罪」を規定して、戦争犯罪人を裁こうとした。条例のABC順から「平和に関する罪」で起訴された者をA級戦犯と呼び、通常の戦争犯罪などをB・C級戦犯と呼んだ。この条例により、連合軍は、まるでそれが戦勝国の特権のように、東京裁判をはじめ各地で裁判を実施し、ABC各級戦犯の処刑をしようとした。

東京裁判の構成などは、ほぼニュールンベルク裁判を踏襲するが、裁判の冒頭、裁判管轄権の問題、つまりこの裁判で戦争犯罪を裁く権利・資格があるのかどうかの論争から始まった。

この問題について、清瀬一郎と高柳賢三の2人の首席弁護人は「日本はポツダム宣言という条件付き降伏を受諾したのであり、国中が占領されるまで戦闘していたドイツとは違う。ポツダム宣言には軍隊の無条件降伏は書いてあるが、政府の無条件降伏は書いていない。それならば、日本に政府があるとの前提で、日本が降伏した時の国際法と日本の法律の原則に従うべき。国家の行為について、個人の責任を問うべきではない」旨の主張をした。

それに対して、裁判長はこの裁判管轄権を棚上げして法定を進めたばかりか、「この法廷は占領軍最高司令官によって定められた『裁判所条例』に従う義務と責任を有する」として、この裁判所条例そのものの是非を論ずることも門前払いした。

もともと強引な裁判であり、手続き的な瑕疵(かし)はキリがないが、裁判長はオーストラリアのウィリアム・ウェッブ、首席検事はアメリカのジョセフ・キーナンであり、「裁判の判事と検察官のすべてが連合国の国家の代表である。従って、この裁判は、現在も将来の歴史家からみても公平でないという疑いを免れることはできない」(弁護団主席ブレークニー弁護人)という性格のものだった。

裁判は首席検事の冒頭陳述を経て検察側の立証が始まり、昭和22年初頭まで続く。同年2月から弁護側の反論が始まり、東條英機以下、それぞれ口供書を提出する。反論は、昭和23年1月まで続けられ、検察側の最終論告、弁護側の最終弁論の後6か月の休廷を経て、昭和23年11月には判決文が朗読される。一応の手続きは踏んだのだった。

その間の周辺情勢の変化については後述するが、裁判の終盤、「天皇の退位論」が浮上し、重大な局面を迎える。当時の芦田均首相も浮き足立った。この頃の天皇は、自らの「不徳」を認識しつつも最後まで国民と苦楽をともにしようと決意しておられたが、その心境は穏やかではなかったものと推測される。

このようななか、皇位を守ったのは大多数の国民だった。8月の読売新聞の世論調査では「天皇制度があった方がいい」が90・3パーセント、退位問題については「在位された方がいい」が68・5パーセントに届くなど、著名人が退位論を振りかざすなか、一般国民はまったく逆の意見を持っていた。

当惑したのはＧＨＱだったが、昭和23年9月、①天皇は依然最大の尊敬を受け、近い将来退位するようなことは考えられない、②天皇退位のうわさは共産党や超国家主義者の宣伝によるものである、③天皇の統治を受けることが日本国民および連合国の最大の利益になる、と発表し、退位論は沈静化した。

いよいよ11月、英文１２１２ページに及ぶ判決文が言い渡された。その結果、Ａ級戦犯28人のうち、7人の絞首刑をはじめ全員（病死、精神障害などを除き）が有罪判決となった。判事団の多数判決に対して個別意見書が５つ出されたが、全員無罪の判決とその理由および証拠を明らかにしたのは、11人の判事中、有名なパール判事ただ1人だった。

ちなみに、Ｂ・Ｃ級戦犯は、横浜やマニラなど世界49か所で軍法法定が開かれ、被告人総数は約５７００人、うち死刑９８４人、無期刑４７５人、有期刑２９４４人、無罪１０１８人の判決が下された（結果としてＣ級戦犯はいなかった）。

また、実際のＡ級戦犯容疑の逮捕者は、軍の高官のみならず政財界から幅広くリストアップされ、第1次から第４次戦犯指名まで総勢１２６人（15人の外国人含む、うち5人は逮捕前に自殺）を数えた。しかし、昭和23年12月、ニュージーランドが裁判の打ち切りを主張し、アメリカもそれに同調、極東委員会で承認されたような格好で翌年6月、裁判は打ち切られた。

打ち切りという不公平さからしても、東京裁判がいかにひどい裁判だったかは明白だが、なかでも最大の欠陥は「平和に対する罪」の訴因第1の文言である「共同謀議で数々の不法な戦争を行なった」として、「共同謀議者は政府を支配し、その目的を達成するために計画された侵略戦争に向かって、国民の精神と物的資源を準備し、組織を統制した」との判決の要旨であろう。

このため、「田中上奏文」という偽書まで引用するが、この疑いに対して、どの被告も冷笑し、苦笑し、憫笑(びんしょう)したとされ、被告の誰一人として納得した者はいなかった。そのはずである。昭和初期以降の日本政府には、一貫した政策やきちんとした計画などはまったく存在せず、その間の政権も18回交代、その場その場で「国益に照らして良かれ」と考えたことをどうにか実施してきただけだった。これらの事実と判決要旨はまったく相反していたのである。

この「共同謀議」も満州事変以降を対象にしているが、「満州事変以前にさかのぼるならば、そこには西欧帝国主義の醜い植民地政策、侵略政策の実相が暴露され、弁明しようもない彼らの不利な証拠が暴露されるからであろう」(『パール判事の日本無罪論』)、つまり、連合国は東京裁判によって、日本の侵略戦争を歴史にとどめることによって、欧米列国による侵略を正当化し、日本に過去の罪悪の烙印を押すことが目的だったとパール判事は主張する。

いつの時代も戦争の勝敗は「時の運」が左右し、正義とか不正義とかは別次元の問題である。勝利したがゆえに正義というわけでは決してないはずだ。正義を決定付けるのは法で、国と国の関係では国際法である。国際法には「戦争そのものを犯罪とする」との規定はどこにもなく、人類の歴史上、戦争そのものは国際法の領域外におかれている。まして「戦争を計画し、準備し、遂行した」との廉(かど)で個人が裁かれるというような規定はまったく存在しない。「法律のないところに裁判はなく、法律のないところに刑罰はない」というのが法治社会の初歩的な原則であり、法律なくして人を裁くのは野蛮時代の私刑（リンチ）と変わらないのである。これについても、パール判事は「復讐の欲望を満たすために、たんに法律的な手続きを踏んだに過ぎないというようなやり方は、国際正義の観念とはおよそ縁遠い。こんな儀式化された復讐は、瞬時に満足感を得るだけのものであって、究極的には後悔をともなうことは必然である」（前掲書）と厳しく批判した。

それにしても、東京裁判は南京大虐殺など事実と異なる被害者規模を支持する判決を下すなど、中国のプロパガンダが色濃く反映された一面もあり、裁判の後遺症として、戦後の日本に「自虐史観」を植え付ける結果となってしまった。

また、裁判において「すべて軍の責任だった」とする証言もあったように、軍の責任が随所にあったことは事実としても、史実を子細にみれば、中国やアメリカの挑発や陰謀に加え、マスコミの愛国的な扇動に煽られた世論に抗すべくもなかった実情、それに近衛首相の軽率な政策や松岡外相の独断などもあり、すべてを軍（特に陸軍）だけの責任に帰するのはあまりにも雑駁であると考えるが、裁判の結果は、国民の間に「反軍思想」が定着する要因になったことも間違いないだろう。

裁判のあいだでさえ、GHQ情報部長のウイロビーは「この裁判は史上最悪の偽書である」と語ったとの記録が残っているなど、当時からGHQ内においてもこの裁判に疑問を持つスタッフがかなり存在していた。昭和23年11月、前述の弁護団主席ブレークニーは、弁護人全員の名においてマッカーサーに覚書を提出した。そこには「裁判が不公平である」「判定が証拠に基づいていない」「有罪が容疑の余地があるということ以上には立証されなかった」としたうえで「判定は同盟諸国の目的を達成しないだろう」旨が綴られており、その趣旨はパール判事と軌を一にしている。

そのマッカーサー司令官さえ、帰国後、トルーマン大統領に「東京裁判は間違いだった」と報告する。そして数年後、キーナン首席検事をはじめ、ウェッブ裁判長、フランス代表判事アンリ・ベルナール、オランダ代表判事ベルト・レーリンクなど裁判に関わった人たちが「この裁判は間違いだった」と告白する。つい最近（2021年8月）も「敗戦は罪なのか―オランダ判事レーリンクの東京裁判日記』が邦訳された。さまざまな葛藤があった東京裁判の内実が克明に記されている。

これらから、後世の歴史家などから「東京裁判は人類史上最悪の裁判だった」と評価される可能性があると予測するが、裁判が終了して数年後、パール判事が日本で講演し、日本の法律家に「なぜ沈黙を守っているのか」と奮起を促した。しかし、誰一人動かず、今に至っても、この裁判を検証しようとする動きがないのも不思議である。

18 内外情勢の変化と占領政策の変更

「鉄のカーテン」と「トルーマン・ドクトリン」

連合国が占領を続けている間に国際情勢や周辺情勢が様変わり、それらの情勢変化によって占領政策の変更も余儀なくされた。まずは当時の国際情勢の変化である。

少し時はさかのぼるが、ドイツ降伏後の1945年6月5日、米英仏ソの司令官がベルリンで「四国宣言」を発表し、ドイツは4か国に分割され、軍政を布かれた。しかし、この分割管理は固定的なものでなく、近い将来、一つの国家として主権を回復し、講和条約を締結するとの前提で4か国共同の「管理理事会」が設置された。

一方、終戦直後、米軍は、ヤルタ議定書で同意されていたラインを越えて最大200マイルにわたり東方に進出していた。その時点でのアメリカ軍とソ連軍境界線は暫定的なものだったので、アメリカ軍は2か月間、ソ連占領予定地域に滞在したのち、7月初めに撤退する。これについては、ソ連の占領地域内にあった首都ベルリンに米英仏各軍が駐留することをソ連に容認させるための取引だったといわれる。

その撤退前、チャーチルは極秘電でトルーマン大統領に、ソ連との協議で決まったドイツのアメリカ軍占領地域から撤退を見送るよう求めた。そのうえで「ソ連は鉄のカーテンを降ろした。その裏側で何をしているか、われわれにはわからない」と強く警告したのである。チャーチルはルーズベルト死後、アメリカ国内において、対ソ警戒勢力と対ソ宥和外交を主張する勢力（ニューデーラーたちなど）とがせめぎ合っていることを知っていたのだ。

トルーマン自身はソ連に対する不信感を持っていたが、トルーマン政権としては、チャーチルの助言を無視し、当初の占領地域から軍を引き揚げてしまう。そのトルーマンを本気にさせたのは、ソ連が撤兵の約束を守らず、１９４５年12月、イラン北部アゼルバイジャンに傀儡政権を樹立してからだった。

そして、翌46年3月4日、チャーチルは、トルーマンの地元ミズーリ州のフルトンで「バルト海のシュチェチン（現ポーランド）からアドリア海のトリエステ（現イタリア）までヨーロッパ大陸を横切る『鉄のカーテン』が降ろされた」と、有名な「鉄のカーテン」演説をする。そのなかで「西側民主主義国家、とりわけ、米英は、際限なく力と思想を拡散し続けるソ連の動きを抑制しなければならない」と力説、これが翌47年の「トルーマン・ドクトリン」（共産圏に対する封じ込め政策）につながる。

このように、終戦前から明らかになった米英陣営とソ連の対立はドイツ問題に持ち込まれ、民主化と自由主義経済を基本として経済復興をめざす西側と、社会主義化をめざすソ連との理念の違いが次第に表面化する。

1948年6月、西側の通貨改革（新ドイツマルクの導入）を機にソ連が「ベルリン封鎖」に踏み切って、管理理事会が機能しなくなり、翌49年、西側管理地域に「ドイツ連邦共和国」（西ドイツ）が、ソ連管理地域に「ドイツ民主共和国」（東ドイツ）がそれぞれ独立、ドイツの東西分割が確定して1990年のドイツ統一まで続くのである。

中国共産党政権の誕生

次に中国大陸である。少しさかのぼるが、日本軍は終戦1年前の1944（昭和19）年3月から「大陸打通（だつう）作戦」を実施した。「日中戦争最大の大攻勢」とも「日本陸軍最後の大攻勢」ともいわれた本作戦の目的は、中国内陸部の連合国軍の航空基地の占領と仏印への陸路を開くことだった。その結果、蔣介石率いる国民党軍に大打撃を与えた（死傷者約75万人、捕虜約4万人など）。

この国民党軍の思わぬ大敗北によって、国民政府に戦後の東アジアを委ねようとした「ルーズベルト構想」が崩壊する。同時にはそれは、アメリカがそれまで虎視眈々と漁夫の利を狙っている毛沢東率いる共産党にも注意を払う必要が生じたことを意味していた。

しかしながら、戦勝国にも数えられ、依然として圧倒的な戦力を保持していた国民政府が1949年、なにゆえに台湾に逃れ、中華人民共和国が成立したのだろうか。

この経緯は『共産中国はアメリカがつくった―G・マーシャルの背信外交』（ジョセフ・マッカーシー著）に詳述されている。著者は「マッカーシズム」といわれた反共産主義運動で有名なあのマッカーシーである。その概要は次のとおりである。

マッカーシーは「中国に共産党政権を誕生させた立役者は、ジョージ・マーシャルにほかならない」と、さまざまな証拠を提示して指摘する。ジョージ・マーシャルは、ルーズベルト大統領の大抜擢で陸軍参謀長に就任し、ソ連の参戦や日本本土侵攻を唱えた強硬派として知られていた。大戦終結後、参謀総長の職を辞し軍を退くが、1945年12月、トルーマンからの中国の全権特使に任命され、1947年1月まで中国に滞在する。その後、国務長官に就任し「マーシャル・プラン」を提唱して有名になるが、朝鮮戦争中の1950年9月、今度は国防長官に就任し1年間務める。そして、1953年、マーシャル・プランの立案・実行によりノーベル平和賞を受賞する。

マーシャルが中国の全権特使に任命されるや、中国国民から「平和の使者」としてもてはやされた。まず国共両党を統一交渉のテーブルにつかせ、共産党を含めた連立政権を樹立、双方の軍隊を国民党軍に統一しようと画策する。1946年1月には停戦協定を発表、2月の基本法案によりそれぞれの軍隊を削減することまで合意させた。この結果、スターリンや周恩来らから「マーシャルこそ、中国問題に決着をつけられる人物」とさかんに持ち上げられた。

アメリカ合意のもとで日本の降伏直前に満州を占領したソ連軍は、国民党軍が満州に入ることを拒み、降伏した日本軍の武器・弾薬などを共産党軍に流す。スターリンは対独戦を終えて不要になったアメリカ製の武器まで毛沢東に渡したのだ。一方、トルーマンは、ヤルタ秘密協定の存在すら知らなかったといわれ、共産党政権が誕生する直前まで毛沢東を「進歩的な農地改革者」と称賛し、毛沢東側の代表を蒋介石政府に入れるべきだとも提案する。そして、戦後の内戦によって、次第に国民党軍が劣勢になると、なぜか軍事援助を渋り、蒋介石を「邪悪な反動主義者」として遠ざける。その背後にマーシャルに加え、国務省のニューディーラーたちの暗躍があったといわれる。

1946年3月、ソ連軍は満州から撤退し始めるが、4月には共産党軍がハルピン、長春、チチハルなど主要都市を占領する。その翌月、国民党軍が長春や吉林を回復するが、8月、共産党は勝手に満州に政府を作る。10月、アメリカは中国がソ連の影響下に入らないように、国民党と共産党両者に中国を振り分ける休戦提案を行なうが、共産党はこれを拒否する。その結果、1946年11月、アメリカと国民党の間で「米華友好通商航海条約」を結ぶ。

1947年1月、マーシャルは国務長官に就任するため中国を離れ、国務長官就任後、マーシャル・プランを発表する。しかし、アジア正面では、自らの中国復興計画と和平調停が破綻してしまったことに対する制裁なのか、議会が決定した国民党への支援を故意に遅延させるなど、共産党を利する政策をとり続けるのである。

当然ながら、国務長官といえども、マーシャル1人の力ではアメリカの政策を左右できないことは明白だ。これについては、フーバー元大統領の回顧録には、政治的野心を持った国務省の陰謀だったとして、トルーマン政権内、特に国務省内のニューディーラーたちが意図的に中国の共産政権の誕生を容認したと指摘している。

このような経緯を経て、当初は国民党が圧倒的な優位を保持、共産党の約3倍の兵力・地域・人口を支配していたのが、徐々に共産党が優位になり始め、1948年9月から「遼瀋戦役」「淮海戦役」「平津戦役」の三大戦役で共産党軍が勝利、1949年1月末には、国民党軍は北京を放棄、共産党軍が無血入城する。その後、国民党首脳は広州、さらに重慶に逃れて抵抗するが、各地で降伏するなど力を失う。10月1日、毛沢東は北京で「中華人民共和国」の樹立を宣言する。国民政府要人は台湾に逃れ、翌1950年3月1日、蔣介石は台北で総統に復帰、「中華民国」を存続させる。こうして、長かった国共内戦がついに決着する。

朝鮮半島の分断

次に終戦後の朝鮮半島についても触れておこう。まず、朝鮮半島については、カイロ宣言で「朝鮮は適当な時期に独立する」とされていたが、ヤルタ会談では、アメリカは「適当な時期」を20～30年間とし、その間は「信託統治領とする」と表明していた。

1945年8月、日本の敗北によって朝鮮は独立を回復し、人々は解放を祝った。日本支配下で独立運動を続けていた呂運亨を中心に建国準備委員会が結成され、国号は「朝鮮人民共和国」を予定していた。ところが、満州を制覇したソ連が北朝鮮との国境を越え、8月24日に平壌に入った。あわてたアメリカはソ連に北緯38度線で分割占領することを提案、9月8日にマッカーサーが仁川に上陸し、「朝鮮を米軍の軍政下に置く」との布告を出した。

1945年12月、モスクワで行なわれた米英ソ3国外相会議で再調整した結果、「5年間の信託統治とする」ことで合意したが、このような大国の勝手な取り決めに朝鮮の民衆が反発、激しい反信託運動が起きる。このようななか、朝鮮独立に関する米ソ共同委員会が開かれたが、当時激しくなっていた中国の国民党と共産党の国共内戦の影響を受け決裂してしまう。

この間、北では抗日パルチザンで活躍した金日成が地歩を固め、社会主義改革に着手する一方、南ではアメリカ軍政のもとでインフレが進行し、ゼネストが起こる。この流れの延長で、済州島で民衆の武装蜂起が起き、多数の島民がアメリカ軍と右派に殺害される「済州島四・三事件」(1948年4月)などへ拡大していく。そして、はじめは米ソ軍の占領境界とした38度線がいつの間にか国境のようになって南北に分断される。これらの情勢を受け、米ソ両国がそれぞれの立場で朝鮮半島を統一しようと試みるが、顕在化しつつあった東西冷戦を反映し、意見の一致がみられないまま時が過ぎていく。

1948年8月、李承晩(りしょうばん)が「大韓民国」独立を宣言すると、それに対抗するように、9月、金日成が「朝鮮民主主義人民共和国」の成立を宣言し、占領境界線の38度線を国境にして北側と南側にそれぞれ別の国家が誕生する。この結果、朝鮮半島は東西の両陣営がにらみ合う最前線となってしまう。

その後、金日成は、李承晩を倒して統一政府を樹立するため、スターリンに38度線以南への武力侵攻の許可を求めるが、アメリカとの直接戦争を望まないスターリンは許可せず、12月、ソ連軍は軍事顧問を残し、朝鮮半島から撤退する。

翌49年6月、アメリカ軍も軍政を解き、軍事顧問団を残し撤収するが、それを受けて北朝鮮は「祖国統一民主主義戦線」を結成する。10月、中華人民共和国が成立すると、金日成は「朝鮮半島でも社会主義による統一を実現しよう」と決意するのである。

こうした情勢下の1950年1月、アメリカのディーン・アチソン国務長官が「アメリカが責任を持つ防衛ラインは、フィリピン—沖縄—日本—アリューシャン列島までである」という奇妙な発言をする。つまり、朝鮮半島や台湾はアメリカの「防衛ラインの外である」と明言したのだ。アチソン発言には「アメリカの国防政策上、西太平洋の制海権だけは絶対に渡さない」という意味があったようだが、マーシャルの後任の国務長官アチソンもまたニューディーラーのリストに挙がっていることなどから、彼の発言には何らかの意図があったと考えるべきなのかも知れない。

実際に、この発言が金日成をさらにその気にさせ、同年5月、金は毛沢東から中華人民共和国の援助の約束を取り付ける。これによって、北朝鮮の「南侵」の環境はすべて整ったことになる。

国内情勢とＧＨＱ内の対立

このような周辺情勢と相関連する国内事情を少しさかのぼって整理しておこう。占領下初年の昭和21年はまるで「共産革命の前夜を思わせるような一年間だった」といわれる。

獄中18年の徳田球一や志賀義男が釈放され、中国から野坂参三が帰国し、『赤旗』を再刊した共産党の威勢は、占領軍の庇護下にあったことから天下にはばかるものがなかった。一般国民は共産党を猜疑の目で見ながらも「抵抗できない」と感じていたのだった。

労働組合の発展も目覚ましいものがあり、昭和20年暮れには38万人だった組織労働者が21年暮れには５６０万人、23年のピーク時には６７０万人まで膨れ上がった。その労働組合の三分の二以上を共産党が押さえ、かつ労働争議中の行為は刑法上の責任を問われない状況だった。

戦争が社会の平等化をもたらし、民主化の基盤を広げるのは世界共通の現象であるが、２６０万人を擁する政府・国営企業関係の組合は共闘会議を組織して、「昭和22年2月1日を期して、待遇改善を要求する無期限ストに入る」ことを決定する（二・一ゼネスト）。鉄道も郵便も無期限に止まるという非常事態である。巷では、人民内閣の閣僚名簿なるものまで流布されたようだ。

しかし、共産党の革命機運の昂揚期はこれがピークで、長くは続かなかった。ＧＨＱが介入を決意するのである。ＧＨＱは組合側の要求に対する政府側の妥協案を作らせ公表する。そして、共闘会議議長に対して銃口による威嚇と説得をもって「スト中止」を命じ、放送させる。この結果、革命昂揚の波はたちまちにして引いてしまう。戦後の日本人の記憶にほとんど残っていないと推測するが、日本にも、戦前の反動か、「革命前夜」といわれるような一瞬があったのだった。

さて、当時の国際社会の動き、つまり、チャーチルの「鉄のカーテン」演説や「トルーマン・ドクトリン」の発表、さらには、中国大陸では国共内戦などもあって、GHQおよびアメリカ本国も異なる意見の対立が深まっていく。理想主義的な考えに基づき、「過去の日本をすべて悪ととらえ、抜本的な改造を強力に推し進めよう」とした民生局のホイットニー局長やケーディスらに対して、「ソ連をはじめとする共産主義との対決をアメリカの対外政策の主要課題とする」との現実主義的な考えを持つ占領軍情報部（GⅡ）のウイロビー部長や第8軍のマイケルバーガー司令官らが対立する。

その後の歴史をみれば、どちらの判断が正しかったは明白だが、この対立は、二・一ゼネスト以降約2年間、ケーディスらが敗れて辞職するまで続けられる。

当時、理想主義者と現実主義者たちの間に立っていたマッカーサーの心境はどのようなものだったのだろうか。当時のマッカーサーは、翌年（1948年）の大統領選挙が頭にあり、「リベラル派からの指示や批判も考え、さまざまな占領政策の手を打っていた」との事実が残っている。

たとえば、二・一ゼネスト時のGHQの労働担当官をその後更迭し、本国の労働組合から強い支持を受けている担当官を任命する。再軍備論の論争も大統領選をにらんでいたといわれる。マッカーサーはゼネスト禁止3日後、新憲法下で初の総選挙を実施するよう吉田茂首相に示唆する。この結果、

4月25日、総選挙が行なわれ、主要政党の議席は社会党143、自由党131、民主党124となり、吉田は野に下り、日本の憲政史上初めて、かつ唯一の社会党による片山哲内閣が組閣される。民生局にとっては待ちに待った政権で、組閣にも口を出したようだ。しかし、少数与党内閣はわずか3か月しか持たず命脈を絶たれる。それでも民生局は政権を吉田に渡さず、「GHQのご意向」ということで芦田均内閣が成立する。その芦田内閣も昭電疑獄事件で倒れる。裏に情報局の工作があったともいわれるが、その結果、再び吉田単独少数内閣が誕生する。

この頃、アメリカ本土の対外政策は、冷戦の激化を反映して急激に変わりつつあった。その推進力となったのは、陸軍省、陸海軍を統合して新設された国防総省、さらには国務省の政策企画室などだった。当然ながら、ニューディーラーやリベラル派はこぞって抵抗する。そのようななか、実際にアメリカの対日政策を転換させたのは、元駐日大使のジョセフ・グルーらのジャパン・ロビーだった。1948(昭和23)年3月、グルーを名誉会長とする「対日協議会」が発足する。やがて親日ロビーの牙城となる同協議会の発起人は米週刊誌『ニューズウィーク』の外交担当編集者ハリー・カーン、ドーマン、コンプトン・バケナムら知日派だった。

彼らは、財閥解体などの占領政策は、共産主義に対抗する「極東の砦」としての日本の潜在的な能力を損ねてしまうとの危機意識から、「日本の占領は失敗に次ぐ失敗であった」(岡崎久彦著『吉田茂とその時代』)と断定し、GHQの対日政策を徹底的に批判する記事を相次いで『ニューズウイーク』に掲載する。特に「占領政策はアメリカで許容されている以上に左傾化している」との記事が掲載されると、議会でも対日政策が攻撃の的になり、「経済復興を占領政策の第1目標にすべき」との政策変更につながっていく。

これに対して、マッカーサーは大統領選がらみの陰謀だと激しく反発し、ケーディスが陣頭に立って反論した。当時まだ「もっと徹底した旧体制の破壊によって、社会主義的な国家にしたい」との意図を持つ国内マスコミや左翼にとっても、『ニューズウィーク』の記者たちが憎悪の対象となった。しかし、占領政策変更の流れは固まった。

占領政策の変更によって、財閥解体や自治体警察の返上などが行なわれた。「公職追放」も見直され、日本の政治や経済の再建に必要な人物は復帰を求められる。昭和24年2月、追放指定解除の訴願審査委員会が設けられ、1年半の審査の結果、1万人余を解除し、残りは19万人余となる。そして、講和条約締結間近の昭和26年11月までに、1万8000人を残してほかは追放解除となる。

他方、コミンフォルムの命により、共産党が占領当局と対決路線を指示したこと（1950年1月）がきっかけとなり、逆に共産党追放へ目が向けられた。マッカーサーは、占領直後に牢獄から釈放した日本の共産主義者たちをその5年後に極悪人扱いすることにより、占領政策の本性を国民に公然と見せつけたのだった。

マッカーサーの指示を受け、吉田内閣による「赤狩り（レッドパージ）」はかなり本格的に実施された。共産主義を少しでも匂わす出版物は無期限発行禁止としたことに加え、マスコミの赤狩りも徹底し、各報道機関は社内の共産主義者らを解雇する。その数は、朝日新聞社72人、毎日新聞社49人、日本経済新聞社20人、日本放送協会（NHK）99人、共同通信社33人などに上った（数字には諸説ある）。

また、『アカハタ』幹部41人に追放命令を出したのを皮切りに、講和条約によって追放解除されるまで、共産党員61人が追放される。この結果、多くの共産党幹部は地下に潜るか海外に亡命した。

全国の教職員も、共産主義者あるいは共産主義と見なされる教師は辞職を勧告され、その結果、約1200人（教職員全体の0・2％）の教師が辞職する。一方、日教組や全学連のような団体は依然として各地で共産党擁護の騒動を起こす。特に日教組は「教え子を再び戦場に送るな！」のスローガンを採用し、闘争を表明するのである。

マッカーサーは「民主主義」の手引書を導入して若者教育を試み、また、新しく任命された天野貞祐（ていゆう）文部大臣は再び「日本精神」の復活を提唱し、「静かな愛国心」を育てようと努力する。そして、明治節（明治天皇の誕生日）の11月3日を「文化の日」と定め、占領下で禁止されていた国歌を歌い、日本国旗の掲揚を提唱して、マッカーサーの認可を取り付ける。

このようにして、全国規模で実施された赤狩りは、約2万2000人に達したが、背景に世論の支持というか、世論の沈黙（共産主義者を弁護しようものなら「赤」と見なされたため、多くの国民が沈黙した）があった。この赤狩りは、憲法が保障する「基本的人権の保障を侵している」との議論もあったが、吉田首相は「政府は共産主義者たちの追放を正当と見なし、憲法は、共産主義者たちを犠牲にしてでも守らなければならなかった」旨の回想をしている。

このような経緯に加え、その後の日米安保条約や再軍備をめぐる議論の混迷の中で、本音を隠しつつ、「経済復興阻止」「安保反対」「再軍備反対」などをことごとく叫ぶ左翼（いわゆる進歩的文化人）が残ってしまい、戦後長くその影響を引きずることになる。また、のちの共産党は（これも本音でないと推測するが）自分たちを犠牲にした憲法を擁護する護憲政党になっていく。何とも不思議である。

対日講和・再軍備をめぐる議論

連合国軍の日本占領は、結果として約7年弱も続くが、近世以降、主権国家同士の戦争の結果、戦勝国が敗戦国全土の占領をこれほど長く続けた例はなかったことを記憶にとどめておく必要がある。

この長い占領は「初めから意図されていたわけではなかった」ともいわれる。少しさかのぼるが、現にマッカーサーは、占領1年半後の昭和22年3月に「できれば1年以内に平和条約を結んで、軍事占領を終わらせたい」と発言している。

この時点でアメリカが用意した対日講和案は「バーンズ案」と呼ばれ、「軍隊の保有や航空機の保有を禁止、工業や商船隊も制限し、極東委員会の代表が日本に常駐して25年間、監視する」という内容であったが、マッカーサーは「過酷すぎる」として講和が遅れることにしぶしぶ同意した。日本に幸いしたのは、当時、第2次世界大戦の処理をめぐる米英ソの交渉が至るところで暗礁に乗り上げており、対日平和条約も難航し、監視期間を25年から40年に延長する妥協案まで出されたようだが、結局、合意は得られなかった。

その後の動きは「日本を対象とする安全保障」から、徐々に、日本が共産陣営の手に落ちることを防ぐため、つまり「日本のための安全保障」へ転換していく。特に、当初からマッカーサーの早期和平提案に疑問を持っていたのは、第8軍司令官のマイケルバーガー中将だった。

マイケルバーガーは「早期和平が実現すればアメリカ軍は引き揚げを考えなければならない。しかし、その後でソ連軍が樺太や千島から侵入してきたらどうするのだろう」と心配していたといわれる。当時のわが国が置かれた状況を伺い知ることができるエピソードであろう。

昭和22年9月、芦田均がそのマイケルバーガーに、国連が機能しない場合を想定して、国連が機能するまでわが国を防衛する方法として「アメリカ軍が駐留し、日米間で特別協定を結び、日本の防衛をアメリカに委ね、日本の独立を保障するのが最良の手段である」とする、のちの「日米安保条約」への第1歩となる「芦田書簡」を手交した。これら「日本のための駐留」の考えは、その後しばらく続く「ビンの蓋」論に対抗する考え方としても有効だった。

昭和23年3月、マイケルバーガーは、「当時の4万7000人の駐留軍ではソ連の侵入に対抗できない」として、3~5個師団の日本軍の再建計画を作り、ウイロビーなど主要幹部との会議で案をまとめるところまで持っていったが、再軍備に反対するマッカーサーに一蹴されてしまう。

その時点のマッカーサーの情勢判断は、「中国大陸では蔣介石がまだ健在で共産軍を防いでおり、ソ連が南朝鮮を侵攻する可能性も低い」としていたが、この情勢判断はその後ことごとく誤りとなる。

マッカーサーは、憲法第9条を中心に自分が組み立てた日本占領方針を覆すアイデアを意地でも抑えることに情熱を燃やし、(「封じ込め」政策で有名になった)ジョージ・ケナンらが訪日し、「日本固有の自衛力保持」を主張した際にも、再軍備には強硬に反対し続ける。

その理由として、①日本の軍国主義化を恐れるアジア諸国の反発を招く、②占領軍の威信を失墜させる、③日本が再軍備しても5等国並みの軍事力しかならずソ連の脅威に対抗できない、④日本の経済力が軍事費に耐えられない、⑤日本国民が戦争放棄を支持している、などを挙げ、「日本の平和主義路線は規定路線であって、占領軍の威信の失墜、日本の世論の反発なしには変えられない」と主張した。

昭和23年秋、イギリスから新たな条約案が示唆されるが、安全保障に関する条項はなく、アメリカ国防総省は「現下の極東情勢の下では対日講和は時期尚早」と考えていた。日本が再軍備すれば、その一つの解決策になり得たのだが、マッカーサーは頑として聞き入れず、「日本は極東のスイスになるべき」と繰り返し語っていたのがこの時期だった。

マッカーサーの更迭は、朝鮮戦争最中の昭和26年4月であるが、昭和24年時点でワシントンではマッカーサー更迭論が出る一方、「自主防衛できない日本は守り切れない」として「日本切り捨て論」も出たといわれる。前年の昭和23年3月、アメリカ政府は在韓米軍撤退を内定していたので、日本撤退も実際にあり得たのだった。

大統領候補から外れ、リベラル勢力の意見を採り入れる必要がなくなった後になっても、マッカーサーは持論を保持し続けた。そしてこの一貫したマッカーサーの発言は、そのまま論理性のない吉田茂の発言に忠実に反映される。岡崎久彦氏は「歴史のｉｆ」として、「もし、占領時代をずっと支配したのが、吉田とマッカーサーでなく、芦田とマイケルバーガーだったならば、その後の日本の思想の混乱は避けられたかもしれません」（『百年の遺産』）と述懐している。

こうしているうちに、昭和24年10月、中国に中華人民共和国が成立し、マッカーサーが考えていた「非武装日本との早期和平」は非現実のものとなる。この結果、トルーマン大統領も出席した国家安全保障会議において、「対日講和は無期延期、米軍駐留継続」が決定される。ワシントンの大局的戦略とマッカーサー・吉田の方針の間にはかなりの齟齬が生じていたのだった。

「ドッジ・ライン」とその弊害

占領時期の日本経済についても触れておこう。日本経済は、のちの朝鮮戦争の勃発によって閉塞状態から一挙に開放される。しかし、昭和21年から24年までの経済の回復度（戦前との比較）は、21年が58パーセント、22年が65パーセント、23年が69パーセントとなるなど緩慢ではあったが、占領政策の変更などもあって徐々に改善基調にあった。一方、同時に激しいインフレによって、国民生活の窮乏に拍車がかかっていた。

昭和24年2月、ジョセフ・ドッジが来日する。デトロイト銀行頭取を務めたドッジは、占領下のドイツの通貨改革に辣腕を振るったことがトルーマンに評価され、マッカーサーの財政顧問に指名される。しかも、GHQを飛び越えて采配を振うことができる「公使」という資格を得ていた。

古典的な自由経済論者のドッジは、さっそく、日本経済の自立と安定を目的として、財政金融引き締め政策(「ドッジ・ライン」と呼ばれる)を強行する。代表的なものは、政府予算案の公共事業費を半額に削減、所得税減税や取引高税廃止のとりやめ、鉄道・郵便料金の5ないし6割の値上げなどだった。

この結果は、生産の停滞、滞貨の激増、中小企業の倒産、賃金の切り下げ・不払い・遅配などを招き、大企業は人員整理を余儀なくされ、27万人近い官公庁労働者も首切り対象になるなど、「ドッジ・ライン」はたちまち裏目に出て、国民生活はより深刻さを増す。昭和23年に26万人だった失業者は、朝鮮戦争直前までの1年半に43万人に増加する一方、社会不安が拡大し、「下山事件」「三鷹事件」「松川事件」などの怪事件が相次いで発生、労働運動にも大打撃を与えた。それらをGHQの権威のもとで抑えつけたが、「吉田内閣の権力の基盤は、究極的にはGHQの権力である」ことが如実に実証されることになった。

このように、朝鮮特需で一息つくまでのこの時期は、国民全体が敗戦の結果として窮乏の辛酸をなめた最後のどん底だった。他方、次第に緊縮財政の効果も表れ、インフレは急速に収まる。やがてG

HQは、1ドル360円の「単一為替レート」を与えて日本の国際経済への復帰を許し、わが国は自らの手で経済再建の道を歩むことになる。

自衛権容認と講和条約をめぐる議論

吉田首相は、ドッジの緊縮財政を緩和する必要性をアメリカに訴えるために、昭和25年4月、池田隼人(はやと)蔵相を訪米させる。この際、吉田は「日本は早期講和を希望する。その後、日本およびアジアの安定のためにアメリカ軍を駐留させる必要があるので、アメリカ側から言い出しにくいのであれば、日本側からオファーする」と池田に語り、先方の意向を打診することを命ずる。

この打診によって、日本側の意向が初めてワシントン当局に直接伝わったことになるが、GHQはマーカーサーの頭越しで協議を行なったことに強い不快感を示す。池田蔵相は叱責され、GHQへ出入りをさし止めされる(「渡米土産事件」と呼ばれる)。

この前後に吉田・マッカーサーでどのようなやり取りがあったかは不明だが、25年元日、マッカーサーは「挑発なき攻撃に対する固有の正当防衛権を完全に否定すると解釈することはできない」として、「マッカーサー3原則」をめぐる議論や「芦田修正」時にすでに認めていた「自衛権」について、公のメッセージとして初めて言及する。

それから3週間後の施政方針演説において、マッカーサーと言説を合わせ、あれほど「自衛権放棄」にこだわっていた吉田が「戦争放棄の趣旨に徹することは、けっして自衛権を放棄するということを意味するわけではない」として、「わが国が民主主義、平和主義を徹底し、厳守するという国民の決意が、平和を愛好する民主主義国家の信頼を確保し、相互の信頼こそ、わが国を守る安全保障である。これが国際協力を誘致する」旨を表明し、左翼から態度豹変として厳しい批判を受ける。

吉田は「自ら軍備がなくとも、自衛権の行使の一形態としてアメリカに守ってもらうことはできる」と明言することによって、日米安保条約締結への道を開いた。吉田はまた、憲法前文でいう「平和を愛する諸国民」を「平和を愛好する民主主義国家」——複数ではない——に言い換えている。端的にいえば、「マッカーサーの言うことを聞いて、非武装に徹しておれば、アメリカという平和を愛する民主主義国家が日本を守ってくれる。それが国際協力を誘致する」として、平和条約と日米安保条約が手結(てつがい)されることを示唆したのだった。マッカーサーの年頭メッセージと吉田の施政方針がぴったりと符節が合っているのは、決して偶然の一致ではないと考えるべきであろう。

一方、国内では、講和条約をめぐっては「単独講和」か「全面講和」の議論が盛んに行なわれる。東京大学南原繁総長がアメリカ一辺倒を公に批判し、ソ連や中国を含む全面講和と独立後の日本の完全中立を主張する。これに対して吉田が南原を「曲学阿世(きょくがくあせい)の徒」と批判するなど論争が拡大する。この論争は、朝鮮戦争の勃発によって急速にしぼむが、単独講和を強力に押していた吉田は、将来が読める指導者として株を上げる結果になる。

5月、共和党の元上院議員ジョン・フォスター・ダレス（のち国務長官）がアメリカの超党派外交の役割を担い、対日講和条約の責任者としてトルーマン大統領から指名され、朝鮮戦争勃発直前の6月に来日する。ダレスは、マッカーサーをはじめとするGHQ幹部や日本政府の要人らと面談し、会った日本人のほとんどが自国の安全保障について「国連に期待する」「憲法第9条によって平和を守る」のような返答をしたことに困惑するのである。

「新憲法以来三年余を経て、占領軍の言論統制下にあって他の思想が入り込む余地がなく、日本人の考え方がそこまで変質していた」(『吉田茂とその時代』)のであり、吉田自身もダレスに対して平和主義を擁護する議論を展開したといわれる。「これが戦後の日本人一般の安全保障観の出発点であるとすれば、その後、冷戦下の国際情勢の現実に直面して日本の安保思想が混迷したのも無理もないことである」(前掲書)と岡崎氏は述懐している。そして残念ながら、今現在もその混迷から抜け出す気配はない。

19「朝鮮戦争」とその影響

開戦前夜の南北情勢

日本が周辺情勢などどこ吹く風に憲法第9条を「お守り」のように握りしめ、「永久平和」を念仏のように唱えていた時、突然、朝鮮戦争が勃発する。

南北の統一をめぐって米ソ両軍の撤兵が提案され、一部撤兵が開始されていた1948年頃、韓国軍隊が各地で反乱を起こす。そして反乱に失敗した革命軍は、各地でゲリラ活動を実施する。このゲリラは翌年春には約2万人に増え、地域にして韓国の40パーセントを制するまでになり、「昼は大韓民国、夜は人民共和国」と記されたほどだった。ゲリラ活動は韓国軍の討伐によって1950年春ごろにはおおむね終息するが、これに呼応するように、38度線付近で国境紛争が発生し、師団級の交戦にまで発展する。

北朝鮮の朝鮮人民軍はソ連の支援を得て逐次増強され、開戦時、約13万5000人、戦車150両、砲600門、航空機196機を数え、完全編成の8個師団、未充足の2個師団を基幹に整備が進んでいた。

これに対して、ゲリラや共産分子の粛清、そして国境紛争に対処しながらの増強を余儀なくされた韓国軍は、ようやく9万8000人、装甲車7両、砲89門、航空機32機しかなく、9個あったとされる師団はその編成も装備も練度もまちまちだった。なかでも北鮮軍にある戦車が韓国軍にはなく、有効な対戦車火器も保有していなかった。補給品もゲリラ討伐や国境紛争のためにほとんど使い尽くしたうえ、李承晩大統領の北伐論を心配し、アメリカ軍はことさらに補給品の交付を制限していた。

1950年5月、北鮮軍が38度線に集中していることを察知した韓国軍は「侵略の危機が迫っている」とアメリカ軍事顧問団に警告する一方、李大統領は「北辺に危機が迫っている。これを予防し、韓国の安全を守るためにはアメリカの援助以外に方法はないが、援助量は必要を満たしていない」と重ねてアメリカの援助を要求した。

国連は、度重なる国境紛争や国境付近の不穏な情勢を監視するために、軍事監視班の設置を決め、戦争勃発2週間前の6月12日、監視班の一部が38度線付近を視察する。そして、「攻撃を受ける現実的な兆候はない。万一侵略が起こっても韓国軍はこれを撃退できる」と楽観する。来日のついでに朝鮮半島まで足を伸ばしたダレスも6月18日、38度線を視察し、「異常を認めず」とマッカーサーに報告する。

こうして、韓国軍は最後の瞬間まで北鮮軍の能力や攻撃準備の「度」を察知することができなかったのである。余談だが、数年前、「韓国の高校生の7割以上が『朝鮮戦争は北進だった（南が北に攻めた）』と答える」というニュースをみて、歴史教育の恐ろしさが強く印象に残っている。日本でも一途に「北進論」を唱える人たちが存在していた。圧倒的な軍事力の差異からしても、北進の可能性は皆無が常識と考える。

「朝鮮戦争」勃発と経緯

１９５０（昭和25）年6月25日払暁、猛烈な砲撃が大地を揺るがし、13万人余の北朝鮮軍が一斉に38度線を突破し、宣戦布告なき奇襲攻撃を実施した。不意を衝かれた韓国軍は、38度線を守っていた3万人の第一線部隊をはじめ、随所で敗退、潰走する。翌日、トルーマン大統領は韓国への武器援助を命令し、日本駐留のアメリカ空軍の戦闘機10機を韓国軍に提供するとともに、27日には「国連安保理が侵略者に戦闘行為を停止し、38度線に撤退するよう命じても、これを無視した」との理由で、海空兵力の出動を命ずる。そして、国防総省はマッカーサーが作戦の責任者であることを発表する。

開戦4日目の28日、早くもソウルが陥落する。トルーマンは、陸軍の韓国派遣を発表し、半島の海岸線封鎖も命令する。一方、「爆撃は朝鮮と満州の国境を越えてはならない」と指示する。アメリカ空軍の大型爆撃機が平壌を猛爆するとともに、イギリス艦隊やニュージーランド艦艇も派遣される。

北朝鮮の侵略開始から7日後の7月4日、ソ連のグロムイコ外務次官がタス通信で「戦争を始めたのはアメリカだ」と猛反撃に出る。アメリカも当然、断固反発するが、このようなやり取りが、のちに「北進論」へ発展する要因となる。改めて、歴史の中で何度も繰り返され、今も繰り返されている共産主義国家の「事実と主張が違う手口」をしっかり学ぶ必要があると考える。

7月7日、ソ連抜きで開催された国連安保理は「北朝鮮を侵略者」として認定し、アメリカ軍を主体に国連軍を組織する。トルーマンは、改めてマッカーサーを国連軍司令官に任命し、イギリス、フランス、カナダなど16か国が国連軍に参加した。

さて、前述したわが国の赤狩りは、朝鮮戦争の進展とほぼ同時並行して行なわれた。事実、マッカーサーが共産党の『アカハタ』発行停止の命令を下したのは、朝鮮戦争勃発の翌日の6月26日だった。マッカーサーが「2正面作戦」を強いられたのは偶然ではなかった。マッカーサーは「自衛のための武力も禁止」と憲法に書き込み、「ひ弱な日本をここまで理想の国に作り上げたのは自分の業績だ」と誇っていたものの、国内では共産主義が芽吹き、海の向こうでは、毛沢東が大陸を乗っ取り、満州を征服し、ソ連が東ヨーロッパを共産化し、その上、原爆の核爆発実験をも成功（1949年9月）させ、北朝鮮を武装化して朝鮮半島全体を制圧しようとしている。

まさに、読みの甘さが暴露されたのだが、マッカーサーは、それをひた隠しにしつつ強硬路線に転じる。しかし、それが慎重なトルーマン大統領はじめアメリカ政府当局と意見の不一致を生む原因にもなり、やがて命取りになる。

国連軍は、8月には半島南端の釜山付近まで追い詰められるが、マッカーサーはただちに反撃に出る。9月15日、天才的といわれる作戦能力を発揮し、第10軍団を編成して7万人の戦力をソウル近郊の仁川港に上陸させる。本作戦について、国防総省は「干満の差が5メートルもある仁川港は上陸不可能」と大反対し、(同じ考えからか)北朝鮮も守備隊を配置していなかった。

大きな賭けに勝ったマッカーサーは、北朝鮮軍を背後から攻撃させ、これを撃破、ソウルを奪還する。北朝鮮軍は一転して敗走を重ね、10月半ばには平壌からも撤退する。

アメリカ軍を中核とする国連軍と韓国軍は、中朝国境に向けて快進撃を続け、北朝鮮の敗北によって、念願の南北統一が実現するかのように見えた、まさにその時だった。毛沢東は、かねてからの金日成との約束どおり、30万人超の人民解放軍を表向きは「義勇軍」という形で一挙に投入し、再び国連軍を38度線以南に押し戻す。ここまでが朝鮮戦争前段の概要である。

「朝鮮特需」と「警察予備隊」創設

朝鮮戦争は、のちに「北朝鮮の侵略を挑発した一要因に、日本が『単独平和条約』を締結しようとした動きがあった」(ジョージ・ケナンなど)とする分析もあるように、その原因はわが国の国内状況と密接に関係していた。

そして、朝鮮戦争そのものが占領下のわが国に及ぼした影響は計り知れないものがある。なかでも、アメリカ軍から大量の軍事物資の注文を受けた結果、「朝鮮特需」が発生し、瀕死状態であったわが国の経済に生命を吹き込み、一挙に蘇る。その総額は、昭和25年当時のGDP3兆9470億円の約三分の一に相当する1兆3千億円の巨額に及んだ。

マッカーサーはまた、在日米軍を急遽、朝鮮半島に出動させねばならず、その空白を埋めるための処置として、7万5千人の「警察予備隊」の創設と海上保安庁の8千人の増員を指令する。この指令に基づき、吉田首相は、国会での手続きを経ずに「ポツダム政令260号」として警察予備隊の創設を強行する。ここでいう「ポツダム政令」とは「GHQによる間接統治の形態として、GHQの要求を日本政府が命令の形にして国民に伝えるもの」をいう。

警察予備隊がやがて日本の再軍備につながることは容易に予期できたはずだが、この時点になっても、吉田は「これは治安確保のためのもので、再軍備とは何の関係もない」と公式に発言し、警察予備隊の幹部も旧軍人を排して警察出身者で固める。マッカーサー自身も依然として「日本に必要なのは国内治安能力だけで、再軍備は不必要」と考えており、2人の考えは一致していた。

中国共産軍の介入で国連軍が総崩れになり、ソウルの南側で戦線を再編成していた1951年1月、ダレスが再び日本に到着する。ダレスは「朝鮮戦争が起こったからこそ、自由主義陣営のパートナーとして日本との講和を急ぐ必要がある」と主張して、「このような時期、対日講和は後回し」という論を退けた。ダレスは「早く独立したい」吉田に対して、「日本は自由世界の強化にいかなる貢献ができるか」と問うと、吉田は「まず独立してからの話で、その質問は尚早である」と答え、マッカーサーも「自由世界が日本に求めるものは軍事力であってはならない。それは実際的でない。日本の持っている軍事生産力や労働力をフルに活用し、自由世界の増強に活用すべき」と吉田の側に立った発言をする。

このような考えが、のちに「吉田ドクトリン」につながっていくが、吉田が行なったことはマッカーサーの思想や表現を忠実に守り、そこから外れないように細心の注意を払ったことだけだった。

マッカーサー解任・離日

司令官として国連軍を指揮し、実際に朝鮮戦争を戦ったマッカーサーは、北朝鮮の背後にいるソ連や中国という共産主義国家の脅威を感じる。そして「もし朝鮮半島を失えば、極東でのアメリカの防衛線は失われ、西海岸まで後退してしまう」と、朝鮮半島や台湾は「アメリカの防衛ラインの外である」としたアチソン・ラインとは別の見方をする。

字面だけを見れば、「自衛力のない日本をアメリカだけでは守れない」として、これまでの考えを180度覆したように見えるが、朝鮮半島を死守しつつ、大陸の中国、ソ連と対峙するという、日清・日露戦争以来のわが国の防衛戦略について、自ら朝鮮戦争を戦ってみて、初めて理解したと解釈すべきと考える。マッカーサーは焦燥し、ついに暴走する。「原爆の使用を含み、中国本土攻撃も辞せず」と公言し、中国を挑発したのである。

朝鮮戦争が膠着する中、第3次世界大戦になることを恐れて和平工作を模索していたトルーマンは、マッカーサーの発言に激怒し、1951年3月24日、日本の占領統治を含むマッカーサーの全軍職を解任してしまう。

一般には、この「原爆の使用」の発言が解任の理由とされているが、原爆の使用については、1950年11月30日、トルーマン自身が中国への脅しのために「必要とあらば中国共産軍に対して原子爆弾を使用することも考えている」と発言している。

解任の真相は、マッカーサーが「アジアで共産主義の戦いに敗れれば、欧州の崩壊まで避けられない」として「アジアにおいて、第2戦線を展開するために台湾の蔣介石軍の使用を望んでいたことにある」との説があることを紹介しておこう。

この考えこそがトルーマンの逆鱗に触れ、アチソン国務長官やマーシャル国防長官（またしてもこの2人の名前が出てくる）の進言もあって解任に踏み切る。その一報を東京のラジオ放送で聞いたマッカーサーは、妻に向かって「どうやらやっと帰国できるよ」と語ったといわれる。

1951年4月15日、昭和天皇とマッカーサーは、赤坂のアメリカ大使館で最後の面談を行なう。天皇は5年8か月にわたったマッカーサーの日本再建への貢献に対して、「儀礼的以上の謝意を示された」といわれる。翌16日、衆・参議員は、マッカーサーに感謝決議文を贈ることを決定し、経団連も感謝声明文を発表する。東京都議会も臨時会議を開き、感謝決議文を採択し、羽田でマッカーサーに手渡した。そこには、わずかに6年ほど前、B-29の爆撃によって30万人の都民が殺されたことはすっかり忘れ、「首都の復興に成果をあげ得たことは、都民のひとしく感謝感激に堪えないところである……」と書かれてあった。

その朝、アメリカ大使館から羽田空港までの沿道は20万人以上の群衆で埋まり、日の丸と星条旗の小旗を打ち振ってマッカーサーを見送った。翌日、新聞各紙もマッカーサーに対して、歯の浮くような賛辞を一斉に掲載した。

マッカーサーはホノルルで大歓迎を受け、サンフランシスコに到着すると、約50万人の人々に迎えられた。その後、ワシントン、ニューヨークなどでも空前の大歓迎を受け、これらの地における凱旋パレードは、総勢100万人もの人々が集まった。

4月19日、さっそく上下両院議員を前にしたマッカーサーは、「老兵は死なず、ただ去り行くのみ」の台詞で終わる伝説的な名演説を行なう。この演説の中で「私は日本国民ほど清らかで、秩序正しくかつ勤勉な国民を他に知らない」（『國破れてマッカーサー』）として日本人を褒めちぎった。国内では「マッカーサー神社」まで建立しようとする動きが出て、マッカーサーも「非常に光栄に思っている」としてこれを承認したといわれる。

マッカーサー証言

再び、大統領候補にもなり、マッカーサーはやる気満々だったようだ。そして上院軍事外交合同委員会の聴聞会に召喚され、自身も大統領選挙に有利と判断しこれを受諾する。5月3日、マッカーサーは再び、歴史に残る証言を行なう。

まず、質問者より「赤化中国に対する海空封鎖というあなたの提案は、アメリカが太平洋において日本に勝利したのと同じ戦略ではないか？」と問われ、大東亜戦争での経験を交えながらマッカーサーは次のように答えた。

「日本は絹産業以外には、固有の産物はほとんど何も無いのです。（中略）それら一切のものがアジアの海域には存在していたのです。もしこれらの原料の供給を断ち切られたら、一千万人から一千二百万人の失業者が発生するであろうことを、彼らは恐れていました。したがって彼らが戦争に飛込んでいった動機は、大部分は安全保障（原文：Security、筆者注）の必要に迫られてのことだったのです」（小堀佳一郎編『東京裁判　日本の弁明』）

この証言に対して、渡部昇一氏は「東京裁判の法的根拠だったといってもよいマッカーサーが、聖書に誓って、『日本が戦争を行なったのは、大部分が安全保障の必要に迫られてのことだった』と、公の場で語っていたことは、きわめて重要である。なぜなら、この証言は、彼が裁かせた東京裁判において東條英機が供述したことをそのまま認める内容だからだ」（『本当のことがわかる昭和史』）と解説する。

事実、東京裁判の宣誓供述書で、東條英機は「この戦争を避けたいことは政府も統帥部も皆同じだった。ここに至っては、自存自衛上開戦はやむを得なかった」旨の証言を残している。それから約3

年半後、東條の基本主張が正しかったことをマッカーサーが自ら証明したのだった。

さらに渡部氏は、マッカーサーの証言自体は、翌日、米紙『ニューヨーク・タイムズ』などの記事になったが、日本のマスコミは「マッカーサーが『日本は自衛のために戦った』と証言した部分を省いて報道しているのだ」（前掲書）と指摘する。しかし、この日本を擁護するような発言は、アメリカ人の受けが悪く、この発言によって、マッカーサーの政治生命が絶たれたと言って過言ではなかった。

またマッカーサーは「現代文明を基準とするならば、われら（アングロサクソン）が45歳の年齢に達しているのと比較して日本人は12歳の少年のようなものだ」とも証言する。この発言は「日本人はドイツ人より信頼できることを強調したかっただけ」とする解釈もあるが、この発言の前の「日本人は極めて孤立し進歩の遅れた国民」であるとの証言も重なり、多くの日本人の怒りと失望を招く結果となった。

さらに「過去100年にアメリカが太平洋地域で犯した最大の政治的過ちは共産勢力を中国で増大させたことだ。次の100年で代償を払わなければならないだろう」と述べ、アジアにおける共産勢力の脅威の増大を強調した。マッカーサー自身、間違った情勢判断を繰り返したことに対する反省の意味もあったのかも知れないが、その後の歴史をみれば、この発言だけは正しかったこと、そして、その「代償」がまだ終わっておらず、最近の米中関係などから「これから正念場を迎える」ことも明らかになりつつある。

20 「サンフランシスコ講和条約」締結と主権回復

対日講和をめぐる各国の主張

ダレスは「朝鮮戦争が日本を西側主導の講和に同調させる好機」として対日講和の促進を主張したことはすでに触れたが、講和までの道程を短く振り返ってみよう。

まず、対日講和について、アメリカ国防総省は北朝鮮軍の進撃が続いている間は歩み寄りをみせず、ようやく国務省・国防総省長官のもとで妥協が成立したのは、国連軍が38度線以北への侵攻を決定する直前の9月7日のことだった。

両省の予備交渉で、①朝鮮における軍事情勢が有利に決着するまでは講和条約を発効しない、②アメリカ軍の駐留を継続し、それを定める米日間の2国間協定と講和条約を同時に発効させる、③日本の自衛権やその手段の保有を否認する条項を含まない、④北緯29度以南の琉球諸島に対するアメリカの排他的支配の確立、⑤日本の大規模騒乱へのアメリカ軍の出動が否認されない、などその後の講和条約や日米安全保障条約の骨子がこの時点で定まった。

翌日、この合意がトルーマン大統領の承認を得て、対日講和交渉の基本原則（NSC60／1）となる。この基本原則はソ連・中国・北朝鮮に敵対する講和、すなわち「単独講和」を強行する決意を固めた原則だった。

この基本原則に基づき、9月14日、大統領は「対日講和7原則」を極東委員会に提示する。要約すれば、①当事国――日本と交戦状態にあり、合意できた基礎を基づき講和を結ぶ意思を持つ国、②日本の国際連合への加盟、③朝鮮の独立、琉球・小笠原はアメリカを施政権者として国連信託統治化、④台湾・澎湖諸島、南樺太・千島列島の地位は米英ソ中で今後決定、⑤アメリカ等と安全保障上の協力関係の存続、⑥政治的・通商的取決め等、⑦1945年9月2日以前の戦争行為から生ずる請求権の放棄。請求権に関する紛争は、特別中立裁判所で解決、などだった。

この7原則は、「請求権の放棄」を規定している点で寛大だったが、ヴェルサイユ講和条約の失敗を再現させずに日本を西側陣営に取り込むためのものであり、加えて、アメリカの駐留や沖縄などの分離・支配という代償をともなうものだった。他方、日本の再軍備の禁止ないしは制限については、まったく言及がなかった。

当然ながら、ソ連は、①アメリカは連合国が1942年1月1日に署名した「単独講和禁止」を目指そうとしている、②台湾島の中国返還と南樺太などのソ連への返還は大戦中の諸協定ですでに決まっている、③琉球などを信託統治下に置くのは連合国の領土不拡大方針に反する、などと極めて批判的な回答を寄せた。

また、アメリカは対日講和問題に関しても中華人民共和国を無視する姿勢をとったため、中国は次のような強烈な反発姿勢を明確にした。つまり、①中華人民共和国が参加しない対日平和条約は不法かつ無効、②対日講和交渉は4大国一致の原則で進めるべき、③カイロ宣言・ヤルタ協定などの決定に基づき対日講和を推進すべき、④台湾などの中国返還、南樺太などのソ連返還などは既決の問題、⑤琉球などの信託統治化はアメリカの極東の侵略基地化、⑥講和後のアメリカの日本駐留は、ポツダム宣言に反し、アジア民族の侵略のため基地確保を意図するもの、⑦日本の再軍備の強要と侵略的勢力の復活により日本を植民地化し、アジア民族侵略の道具にしようとしている、⑧日本の軍事産業の奨励により、日本の経済を搾取しようとしている、⑨中国は対日講和の早期締結を希望するが、講和条約は日本を民主化し、侵略勢力を除去することにより外国勢力の管理から解放された民主的日本だけがアジアの平和と安全に寄与し得る、などである。

ソ連や中国が求める「民主的日本」とは、「自分たちにとって都合のいい日本」であることは明白だが、両国は、すべての連合国の参加のもと、大戦中の諸決定に基づき、日本の民主化や外国軍隊の撤退を規定するような全面講和を求めており、アメリカ軍基地の継続使用や沖縄の分離・支配、さらには日本の再軍備と真っ向から対立していた。

ダレスは、国連総会などの場を利用して極東委員会構成国と予備交渉を行なうが、日本の再軍備を制限する条項の欠如については、オーストラリア、ニュージーランド、フィリピン、ビルマなどが強い反発を示し、イギリスは、日本の経済活動への制限条項の欠如に不満を示した。

また、朝鮮戦争の激化とともに非同盟の立場を明確にしつつあったインドは、極東委員会の三分の二の多数決で可決というアメリカ案に賛成しつつも、中華人民共和国に中国の代表権を認めるべきと主張するとともに、琉球等の分離、講和後の連合国軍隊の駐留、日本の再軍備への反対を表明した。

講和問題に対する国内の議論

わが国内においては、講和問題への関心が高まったのは、アメリカが積極的な姿勢を見せ始めた昭和24年秋頃からで、翌年、吉田首相が全面講和を主張した南原東大総長を「曲学阿世の徒」と非難したわけは、全面講和論の拡がりを恐れてのことだった。

しかし、全面講和へ向けた動きは、朝鮮戦争の深刻化とともに急速な盛り上がりをみせ、昭和26年1月には、社会党が講和3原則（全面講和・中立堅持・軍事基地反対）に再軍備反対を加えた平和4原則の立場を明確にし、共産党も全面講和のための一大国民運動を提唱した。

こうしたなか、ダレスが再来日し、第1次日米交渉が始まるが、それに先立ち、朝鮮戦争は中国義勇軍の参戦によって国連軍が総崩れになり、再び、国防総省と国務省の間で対日講和の促進か延期かをめぐって対立が表面化する。

国務省は、朝鮮半島とは切り離して対日講和締結を求め、日本の再軍備を容易にするためNATOの太平洋版として「太平洋協定」（日本・オーストラリア・ニュージーランド・フィリピンが参加）締結まで提唱したのに比し、統合参謀本部は、あくまで朝鮮半島情勢が有利に決着するまで待つよう主張し、日本の憲法改正と再軍備が本格化するまで待つべきとの強硬姿勢も示した。

このようなアメリカ政府の内部対立を調整するために作成されたトルーマンのダレス宛書簡は、おおむね国務省案に沿っており、①アメリカが日本列島に相当規模の軍事力を配置すること、②日本自身の防衛力強化と太平洋島嶼国家間の相互援助協定の締結を希望することが述べられていた。

つまり、朝鮮戦争の深刻化は、日本の再軍備の圧力を一層強化したばかりか、中ソに対抗するための集団的軍事同盟を創設するという計画まで浮上させることになった。

日本側は、ダレスに対して「わが方の見解」を示すが、①アメリカの講和7原則を歓迎、②「単独講和」の受け入れ、③講和条約とは別に日米安全保障条約の締結までは肯定的だった。しかし、「事実上、アメリカ軍の必要にはいかようにも応ずる」とするも、日本の再軍備については「国民感情や民生安定の優先、さらに近隣諸国の反発、旧軍国主義の再生の恐れなどからこれらを希望しない」との態度を鮮明にしたのだった。これらは保守政治家の一致した見解だったようだが、当時、盛り上がりつつあった全面講和の即時締結と再軍備反対の国民世論、併せて沖縄・小笠原諸島の分離に反対する運動を無視できなかった。

一方、ダレス使節団は、アメリカ軍基地の継続使用を交換条件として再軍備圧力をかわそうとした日本側に対して「経済上の困難など理由にならない」と再軍備をめぐって日米が激しく対立する。この結果、日本側は、警察予備隊とは別に、陸海5万人からなる「保安隊」の創設と国家治安省の設置を骨子とする「再軍備プログラムの最初のステップ」について、条約などに明記しない「極秘」を条件に約束する。

この提案は、アメリカが期待した規模（約30万人の軍隊）をはるかに下回るものだったが、安保条約前文に「直接および間接の侵略に対する自国の防衛のために漸進的に自ら責任を負う」という形で記載され、再軍備が義務付けられることになる。アメリカ軍基地提供についても、アメリカ側は「相互援助協定」の締結を条件としたが、「憲法9条下にある日本は、相互援助協定締結は困難」として「安全保障条約」の中で基地供与を定めることになる。

またアメリカは、アメリカ軍のさまざまな特権を列挙する条約も提示するが、国内世論の反発を恐れた日本側の要望で、条約自体は簡単なものとして、細部は国会の批准を要しない「行政協定」を交わすことにした。この行政協定は、講和条約および安保条約発効目前の昭和27年2月に締結される。この結果、300件もの無期限使用の基地供与やアメリカ軍関係者の刑事裁判の治外法権や大幅な経済特権が認められ、アメリカ軍は「占領軍」から「在日米軍」に名称が変わっただけで、従来どおりの特権を保持することになる。

第1次日米交渉を終えたダレス一行は、その後、フィリピン、オーストラリア、ニュージーランドを訪問する。フィリピンでは賠償放棄の原則に対する不満、オセアニアの2国では、日本の再軍備に対する警戒感から軍備制限条項の挿入とアメリカによる安全の保証を強く求める意見が出された。

日本の再軍備を実現したいアメリカは、サンフランシスコ講和会議が開催される直前の１９５１（昭和26）年8月30日、アメリカとフィリピンの「米比相互防衛条約」、9月1日、「アンザス条約」がそれぞれ調印される。こうして、トルーマン政権内で構想された太平洋地域の集団安全保障条約は、これら2条約に「日米安全保障条約」を加えた「3本立て」となるが、背景に、日本の再軍備に対する近隣諸国の不安があったことは否めなかった。

サンフランシスコ講和会議の招集・条約調印

共同草案をまとめ上げたアメリカ、イギリスは共同主催国となって、9月4日にサンフランシスコで対日講和会議を開催することを決定し、7月20日、共同草案とともに55か国に招聘状を発送して、8月13日まで各国の意見を集約することをめざした。

しかし、「日中戦争」として日本と戦った中国および南北朝鮮に対しては発送されず、ベトナムも南ベトナムのバオダイ政権に招聘状が送られ、ホーチミン政権は無視された。インドは「中国やソ連と講和条約を締結する道が失われる」として米英共同草案に反対して欠席、ビルマ、インドネシア、フィリピン、パキスタンなども賠償問題に対する強い不満から欠席した。

ただ、ソ連は米英の予想に反して出席し、総会において修正案を提案した。それは、①南樺太・千島列島に対するソ連の主権承認、②すべての連合軍の撤退、外国軍基地の不設置、③民主化条項の挿入、④日本の軍備制限（陸軍15万人、7・5万トンの海軍、戦闘機200機、原子力兵器の保有禁止など）などを骨子としていた。

講和会議を交渉の場ではなく調整の場と位置付けていた米英側は、あらかじめ修正提案の提出を禁じており、各国代表の発言も1時間に制限する議事規則を多数決で決定してソ連の修正提案を検討する機会を与えなかった。こうして、米英協定案を基調とする講和条約は、9月8日、ソ連・ポーランド・チェコ3国が欠席するなか、参加49か国によって調印された。同日、「日米安全保障条約」も調印された。

ちなみに、講和条約の第5条には「日本が主権国として国連憲章第51条に掲げる個別的自衛権または集団的自衛権を有すること、また、日本が集団的安全保障取り決めを自発的に締結できる」と記載されていることを付け加えておこう。

ついに達成した「サンフランシスコ講和条約」の署名式で、吉田首相は「この条約は公正にして、史上かつて見ざる寛大なもの」と演説するが、途中で読み飛ばして全部は読まなかったといわれる。発言は占領軍と調整済みで、「自分が心血を注いで書いた文章なら、読み飛ばすはずもありません。これが占領期最後の屈辱的なパフォーマンスでした」（『百年の遺産』）と岡崎氏は解説している。

なお、のちに日本は、署名はしたが議会で批准されなかったインドネシアをはじめ、中華民国、インドとの間で個別に講和条約を締結・批准する。そして、1956（昭和31）年、ソ連とは「共同宣言」を合意し国交回復するが、依然として、北方領土問題が未解決のために講和条約は締結されていない。

また、1965（昭和40）年、韓国と「日韓基本条約」を締結し国交を結び、さらに1972（昭和47）年、中華人民共和国と「日中共同宣言」で国交を結び、のちに「日中平和友好条約」を締結して共同宣言の内容に国際法上の拘束力を与えた。いずれも領土や歴史に絡む問題などの争点が未解決のままで、今でも尾を引いている。

主権回復

1952（昭和27）年4月28日、「サンフランシスコ講和条約」と「日米安全保障条約」が発効し、日本は、6年8か月に及ぶ連合国の占領から解放され、晴れて主権を回復する。

この歴史的節目の主役となってわが国をけん引した吉田首相は、自書『日本を決定した百年』の冒頭で、「日本は太平洋戦争という大失敗を犯したが、全体としては激しい国際政治の荒波の中を巧みに舵をとってきた。しかし、それは日本人のすぐれた『勘』のたまものなのである。特に明治の指導者たちはすぐれた『勘』をもっていた。だから私は事あるごとに『勘』の必要を説いてきたのである」として、あたかも「当時の選択は自らの『勘』を働かせた結果である」と言いたげに語っている。

確かに吉田は、全面講和を唱える知識人やマスコミからは「反動政治家」「米帝国主義に追随する売国奴」といったレッテルを貼られながら、自らの「勘」で単独講和を推進しつつ、一方では再軍備制限を選択し、結果として戦後復興や経済発展も成し遂げた。

個人的には「主権回復直後こそ憲法改正の好機だった。それを実現しなかったのは吉田茂という政治家の本質だ」と考えるが、当時の状況から時期尚早との「勘」が働いた結果なのかもしれない。しかし、自著の中で「日米安保条約の将来はどう思われるか」との質問に対して、吉田が「条約などは一片の紙切れに過ぎない。当時、私はあれが最善と考えたから条約を結んだ。将来のことは将来の世代が決めるべきことです」（前掲書）と示唆に富む柔軟な言葉で答えたようだ。

その後、「吉田学校」の生徒たちは、あまりにアメリカ軍による保護協定的な性格が強かった日米安全保障条約（旧安保）を、激しい安保闘争の中で強行採決によって、より共同防衛に近い形に改正はした（昭和35年）。しかし、憲法の制約があって、依然として「片務条約」（日本側がアメリカの防衛を担う義務なし）であることには変わりはない。

「条約は一片の紙切れ」といえども、国家の命運がかかっていることは明白である。70年余り、半ばアメリカの「配下」にあるような状態を放置したままになっているのは異常である。現下の周辺情勢が当時の情勢とまったく違うことも明白であり、憲法が国家の生存のための足かせとなっているならば、勇気をもって改正に向けて真剣に議論すべきではないだろうか。

安保改正にさかのぼること5年前の1955（昭和30）年、保守合同で成立した自由民主党は、共産圏に対する防衛力の強化とともに、自主憲法の制定を党是として掲げている。以来60年余りが過ぎた現在、勘を働かせて憲法改正に情熱を傾ける（少数の）人たちが存在する一方、時期尚早と足を引っ張る勢力も依然、かなり存在するように見える。国民の考えも二分されたままだ。戦後はまだ終わっていないのである。

21 大東亜戦争に至る「国の形」——総括（その1）

「日本国防史」を振り返る

本書は、日本と西欧列国が関わりを持った16世紀の大航海時代から始まった。以来、約260年にわたった江戸時代の鎖国を経て明治維新の「富国強兵」などの政策、日清・日露戦争、さらに大正時代から激動の昭和に至るまで、「迫りくる西欧（のちに欧米）諸国の脅威に対処するため、先人たちがいかにしてわが国の独立を保持し続けてきたか」を焦点に、日本の「国防史」をたどった。

日本は、欧米諸国や周辺国との関わり合いの中で、国家の存亡をかけた戦争を選択することを余儀なくされ、国を挙げて果敢に戦うも、敗戦という結果に至った。時のリーダーたちがどのような判断と覚悟をもって、戦争という選択肢を選んだかについてはそのつど触れてきたが、戦争に至った史実は、日本の行為を一方的に悪と決めつけた、ポツダム宣言や東京裁判とは違うことを解説してきた。

そのような考えの延長で、日本国防史、就中(なかんずく)、敗戦の結果、国体はおろか国家の主権まで失う危機に陥った大東亜戦争の背景、教訓・敗因、そして歴史的意義などを分析し、学び、その知恵を未来に活かすことこそが、国防史を学ぶ意義であろうと考える。最後に「日本国防史」の総括としてこれらを整理しておこう。

さて、大東亜戦争が支那事変を含むことについてはすでに触れたが、一般には、昭和20年8月15日、ポツダム宣言受諾をもって「終戦」と考えられている。これは日本の解釈であり、現に終戦記念日あるいは戦勝記念日は各国によって違う。アメリカ、イギリス、フランス、カナダは9月2日、ロシア、中国は9月3日である（ロシアは最近、9月2日に変更した）。

ただし、「戦争とは他の手段をもってする政治の継続」とするクラウゼヴィッツの定義に従えば、単に「戦闘を止めた」時点をもって「戦争終結」とすることには疑問が残る。

クラウゼヴィッツは、「一国家の抵抗力を奪う」ということは、①戦闘力の破壊、②国土の占領、③敵の意思をくじくこと、と解説している。昭和20年8月時点では、わが国は、戦闘力をまだ相当保有していたが、武装解除して戦う意思を放棄した。見た目には、①と③は成立したかのように見えたが、この時点で抵抗力を奪っての勝利が完全だったかどうかについて、少なくとも連合国側に立てば確証はなかった。沖縄を除き、荒廃したとはいえ日本国土は未占領のままだったからだ。そして終戦後、連合国が日本全土を占領することによってようやく②が完了した。

クラウゼヴィッツはまた、「『敵の意思をくじく』ということは、講和条約締結をもってはじめて成立する」とし、「講和とともに戦争目的は達成され、戦争の仕事は終わったものとみなされる」としている。

実際にわが国がかかわった戦争の歴史を振り返ると、日清戦争は下関条約、日露戦争はポーツマス条約、第1次世界大戦はヴェルサイユ条約がそれぞれの終戦からさほど間を置かず締結され、戦争の決着に大きな意味を持った。それに比して、大東亜戦争は、終戦後7年弱の占領という歳月を経てようやく講和条約締結まで漕ぎつけたのであり、歴史的には極めて異例だったといえよう。

これらから、本書ではクラウゼヴィッツの定義に倣い、1951年に講和条約が成立し、わが国の主権が回復した時点まで大東亜戦争に含めることにしたい。大東亜戦争開始の時期については各論あるが、主権回復まで含める歴史書を見つけることはできなかったので、歴史の研究として適切かどうかについては読者の判断を待ちたい。

しかし、占領期まで含めた大東亜戦争を総括することによってはじめて、①なぜ占領が7年弱も続いたのか、②日米両国の死闘と占領の関係、③なぜわが国は今日になっても占領政策の影響を受けているのか、などについて深掘りすることができ、そのうえで「敗戦とはなにか?」「なぜ敗戦したか?」の原点を知り、そこからさまざまな課題や教訓を学ぶことができると考えるのである。

さて、終戦間もない昭和20年9月9日、奥日光に疎開されていた皇太子に昭和天皇から1通の手紙が届く。そこには、次のような趣旨で天皇自らの敗因分析が綴られていた。

（略）敗因について一言いはせてくれ　我が国人が　あまりに皇国を信じ過ぎて　英米をあな

どったことである　我が軍人は　精神に重きをおきすぎて　科学を忘れたことである　明治天皇の時には　山縣　大山　山本等の如き陸海軍の名将があったが　今度の時は　あたかも第一次世界大戦の独の如く　軍人がバッコして大局を考へず　進むを知って退くことを知らなかったからです
　戦争をつづければ三種神器を守ることも出来ず　国民をも殺さなければならなくなったので涙をのんで　国民の種をのこすべくつとめたのである（略）（『天皇百話』鶴見俊輔・中川六平編）

最後の部分は、終戦のご聖断のお気持ちを述べられたことは明白であるが、このお言葉には、明治以降の日本が採用してきた立憲君主制の本質や明治と昭和の時代の違いなどを含め、昭和天皇が超えるに超えられなかった日本の統治制度上の壁（限界）などに直面して苦悩されたことを率直に述べられたものと考える。

戦前、なぜこのような「国の形」が出来上がってしまったのであろうか。まず、その付近から総括することにしよう。

「大日本帝国憲法」と統治制度

天皇のお手紙にあるように、大東亜戦争に至る背景として、明治維新からの昭和に至る歴史のつながりの中で、「統帥権の独立」を含む大日本帝国憲法に基づく日本の立憲君主制度の生い立ちやその特性の分析なくして、本戦争を語ることは不可能と考える。これまでもたびたび触れたことではあるが、機微な話題なので筆者の力量を越えることを承知のうえで、改めてこれまで触れたことへの補足を含め、総括しておこう。

日本の立憲君主制度については、並木書房会長・奈須田敬氏をして「その冷徹さと明晰さにおいて傑出した『天皇政治』の研究書である」（月刊『ざっくばらん』216号）と評された、米国ウェズリアン大学教授ディビッド・タイタスの著作『日本の天皇政治』からしばらく引用しよう。

タイタス教授は「『大日本帝国憲法』においては、天皇の道徳的権威が広大な『天皇大権』という形をとって政治的権威と融合させられた」として、「『神聖ニシテ不可侵』（第3条）と超越的地位を明らかにしたうえで、天皇は『統治権ヲ総攬ス』（第4条）、そして『陸海軍ヲ統帥ス』（第11条）存在であった。これらから、憲法には、天皇に帰属させる行政、福祉、立法、非常時の多くに大権が出てくる」と解説する。特に、徳川時代の将軍が握っていた伝統的政治権力、なかでも「軍事指揮に関する権力」を西欧の君主が持っていた大権として憲法によって作り直されたのが、第11条の「統帥権」だったとしている。

一般には、明治憲法によって「統帥権」を制度化したと思いがちだが、明治維新の当初から軍隊の指揮権は天皇に帰属しており、伊藤博文は、その実態を憲法の中で明文化しただけである。事実、明治憲法発布7年前の明治15年に下賜された「軍人勅諭」は、「朕は汝ら軍人の大元帥なるぞ」で始まり、天皇が統帥権を保持していることを明示している。

一方、タイタス教授は「欧州の多くの君主たちと違って日本の天皇は政治における自由な行動主体ではなかったが、その役割は重要だった」とするも、「天皇の役割は裁可者だったのであって、政治指導者ではなかった」として、それは「他国の憲法に例を見ない大日本帝国憲法の特徴である『輔弼責任制』から来る必然の結果である」と指摘する。

なぜ「輔弼責任制」を採用し、天皇を「裁可者」としたかについては、①皇室制度の政治的権威は永遠の源泉でなければならない、②政治上の失敗が天皇の身に及んで来ないようにしなければならない、③天皇の人間的弱さが、日本の国体における皇位というものの超越的役割を危うくせぬようにしておかなければならない、との理由から来る「尊皇心旺盛な明治憲法制定者達の苦心の作だった」と奈須田氏は分析する。

その中心にいたのは、まぎれもなく起草者の伊藤博文だった。プロシアから帰国した伊藤を待っていたのは、「プロシアを手本とした専制君主制を実現する工作をやるのではないか」と恐れる人たちと「天皇の『大権』を危うくするような宮廷の制度・慣行の改定に乗り出すのではないか」との警戒する人たちの両サイドであり、伊藤はその狭間に立たされる。

このため、すでに触れたように、伊藤は政府参議のポストを握ったまま、宮中に新設された制度取調局の長官に就任し、宮内卿にも就任する。これら三つの重職を得た後、憲法制定以前の明治18年、「内閣制度」を創設する。この結果、宮内卿は宮内大臣となり、宮内省自体が一般政府機構の外に置かれる。

伊藤は、自ら宮内大臣を兼務する初代総理大臣となることによって、公然と非難を受けるなか、明治初期の「天皇親政」から「宮廷・政治分離」を実現した。次に伊藤は、井上毅、伊東巳代治、金子堅太郎らと憲法草案をまとめ、憲法発布1年前の明治21年、憲法草案を審議するため、勅令によって「枢密院」を設置し、自ら議長に就任する。

この枢密院は、大統領が元首を務める共和制国家にはない機関で、イギリスの枢密院を見習ったものと考えるが、明治憲法においては、第56条に「枢密顧問」として「天皇ノ諮詢ニ応ヘ重要ノ国務ヲ審議ス」とあるものの枢密院の記述はない。しかし、枢密院は枢密顧問により組織された「天皇の最高諮問機関」と位置付けられ、「憲法の番人」とも呼ばれた。

余談であるが、枢密院は国政に隠然たる権勢を誇り、政党政治の時代にあっても、藩閥・官僚制政治の牙城をなした。明治憲法を「不磨の大典(ふまのたいてん)」に押し上げた要因の一つは、この枢密院の存在だったと考えるが、満州事変以降、軍部の台頭とともにその影響力は低下する。

伊藤は、イギリス流の(裁可者としての)立憲君主制を実現する手段として明治憲法に輔弼責任制を採り入れた。憲法には、輔弼の責任を有する「国務大臣」は規定されている(55条)が、「内閣」そのものの規定はない。内閣は、「天皇を輔弼する国務大臣が協議するために設けられた組織体」と位置付けられ、内閣総理大臣は内閣府の「番頭格」あるいは「世話人代表」でしかなく、国務大臣の任免権もなかった。

一方、内閣総理大臣は、初代の伊藤博文が就任した際の要領、つまり「元老の助言に基づき『大命降下』という形で天皇が任命する」慣例が出来上がる。「内閣」をあやふやで不安定なものにした要因はここにあるのではないかと考える。明治時代は、この不安定さを「元老」がカバーしていた。特に、日清・日露の戦争指導の見事さは、まさに英邁な明治天皇の統治能力とぴったり呼吸があった元老（元勲）グループのチームワーク、そして任務分析と相互協力の賜物であった。

しかし、この元老（元勲）もまた憲法に規定はなく、元老も天皇の勅書をもって任命される。その勅書には、明治天皇に倣い、大正天皇も昭和天皇も各元老に贈った共通の言葉として、「勲」「輔」「導」が含まれ、「国家の『元勲』であり、天皇を『輔導』するものである」ことを明示していた。つまり、「元老とは、天皇の御指南役であり、『摂政』と紙一重であった」（「ざっくばらん」）のだった。

新憲法制定を至上命題とした伊藤の苦悩が見えるようだが、このようにして、明治時代の特性からくるさまざまな妥協の産物的側面を残したまま、プロシア方式とイギリス方式を混合したような二重性を有する憲法が出来上がる。そのうえ、元老、内閣、枢密院など、憲法に規定されてない権力や機関をもって天皇を補佐するという、明治初期の天皇中央集権の名残りを保持した形で、日本独特の統治制度が出来上がり、一度も見直されることなく終戦まで続くのである。

「統帥権の独立」の特色と根本問題

その中で「統帥権の独立」は、さらに複雑な要素を残していた。大日本帝国憲法では、統帥権は「統治権を総攬」とだけ規定された行政権の範疇に入るか否か、あるいは、行政権を管掌する国家機関は内閣（政府）であるか否かが曖昧だった。

欧米諸国では、一般に軍の統制は行政権の範疇に入り、政府に所掌するが、プロシアの軍制に倣った日本は、軍令（統帥権あるいは統帥大権）と軍政（行政権）を分立する二元主義を採用したのでよけいにややこしくなった。

憲法第11条の「統帥大権」は、行政府とは別個に天皇に直属隷属する「統帥部」がそれを所掌する仕組みだが、統帥部は陸軍の参謀本部と海軍の軍令部からなり、それらの長である参謀総長と軍令部長が統帥権行使を補佐することを「輔翼」と称していた。他方、陸海軍に関する行政（軍政）は、内閣（政府）を構成する陸軍大臣（陸軍省）と海軍大臣（海軍省）が所掌していたが、陸軍大臣と参謀総長、海軍大臣と軍令部長はいずれも天皇に直属する併立の独立機関だった。

なかでも問題になったのは、軍政のうちの軍事専門的行政といわれた軍の編制、装備、兵力量などに関する事項だった。一般には軍令と軍政の「混成事項」と称された部分である。第12条には「天皇は陸海軍の編制及び常備兵額を定む」とあり、「編制大権」と呼称される。この編制大権も統帥大権同様、原則的に内閣に帰属する一般行政権の範疇外と見なされることが多かった。つまり、編制大権の行使は、陸海軍大臣による輔翼行為として、参謀総長・軍令部長とそれぞれ協議したうえ、閣議に付議する必要なく、内閣総理大臣にのみ報告する慣習ができていた。

このように、陸海軍大臣は、①国の行政全般の議に参画する国務大臣であり、②編制大権に関する天皇の補佐者であり、③有事に編成される大本営の構成員である。それゆえに、陸海軍大臣は現役大中将でなければならないという主張が出始めたのだった。最初にここに目をつけたのが、山縣有朋が首相の時に規定した「軍部大臣現役武官制」(明治33年)だった。これによって、軍部の合意なしに組閣することは困難になった。軍部大臣現役武官制は大正2年、山本権兵衛内閣の時に削除されるが、「二・二六事件」以降の昭和11年、広田弘毅内閣で復活し、終戦まで続く。

さらに、軍令も軍政も陸軍・海軍がそれぞれ併立していたことが陸海軍の対立を生む要因となった。正確にいえば、明治19年からしばらくの間、「参謀本部」として海軍の軍令機関が陸軍に統合された時期があったが、さまざまな議論を経て、明治36年以降は、平時も有事も、陸海軍の軍令・軍政ともそれぞれ併立の独立機関になっていた。

見直されなかった「統治制度」

日本の立憲君主制度は、名君の誉れが高かった明治天皇をはじめ、明治維新によって天皇中央集権体制を作り上げ、天皇の信頼の厚かった元老たちが次々に他界する大正時代になると、その実態が急変する。失礼ながら、日清・日露戦争以降の元老たちは、ご指南役としてはいかにも小粒になったばかりか、大正デモクラシーによって世論の影響力も増大してきた。こうして、不磨の大典としての大日本帝国憲法の矛盾が露呈し始めた。

特に、大正10年に原敬が暗殺され、11年に山縣有朋が死去すると、どの政府機関も固有の権力を主張し始める。外務省は外交の支配権を、司法省は法制度の支配権を、枢密院や貴族院も独特の地位を、その延長で陸海軍も統帥大権をことさらに主張し始める。それがあまりにひどくなり、政治的合意を維持することが困難になり始めるのである。ことに、軍部と文民の間の争いが政治全体に浸透し始め、制度上「国家指導者」になるべき存在が不在のまま、「天皇大権」だけが独り歩きすることになる。

日本は、飛鳥時代の7世紀に「律令制度」を導入してから、一部改正はしたが、明治初期までの約1200年間もの長きにわたりこれを保持し続けた。そして、明治憲法は現憲法が制定されるまでの57年間、一度も改正なし。現憲法も制定以来70年余りの歳月が流れる。こうしてみると、一度、国の統治制度を制定すると、何かあるまでは改正しないのが、わが国の「国柄」、あるいは「風土」と呼ぶべきものなのかも知れないと思ってしまう。

戦前の歴史を振りかえれば、大正時代あるいは昭和初期こそ、憲法をはじめ、国の統治制度を改正すべきだったと考える。紹介したように、国内的にも見直しの契機となるような現象が発生していたことに加え、第1次世界大戦後、ドイツ帝国、オーストリア・ハンガリー帝国、ロシア帝国、オスマン帝国の5大帝国が滅亡する。特に、ドイツ（プロシア）に多くを倣った日本が、なぜあの時点で「欧州の帝国滅亡を他山の石として、憲法など国の統治制度を見直そう」と、当時のリーダーや有識者たちの誰かが声を上げなかったのか、何とも不思議な思いにかられる。

その時点では、まだ日英同盟も健在だったことでもあり、イギリスそして新鋭のアメリカに学ぶことが可能だったと考えるが、戦勝国の仲間入りした結果、「一等国」と浮かれてしまい、国家を挙げて彼らと張り合うことに東奔西走してしまった。

こうして、明治人の知恵が形骸化し、日本独特の統治制度は千変万化する時勢への適応性を欠いたまま、激動の昭和に突入してしまうのである。

「ファッショ化」と「ポピュリズム」の台頭

明治維新以降の「和魂洋才」の定着は、明治後半になると「自然主義」という名で個人主義的近代思想に発展し、やがて大正デモクラシーとして発達する。昭和に入ると、世界恐慌の波及もあって、瞬く間にマルクス主義革命運動が台頭し、文化運動としてプロレタリア文学も隆盛する。特に、資本主義の発達が西欧諸国から遅れていたロシアにおいて、そのコンプレックスを克服する手段としてレーニン主義が発達したように、日本においてもレーニン主義が信望されることになる。

そのような日本がなぜ「ファッショ化」（ファシズム）の道へ進むことになったのだろうか。ファシズムにはさまざまな解釈があるが、一般に「強力な軍事力によって国民の権利や自由を抑圧する国家体制」といわれ、「全体主義」とほぼ同義語である。

このファッショ化は決して日本だけの現象ではなく、ソ連に接した国のほとんど、そしてドイツ、イタリア、スペインなどもこの体制を採用した。これらの現象には共通の原因があった。つまり、華やかな中世を経験した国が多く、中世の原理が深く根ざしていたため、近代国家の出発が遅れ、「持たざる国」となったのである。しかも、第1次世界大戦後の世界不況、対外関係の困難や思想の混乱からそれらへの反作用として、ファッショ化したのだった。

その中で、日本のファッショ化は、明治以来の立憲君主制の特殊性と日本で発達したマルクス・レーニン主義を見事に吸収するような形で発達し、昭和初期において、軍という圧倒的な力を持った組織が「独立した政治意識」を持つようになる。

まず、青年将校の運動であるが、昭和初期、「赤にあらずんば人にあらず」との左翼思想がインテリの間にまん延し、若い世代は完全に政治化する。インテリ層は武器を持っていなかったのですぐに弾圧されるが、その風潮が若い将校たちに伝播し、軍人特有の形に変形していく。特に、多くの軍人が農家や中産階級出身であったことから、社会の不正を憎み、苦しんでいる人々に同調する激情を保持している点ではインテリ層の動機とほぼ同じだった。

唯一の違いは、インテリ層がマルクス・レーニン主義に則り天皇と祖国を否定したのに対して、国防に任ずる軍人たちはこれらを肯定し、絶対視した。しかも、将校たちが求めていた「天皇制」は、イギリス的な「立憲君主的天皇制」（機関説的性格ともいわれる）ではなく、国家の一元的意思の体現者としてプロシア的な「統帥権的天皇」だった。それればかりか、立憲君主的天皇を支えていた政党、財閥、官僚、軍閥を否定した。こうして、大正デモクラシー以来の自由主義政党による腐敗に反発して軍国的な国家社会主義を目指すことになる。

この動きは、「昭和維新」を唱える昭和初期に始まり、五・一五事件や二・二六事件を経て、やがて、軍全体が「国を救う者は自分たちだけである」との異常なまでの自尊心を誇示し、「天皇親政」のもとの「皇軍」に代表される圧倒的な力を確立していった。背景に世界恐慌以降、国民経済が疲弊し、政治においては政党や官僚に対する不信感から、この軍の動きを強烈に支持した社会の機運（国民の総意）もあった。

そのうえ、青年将校ら軍人には思いがけない応援団がいた。青年将校らの現状打破・革新への思想を巧みに利用した、ゾルゲや尾崎秀美など共産主義者グループだった。彼らは、コミンテルンの戦略に基づき、日米戦争を画策してわが国を敗戦に導こうと謀略を働かせ、一連のスパイ活動を実行するが、やがて軍人の一部のみならず、革新官僚、近衛政権内の要人らとも連携し、統制経済の実施をはじめ、当時の主要な政策を陰で主導した。

こうして、冒頭に紹介したように、「近代日本は西洋列強がつくり出した鏡」としたヘレン・ミアーズの指摘のように、軍人たちは、欧米諸国同様の手法で、あるいは明治の先人たちの行動を真似ながら、「やらなければ近隣諸国も日本自体も欧米の植民地にされるかも知れない」との恐怖感と隣り合わせに、自らの正当性と正義感を作り上げ、欧米諸国と競合しつつ近隣諸国における権益確保に励むことになる。

この結果、国民の圧倒的な支持を得た満州事変を契機に、日中戦争、さらには「八紘一宇」のもとの「大東亜共栄圏構想」へ拡大して、日米開戦、そしてついに敗戦に至るのである。

さて、国民の圧倒的な支持の源でもあった戦前の「ポピュリズム」についても取り上げておこう。

戦前のポピュリズムは、日露戦戦争後の「日比谷焼き討ち事件」から始まったことは触れたが、大正デモクラシーを経て昭和に至ると、マスコミが煽動するポピュリズムはますます盛んになる。

「日米戦争に日本を進めていったのがポピュリズムなのに、この戦前のポピュリズムの問題がまったくといっていいほど取り扱われていない」（筒井清忠著『戦前日本のポピュリズム』）との指摘のように、満州事変以降、日中戦争を経て、日米開戦に至るまで、軍人含む為政者の判断を狂わすほど国民世論が絶対的な影響を与えたことは事実だった。一例を挙げれば、開戦前の昭和16年12月、米英との交渉に弱腰な政府に業を燃やし、首相官邸には「東條内閣は腰抜けだ。日米開戦すべし」という強硬な投書が約3000通も殺到した。また、真珠湾攻撃が成功するや、各新聞は「大戦果、日本中が熱狂」などの見出しで海軍の行動を称賛する記事で埋め尽くされたばかりか、当時の主だった作家や詩人らも異口同音に戦争を称賛する文章を残している。

歴史書には、随所に「国民の圧倒的な支持」とか「世論の熱狂的な支持」という文字がたびたび登場するが、ポピュリズムの実態を解明しようと果敢に取り組む研究は少なく、マスコミ各社もなぜか戦前の自社の行動には黙して語らない。

筒井氏はまた、現在も続いている「劇場型大衆動員政治」を「わが国は戦前に経験した」と指摘するが、為政者や軍人たちが世論を無視して独断専行したわけではなかったことは間違いないだろう。

歴史の見方は難しい。研究者の中には、東京裁判的な史観から一歩も出ず、史実を無視し為政者や軍人たちを攻めることをもって自らの成果と誇る人たちも散見される。

日本の破綻の根本は、不磨の大典とされた大日本帝国憲法をはじめ、顧みられることがなかった統治制度が、急激に変化した時勢への適応性を欠いてしまったことにあり、特定の組織とか人間にその責任を押し付けることは不可能であると筆者は考える。

昭和天皇の嘆きは、明治時代と似ても似つかない昭和時代の日本の統治の実態を踏まえ、裁可者として、孤立無援だった天皇のお立場を如実に物語っていると推測するが、それこそ、明治以降の歴史のつながりからくる、日本の宿命であったとも思うのである。

22 大東亜戦争の教訓・敗因と歴史的意義——総括（その2）

「大東亜戦争」の教訓

「振り返れば、すべて苦しみの連続だった」として『幾山河』と題した回想録や『大東亜戦争の実相』などを上梓された瀬島龍三氏は、大東亜戦争の間、主に作戦参謀として勤務し、陸軍首脳部の内側で戦争を実体験され、戦争末期には関東軍参謀に転属、終戦後はシベリア抑留も体験している。

瀬島氏は、『大東亜戦争の実相』の中で、大東亜戦争の性格を①あくまで自存自衛の受動戦争であり、アメリカを敵とした計画戦争ではなかった、②日本から要請した首脳会談をアメリカが拒否し、首脳会談が叶わなかったことは残念だった、③戦争の責任は日本に一方的にあるのではなく、アメリカにも戦争の責任がある、としたうえで以下のような七つの教訓を掲げている。

まず教訓の第1は、「賢明さを欠いた日本の大陸政策」である。わが国が「ハル・ノート」を受諾できなかったのは、大陸政策を否定され、国家の威信の全面否定だったと瀬島氏はとらえている。

幕末から明治にかけて、わが国は、北からはロシアの南下、南からはインドや清国を植民地化したイギリスの2大強国が迫ってくるという国家存亡の危機にあって、自衛独立の機能が欠如していた朝鮮半島、そしてロシアの満州占領を放任したままの大陸情勢から、国防上「開国進取」を国是にかかげ、日清・日露戦争を実施した。その結果として得た大陸の権益は、やがて政治的、経済的、軍事的勢力圏建設へと変貌し、満州事変から支那事変と発展していく。背景に、日本の国土狭小、資源貧弱、人口過密に加え、世界恐慌による世界経済のブロック化があった。

この大陸政策は、国民的合意を得たものであったが、中国大陸進出を企図するアメリカから否定され、日米開戦の要因となった。瀬島氏は、結果論として、さまざまな事情があったにせよ、日本の大陸政策はその限界、方法、節度において「賢明さを欠いた」と断じている。

教訓の第2は、「早期終結を図れなかった支那事変」である。瀬島氏は、その大陸政策の象徴として、「支那事変は満州事変の終末戦」として陸軍中央部に拡大反対派が存在した事実や、目的を「満州国承認」の一つに絞り、早期終結を図るべきだったと回顧する。武藤章ら陸軍の強硬派と海軍、さらに近衛内閣の大勢により事変の拡大を図ったことが悔やまれる。

教訓の第3は、「時代に適応しなくなった旧憲法下の国家運営能力」である。その概要はすでに紹介した。瀬島氏は、東條英機といえども、最後は国務大臣の岸信介の辞職拒否によって総辞職のやむなきに至ったことを取り上げ、非常事態においても一国務大臣のポストを自由にできなかった大日本帝国憲法の実体（欠陥）を指摘している。

教訓の第4は、「軍事が政治に優先した国家体制」である。これについてもすでに取り上げたが、瀬島氏は、統帥権の独立により政略と軍事戦略の統合を必要とする国家意思の決定について、政府と統帥部の協議を待たねばならなかったこと、しかも軍事戦略を伴う決定は、統帥部の実質的イニシアチブによって行なわれたこと、さらに軍部大臣現役武官制によって内閣を打倒し得たことを指摘する。加えて、二・二六事件などのテロの脅威が、政治に対する軍事優先に拍車をかけたとしている。

教訓の第5は、「国防方針の分裂」である。国防方針をめぐる陸海軍の対立は明治時代までさかのぼり、陸軍がロシアを、海軍がアメリカを想定敵国として軍を建設してきたが、昭和になり、陸軍は自ら推進してきた大陸政策をアメリカに否定されたため、一時は対米主戦論に傾き、海軍が対米慎重論に傾いた。一方、大東亜戦争開始直前まで、日本国民のだれもがアメリカとの戦争など考えていなかったなかにあって、慎重だった海軍が日米戦争の口火を切ったのは、「戦争抑止軍備が時に戦争促進軍備になるという軍事力の持つ慣性であり、海軍もその轍を踏んだ」と解説する。その根本こそが、陸海軍ともに、自軍軍備建設に好都合な国策を主張して対立を続け、「自軍軍備あるを知って、国家あるを知らざる状態」が続いたことを「誠に悲劇だった」と述懐する。

教訓の第6は、「的確さを欠いた戦局洞察」である。戦局の将来を的確に洞察することがいかに至難なことであるか、しかし、「戦争最高指導部の最大の使命は戦局の洞察にある」ということを瀬島氏は改めて指摘する。楽観的な支那事変の見積り、欧州正面における大英帝国の崩壊や独ソ戦の早期決着予測などに加え、大東亜戦争緒戦においても、太平洋正面作戦は海軍の艦隊決戦によって決着するとの判断など随所に及んだ。

教訓の第7は「実現に至らなかった首脳会談」である。国家間における話し合い、特に責任ある首脳会談の重要性を挙げているが、昭和16年8月の日米首脳会談、また、東條内閣が発足して国策再検討を行なっていた頃に首脳会談が実施されなかったことは誠に残念であったとし、「もし実現しておれば日本の破局は回避し得たかも知れない」と分析している。そのうえで、日本側は、対米戦争を決断した際にも首脳会談を執拗に提案し、破局の打開を希求すべきだったと回顧している。

以上の七つの教訓は、戦後に回顧したとはいえ、作戦参謀としての経験から掛け値なしの本音と思われるだけに一つひとつに重みがある。この七つの教訓はすなわち、わが国が破局に至った要因でもあり、「歴史のｉｆ」、つまりこのうち一つでも「そうならなかったら」あるいは「それが実現したら」と仮定すると、わが国の命運が様変わりしたであろうことは容易に想像がつく。

旧軍を批判するのは簡単である。しかし、ここに掲げられているような教訓をすべて昭和の軍人のせいとするのはあまりに史実と違い、無理があることは明白である。そして、将来の日本の平和と安寧を維持するためにも、一部現在にも共通するこれらの教訓を活かすことが肝心と考える。

「大東亜戦争」の敗因分析（1）――国内的要因

大東亜戦争の敗因については、すでに国防史の中でさまざまな角度から触れ、前項でもその歴史的な国内事情について触れた。そして昭和天皇自らの敗因分析についても紹介した。

ここでは、主に大東亜戦争の主に軍事的側面に焦点を当てて敗因を分析し、未来につながる教訓や課題を導きたいと考える。まず「国内的要因」として次の3点が挙げられよう。

まず第1に、「先天的要因」である。本書の冒頭に「日本および日本人の四つの特性」として地政学や民族性に根ざした日本独特の特性を紹介した。西鋭夫氏は「どの国の歴史も、戦争と平和の歴史だ。良し悪しを越えた、生きるための死闘の歴史だ」（『國破れてマッカーサー』）と語っているが、生存のために何度も何度も戦争を繰り返した欧米諸国や中国と比較して、日本は、環境に恵まれたがゆえ、余計に他国や他民族との戦争に向かないものばかりだったことがわかる。

特に、戦国時代などの一時代を除き、普遍性のある「兵法」も発達しなかったが、ようやく明治維新になって、富国強兵政策により近代軍の建設を目指すことになった。江戸時代に蓄積した手工業技術や明治人たちの並々ならぬ努力の甲斐あって、「にわか近代軍」がまさに完成しようとした矢先に日清・日露戦争に突入し、幸運にも両戦争で勝利してしまう。その延長で、必ず敗因のやり玉に挙がる「日清・日露戦争のおごり」が生じてしまう。

確かに、諸般の事情があったとはいえ、海軍の「大艦巨砲主義」や陸軍の近代化の遅れ、なかでも「情報」「兵站（後方支援）」、そして「人命軽視」思想などは、数少ない戦争経験、そのうえ、建軍途上にあった両戦争の勝利が影響を及ぼしたことは否めないだろう。

第2に、戦争指導体制に着目しなければならない。

「国家総力戦」となった第1次世界大戦以降の戦争においては、勝利の鍵は、特定の戦場や戦いで能力を発揮する軍人たちの手を離れ、ルーズベルトやチャーチルといった辣腕の国のリーダーの手に握られることになった。これに対して日本は、国家総力戦体制の整備を推進したが、すでに述べたような統治制度の壁が、大所高所から最適な決断を下し、軍人たちをはじめ国家のあらゆる資源を使いこなす強力なリーダーの出現を阻んでしまった。それどころか、一元的な国家の戦争指導体制さえも構築できなかった。

皮肉にも、東京裁判の訴因となった「共同謀議」容疑は、でっち上げでも訴因を作り出したいとした連合国側の焦りが根底にあったとはいえ、個人的には、共同謀議のような仕組みや知恵があれば、日本は違った選択肢を採用したかも知れないと考える。実態は「リーダー不在」「政軍不一致」「陸海軍対立」のまま、首尾一貫して統一した国の舵取りができなかったことが、戦争を回避できず、かつ敗戦に至ったのだった。

第3に、「戦略・戦術の不一致」も重大な問題だった。

クラウゼヴィッツは「戦略の失敗は戦術で補うことはできない」との有名な言葉を残しているが、

昭和初期の大陸進出以降、一貫した「国家戦略」がなかったことに加え、日米開戦においては、戦略（「腹案」）を無視し、ルーズベルトの謀略に見事にはまったような形で真珠湾攻撃を敢行し、緒戦において致命的な失敗を犯した。

特に、山本五十六連合艦隊司令長官の独断を誰も止めることができなかったという戦争指導体制上の欠陥が露呈したとはいえ、その後の歴史を知る立場からは、「真珠湾攻撃は、戦略的に大失敗だった」（兼原信克著『歴史の教訓』）と評価され、真珠湾攻撃成功の瞬間から日本は、敗戦に至る道をひたすら歩き始めるのである。仮に、真珠湾攻撃成功の後に、日本が当初目指していた「腹案」に回帰していたら、つまり戦略と戦術を一致させていたら、その後の展開は大きく変わっていたことだろう。しかし実際には、連合艦隊はその後も「腹案」とはまったく別な戦いを繰り広げ、ついには連合艦隊そのものが消滅し、敗戦する。

第4に、「戦争の終末をどのように描いていたか」の問題がある。

山本長官が「緒戦で一泡吹かせてどこかで休戦」と考えて断行したといわれる日米開戦の終末をどのように描いていたか、は不明である。少なくとも、日露戦争が始まる前に、伊藤博文が金子賢太郎をアメリカに送って仲介を画策させたように、真珠湾攻撃自体を直前まで知らなかったとはいえ、政軍のリーダーの誰かが自ら望む終末を迎えるため、何か先手を打ったという記録はない。

一方、「総力戦」の時代だったとはいえ、当時、科学・技術や経済力など国家の総力を活かし、陸にあっては戦車や大砲や大量の兵士、海にあっては航空機や航空母艦や潜水艦のような近代装備の数々を投入した「消耗戦」までは予想していたとしても、大型爆撃機による焼夷弾攻撃や原子爆弾による無辜の民の無差別殺戮まで視野に入れた「総力戦」をイメージしていたとはとても思えない。つまり、終戦に至る戦争の実態は、あの時点の終末予想をはるかに超えていたのである。

そう考えると、最終的に前人未到の原子爆弾の使用にまで至った日米開戦は、これ以降の戦争の意義や限界を大きく変えるきっかけとなったことは間違いないだろう。アメリカ側からすれば、すでに触れたように、原子爆弾を使わずとも勝利を得ることは確実だったのにもかかわらず、武士道精神にあふれる日本の軍人たちの了見（常識）をはるかに超える戦略目的と無慈悲さをもって、パンドラの箱を開ける結果となった。

結果論として、「一泡吹かせよう」とした真珠湾攻撃の過失と代償はあまりに大きいものがあったが、筆者は、ここにこそ日米開戦の本質と日本軍の敗因が集約されているばかりか、明治以降の日本が避けて通れない「宿命」があったと考える。

「大東亜戦争」の敗因分析（2）――欧米諸国と絶対的な差異

確かに「戦略と戦術の一致」や「無慈悲」という意味では欧米諸国は日本より一枚も二枚も上だった。興味深いのは、米太平洋艦隊司令官だったジェームズ・リチャードソン提督が、東京裁判において検察側証人として来日した際に、オランダ判事レーリンクに語ったといわれる次の証言である（レーリンクはその内容を1946年11月の時点で妻に宛てた書簡に書き送っている）。

「一九四〇年十月、彼（リチャードソン）は司令官として、ルーズベルト大統領に呼ばれた。彼は『大統領、太平洋で戦争をするのですか』と尋ねた。ルーズベルトは『ジャップがシンガポール、あるいは蘭領東インドを占領しても、そうはならない。（米領だった）フィリピンを占領したって、米国人は戦争をしたがるとは思えないね。しかし、彼らが過ちを犯せば、私は宣戦布告できるようになる』と言った。リチャードソンによれば、ルーズベルトは戦争をしたがっていた。真珠湾攻撃という過ちが起きなければ、米国民は戦争をしたがらなかっただろう。奇妙なのは。ジャップが米国人の『無関心』をあてにしたことだ。（中略）しかし、真珠湾で米艦隊が大打撃を受け、一夜にして状況は変わった。米国民の九十五％が戦争反対だったのに、九十五％が戦争を支持するようになった」

（三井美奈著『敗戦は罪なのか』）


すでに述べたフーバー元大統領の指摘のように、真珠湾攻撃の1年以上も前、つまり日米諒解案提示のほぼ半年前から、ルーズベルトは、真珠湾攻撃が日本の過失によって発生するよう作為していたのである。そのうえ「勝つためには手段を選ばない」戦略は、敵国の無辜の民の殺戮はおろか、味方の犠牲までも厭わないのであって、ルーズベルトは自分が仕向けた日本軍の真珠湾攻撃を暗号解読によって正確に把握していたのにもかかわらず、現地に知らせず、3000人以上の兵士を見殺しにした。同様に、チャーチルはナチスと戦うため、フランスのカレーに所在していた約4000人の兵士を犠牲にしてダンケルクの30万人を救った。

真珠湾攻撃を引き合いに出して、原爆投下の大義名分（正当性の根拠）を主張したトルーマンは、ソ連の満州侵攻後、日本降伏の報告を受け、なおもソ連が戦争を継続していることを知り、攻撃作戦を一時停止するようアメリカ軍に命じる。ソ連による日本軍の人的損害が拡大することによって、原爆による人的損害を小さく見せることを企図したといわれる。

事実、参戦後のソ連軍は満州で270万人の日本人を捕らえ、35万人から37万5千人が最終的に死亡もしくは行方不明となっている。その上、64万人の日本人捕虜がシベリア各地の強制労働収容所に送られ、約6万人以上が犠牲となる。これに対して、当時の原爆の犠牲者は広島・長崎合わせて約21万人ほどである。そのうえ、この数字を正当化する（だけの）目的で、東京裁判では「30万人の南京大虐殺」を強調した。

このように、我の謀略を敵の過失（悪）として国民の戦意を煽り、己の正当性を印象づける謀略やしたたかさ（悪知恵）こそが、欧米列国の「総力戦」であり、勝敗を分かつ岐路になったと考える。そこには、ルーズベルトやトルーマンやチャーチルなど、国のリーダーとしての個人的資質のみならず、長い歴史の中で、何度も戦争を経験し、勝つために何をすべきかについて魂の奥底で継承されてきた民族のDNAから生み出されたもの、そして、植民地支配を通じて定着した人種差別や宗教差別が根底にあると考えるべきだろう。

これらについて、日本人は逆立ちしても敵わない。「非情になれない」「したたかになれない」と「戦争に不慣れ」「経験不足」は同義語ともいえるし、「武士道」と「騎士道」の本質的違いかも知れないが、日本には、どうしても欧米諸国を越えられない絶対的な差異があったのだった。

実は、「非情なうえ、目的のために手段を選ばず」に関しては米英の指導者よりさらに上がいた。スターリンである。すでに触れたように、スターリンは、「日米を戦わせ、双方を弱らせて漁夫の利を得る」との高邁な戦略に基づき、アメリカにおいては「雪作戦」と命名された作戦をルーズベルト政権の中枢で巧妙に展開し、日米開戦に舵を切らせた。そして、日本国内においては、ゾルゲ機関が近衛内閣の内側、軍、官僚、マスコミ界に巧みに潜り込み、「南進論」を画策し、中国大陸においても、蔣介石の顧問として送り込まれた工作員が共産党と連携して日米交渉を妨害し、日米開戦へ誘導した。

これらを総括すると、第2次世界大戦は、当初はドイツと手を結ぶも、途中からドイツを米英側と共通の敵とみなしてドイツを撃破、同時に日米開戦を画策し、終戦時に日ソ中立条約を破って満州や北方領土へ侵攻するなど、まさにスターリンの「完勝」だった。

その延長で戦後は、中国を共産化し、巧妙に朝鮮戦争を引き起こす。日本の占領においても、極東委員会による関与に加え、ニューディーラーたちを送り込んで占領政策を支配、日本改造を企図し、あわよくば日本の共産化まで画策した。欧州正面においても、ドイツを分割し、東ヨーロッパを支配した。ようやく米英がこのようなソ連の進出を脅威と認識し、待ったをかけなかったら、日本や東アジアはどうなっていただろう、と考えるだけでもぞっとする。

戦争の勝敗は、必ずしも国力の差だけで決まるものではないことは、ベトナム戦争などから明らかである。これらから改めて、大東亜戦争の敗因を総括すると、わが国は「知恵の差」で負けた、とするのが最も適切と考える。

ここまできて初めて、「わが国は二度と戦争を起こしてはならない」との言葉で締めくくりたいと考える。その理由は、現在の日本（日本国民）が、大東亜戦争など一連の戦争の歴史を通じて、戦争に至った経緯や敗因を学び、欧米諸国同様の「戦略眼」や勝利するためのしたたかさや非情さを身につけ、それらを将来に活かす意欲を持ち、実行するとはどうしても思えないからである。

現実はその逆であろう。大方の国民が「自虐史観」を受け入れ、歴史からも経験からも何も学ばず、「一億総懺悔」のように、否定すること、悔いること、詫びることのほうに力点が行っている。よって、「二度と戦争を起こしてはならない」を強調したいと考えるが、大事なことは、「二度と戦争を起こさないためにどうすればいいか」にあることを強調したい。東條らの供述のように、戦争は自らの意思に反して、受動的に起こる可能性があるからである。これは将来も変わらないだろう。そのような戦争まで含めて、これを防止するためにも、かつての人類の歴史や自らの経験を学び、知恵を働かせ、国を挙げて侵略防止の態勢を整備するしか、戦争という国難の再来を回避する手段がないと考える。

戦争を防止するためには、適切な外交に始まり、防衛力や日米同盟などの物理的な抑止力が必要不可欠なのは当然だが、それだけは不十分だ。戦争を回避する最も大事な要件は、自国に対する誇りや国を守る気概をはじめ、知恵があり、ポピュリズムに陥らないで沈着冷静な判断ができるリーダーを選出することを含む「国民精神」の総和にあると断言したい。この細部は、のちほど触れよう。

「大東亜戦争」の歴史的意義

本書は、世界の動きと連動しつつ、日本の「国防史」を振り返った。東洋の島国・日本が国際社会、つまり世界史を動かした史実、つまり、人類の長い歴史の中で、大東亜戦争の歴史的意義について改めて考えてみたいと思う。

まずは「500年の白人支配に終止符を打ったかどうか」である。

大航海時代以降、航海術や科学技術に勝る西欧列国は、「白人優位主義」を掲げ、約500年にわたり植民地支配を続けてきており、アメリカ合衆国が独立前の18世紀中頃には、地球上の約85パーセントを支配していたことも紹介した。そして独立したアメリカも西欧諸国に仲間入りし、領土の拡大を企図し、ハワイを併合し、フィリピンを植民地化した。問題は植民地支配のやり方にあった。彼らは、白人以外の有色人種を人間として認めず、人身売買、搾取、殺戮、強姦など何でもありだった。

白人の植民地支配の歴史は、有色人種にとっては「人間としての尊厳そのものが否定された歴史」でもあった。日本は、第1次世界大戦後のパリ会議において、人類史上はじめて「人種差別撤廃」を提案したが、アメリカ国内世論の反対に遭ったウィルソン大統領により否決された。

日本はまた、大東亜戦争中、「大東亜共栄圏構想」を掲げ、東亜（アジア）民族の独立と共存共栄を目指した。そして戦争最中の昭和18年には「大東亜会議」を開催し、8か国の国政最高責任者やチャンドラ・ボーズらオブザーバーが東京に参集、「大東亜共同宣言」を採択した。

宣言は「世界各国が互いに寄り合い助け合ってすべての国家がともに栄える喜びを共にすることが世界平和確立の基本である」と始まり、「しかし米英は、自国の繁栄のためには他の国や民族を抑圧し、特に大東亜に対してはあくなき侵略と搾取を行い、隷属化する野望をむきだしにして大東亜の安定を根底から覆そうとした（略）」と続く。

この会議に関しては、さまざまな議論があるが、当時のアジア諸国が置かれた状況や会議参加者たちの独立にかける思いがひしひしと伝わってきて、「大東亜会議は『アジアの傀儡を集めた茶番劇』などでは決してなかった」（深田祐介著『黎明の世紀』）のである。

心ある欧米人たちは、自らの植民地支配の歴史に対する贖罪意識を保持し続けていたと推測するが、そのような意識はおくびにも出さないまま、ついに1948（昭和23）年、「世界人権宣言」を国連総会で採択した。そこには「すべての人は、人種、皮膚の色、性、言語、宗教、政治上その他の意見、国民的もしくは社会的出身、財産、門地その他の地位又はこれに類するいかなる事由による差別をも受けることなく、この宣言に掲げるすべての権利と自由とを享受することができる」（第2条）とある。

またしても「歴史のｉｆ」であるが、この宣言の趣旨が前述のパリ会議で採択されていれば、わが国の歴史はもちろん、世界の歴史は大きく変わっただろうと推測する。

「世界人権宣言」の採択を受け、現在、外務省によると、国際社会で認められた196か国の独立国と13か国の未承認国が存在しているが、依然として、イデオロギー、宗教、文明、人種差別などの対立が続き、中国においては、新疆ウイルグやチベットの支配や人権弾圧、そしてかつての西欧列国の植民地主義のような、力による「現状変更路線」を継続している。

それでも、かつてのような白人支配に戻る可能性はゼロと断言できる。つまり、大東亜戦争におけるわが国の奮闘が、世界史のおける白人の優越に終止符を打つ原動力なったことは、人類の歴史上の事実として間違いないのである。

ビルマの独立運動家バー・モウは「歴史的に見るならば、日本ほどアジアを白人支配から離脱させることに貢献した国はない。しかしまたその開放を助けたり、あるいは多くの事柄に対して範を示してやったりした諸国民そのものから日本ほど誤解を受けている国はない」（前掲書）との言葉を残している。このバー・モウの言葉を引用した深田氏は、「この誤解している諸国民の中に『日本国民』自身も含まれているところに、戦後日本の悲劇がある」（前掲書）と日本の現状を嘆いている。そろそろ自国の歴史に自信と誇りを持っていい時期に来ている。

歴史の正義・不正義を測るうえではタイムスパンの問題があるといわれる。大東亜戦争も、日、月、年、そして世紀、それぞれの単位で測れば日本と欧米列国のどちらに正義があったか、評価が分かれるに違いないのである。

できなかった「共産主義拡大の阻止」

大東亜戦争の歴史的意義の2番目は、「共産主義の拡大防止になりえたかどうか」という視点だ。20世紀初めの第1次世界大戦の最中、初の共産主義国家であるソ連がロシアの地に誕生した。その理論となったマルクスの『資本論』は世界最大のベストセラーとなり、大正時代後半、日本語にも翻訳され、わが国のインテリ層を中心に読者層が広がったことは前述した。

コミンテルンを形成した共産主義運動は、ソ連にとどまらず、世界共産化を目指して世界各地で活発な活動を展開したことから、自由主義国家にとっては最大の脅威となるはずだったが、ヒトラー率いるナチス・ドイツが欧州の支配を企図し、眼前の敵として立ちはだかったこともあって、欧米諸国のリーダーの反応は鈍く、結果としてソ連は連合国の一員に加わることになった。

当初は、防共協定が目的だった日独伊三国同盟は、ヒトラーとスターリンの陰謀が一致し、独ソ不可侵条約の締結によってその性格が変わってしまったのも、歴史を変える大きな要因となった。

一方、日本にとっては、国体と到底相容れない共産主義は最大の脅威であり、なかでも「天皇親政」をめざす軍人たちの反応は極めて敏感だった。やがて、共産主義の浸透防止もその目的となって満州事変が発生、防波堤強化のために満州国建国にまで漕ぎつけるが、中国大陸にあっては、スターリンや毛沢東の巧妙な戦略により、陸海軍は国民党軍と相つぶし合うような戦いを繰り広げた。

終戦後は、ソ連が満州に侵入したことに併せ、中国共産軍が強力になり、国民党軍が敗北し台湾に逃亡、共産党が中国全土を支配する結果となり、中華人民共和国が成立し今日まで続いている。

東京裁判において、東條英機は「米英の指導者は今次大戦で大きな失敗を犯した。①日本という赤化の防壁を破壊し去った、②満州を赤化の根拠たらしめた、③朝鮮を2分して東亜戦争の因たらしめた」との証言を残した。また、すでに紹介したように、マッカーサーも「過去100年に米国が太平洋地域で犯した最大の政治的過ちは共産主義勢力を中国で増大させたことだ。次の100年で代償を払わなければならないだろう」と、彼にしては的確な証言を残している。

これらから、共産主義拡大の防波堤としての人類史上の意義は、日本のさまざまな努力にもかかわらず、「失敗に終わった」といわざるを得ないのである。その後の冷戦を経てソ連が崩壊し、東ヨーロッパが解放されるまで、それから40年余りの歳月が流れる。一方、アジアにおいては、中国や北朝鮮などの共産主義国家がますます権勢を奮い、日本のみならず、西側世界の最大の脅威に成長しているのである。

23 二度の敗北とその影響――総括（その3）

日本は、二度敗北した！

すでに紹介したように、クラウゼヴィッツの「講和とともに戦争目的は達成され、戦争の仕事は終わったものとみなされる」に従い、1951年に講和条約が成立し、わが国の主権が回復した時点をもって「大東亜戦争が終わった」とすべきと提唱した。そして、「一国家の抵抗力を奪う」の意味についても取り上げたが、このような見方によって初めてわかる「敗北の意味」を解き明かそうと考える。

歴史家トインビーは「自国の歴史を失った民族は滅びる」との有名な言葉を残している。なぜこのような境地に至ったかについて、トインビーは自著『歴史の教訓』の中で縷々説明しているが、要約すると次のとおりである。

①戦争は、ますます破壊的になり、ついには戦争を引き起こした社会そのものを破壊してしまう。

しかし、②物質的な破壊はそれほどおそろしいことではない。物質的なものの再建は、驚くほど迅速に行なわれるからである。③致命的な壊滅とは、たんなる物質的なものの壊滅ではなく、精神的なものの壊滅である。④精神的なものの損害は、時に重大な結果を引き起こす。なぜならば、国民の物質的資源のみならず、いっさいの精神的資源を動員することを可能ならしめ、国民共通の憎しみと無慈悲と敵意に満ちた精神状態を全国民に作り出すことを可能にするからである。

トインビーは、これらの例として欧州で繰り広げられた戦争の歴史を取り上げ、なかでも第1次世界大戦の結果、過度な賠償金を要求されたことが原因となってヒトラー率いるナチス政権がドイツに誕生し、復讐戦を繰り広げたように、「一つの戦争はさらにひどいいま一つの戦争をひき起こすことになり、この致命的な過程は、一度始まってしまうと断ち切ることが非常にむずかしくなる」(前掲書)と警鐘し、国と国の争いにおいても、「復讐」とか「怨念」のようなものが支配すると指摘しているのである。

そして、⑤同じ道をたどるか否かは、「過去の文明が戦争によって破壊されたということの教訓を学びとり、そしてその教訓に基づいて行動することに成功するかどうかによって決まる」(前掲書)とし、歴史を学び、知識を修得してその知識に基づいて効果的に行動すること、その結果として「われわれ自身が同じ道をたどり、過去において衰退した人びとがやったのと同じ間違いを犯さずにすむよう」にすることが「歴史の教訓」を学ぶ意義だと強調する。

まとめると、「自国の歴史を失った民族は、先人から学ばないのでまた同じ失敗を繰り返す」、それこそが「亡国の道」だと説いたのだった。

トインビーのこの解説に接すると複雑な思いに駆られる。確かに、1945年8月、わが国はポツダム宣言を受諾して敗北した。「耐え難きを耐え、忍び難きを忍び」と発された天皇の玉音放送を聞いた多くの国民は、大きなショックを受け、号泣のあまり立ち上がることもできなかった。

多くの著名人もその時の複雑な心境を残している。なかには、「本土決戦を覚悟し、死ぬ気でいた」と披露し、本土決戦を「一億総特攻」思想とした桶谷秀昭氏のような方もおられた。桶谷氏は「昭和二十年夏、戦争は終わらなかった」として『昭和精神史』を上梓した。中途半端な降伏によって日本国民の精神が失われてしまうことを危惧していたのだった。一億総特攻には賛同しがたいものがあるが、氏の危惧は、その後の歴史をたどると、的を射ていたといわざるを得ないと考える。

実際、わが国は本土決戦ではなく、連合軍の占領を甘んじて受け入れることを選択した。しかし、マッカーサーは「日本国が再びアメリカの脅威とならないことを確実にする」との「アメリカの初期の対日方針」をトルーマンから指示され、「ポツダム宣言が日本軍の無条件降伏のみを要求」したことを「日本の無条件降伏」にすり替えた。そして白人が有色人種を侵略するのは「文明化」で、劣っている有色人種が白人（の植民地）を侵略するのは「犯罪」であり、神の意向に逆らう「罪」であるとして自らを正当化しつつ日本を裁いた。そのうえ、本格的に日本人の精神的破壊を目的とする「殲滅戦」を展開、各種手段を総動員して徹底した日本人の意識改造を図ったのである。

トルーマン大統領の指示は、トインビーがいう「精神的な破壊が国民共通の憎しみと無慈悲と敵意に満ちた精神状態を作り出す」レベルに再び日本人が戻らないように、完膚なきまでに「日本人の精神を破壊する」ことにあったと考えるべきであろう。

こうしてみると、「日本は二度敗北した！」とするのが妥当であると考える。一度目は、1945年8月の終戦である。この時点では、日本は国土の多くが焦土と化すなど確かに物質的な破壊を受けていた。そして「戦争は国益と国益の衝突である」というクラウゼヴィッツ以来の戦争の基本認識を無視して「デモクラシー対ファシズム」との対立図式を硬直的・教条主義的に適用し、日本の行動をすべてファシズムによる「悪」と決めつけたポツダム宣言を受け入れはしたが、まだ国を挙げて「一億総懺悔」する精神ではなかったのだった。

しかし、ポツダム宣言を受けた東京裁判において、清瀬弁護士のように「ポツダム宣言の受諾は無条件降伏に非ず」として、徹底的に反論を試みたがその主張は通らず、戦争犯罪の汚名を着せられた。そのうえ復讐劇ともいうべき、一連の巧妙な占領政策によって、日本国民は徹底的に精神を破壊され、国民の間に贖罪意識が充満したまま、1951年、サンフランシスコ講和条約締結をもって二度目の敗北を迎えたのだった。

「精神的破壊」の影響

問題は、これら精神的破壊がわが国の戦後の歴史に与えた影響である。

国を挙げて精神的破壊を受けた戦後、大東亜戦争（太平洋戦争）に関する一般的な見解は「大東亜戦争は、日本の侵略戦争であり、天皇を中心とする万世一系的大家族という後進的・封建的社会構造をもった軍国主義国家と自由と民主主義を原則とする文明国の対決だった」「日本は道義的あるいは文明的に誤った戦争を仕掛けたがゆえに敗北した」であり、いわゆる「東京裁判史観」あるいは「自虐史観」といわれる贖罪意識に満ちた歴史観が定着する。

また、ＧＨＱのお先棒を担いだ日教組などによって「戦前の日本は、帝国主義、軍国主義、植民地主義をひた走り、アジア各国を侵略した恥ずべき国だった」「長く暗い時代を経た後、戦後になってやっと日本は自由平等と民主主義の明るい社会を築くことが出来た」との教育がいま現在も続いている。

その影響がさまざまな面に現れていることはいうまでもないが、その端的な例が「世界価値観調査」（世界数十か国の大学・研究機関の研究グループが参加し、共通の調査票で各国国民の意識を調べ相互に比較している国際調査、5年ごとの周回で実施）であろう。その中の「自国民としての誇り」という設問に対して、日本の調査結果は「非常に感じる」が28パーセント弱、「かなり感じる」が44パーセント、合わせて72パーセントほどで、調査対象の58か国のほとんどの国々が「かなり感じる」以上が90パーセント前後を占めるなかにあって、日本は毎回、下から3番目か4番目にランクされる。下位にはウクライナ、台湾などがあるのみだ。

そして、「もし、戦争が起こったら国のために戦うか」という設問に対しては、日本は「はい」が15パーセント、「いいえ」が39パーセント。「わからない」が46パーセントである。他国に比して

「わからない」が多いのが日本の特徴でもあるが、「『はい』が少ない」という意味では、調査対象国の間では、毎回断然の最下位である。日本の上位には、スペイン（28パーセント）、イタリア（37パーセント）などが続き、三分の二以上の国は「はい」が50パーセント以上を占め、ベトナムやカタールなどは90パーセントを超えている。

最近の世論調査では「自衛隊に対する好印象」が90パーセントを超えているが、元自衛官の筆者は、これらの数字を比較してとても憂鬱になる。うがった見方かもしれないが、暗に「俺たちは戦わないが、自衛隊は頑張れ」といっているように見えるのである。

将来戦の様相は不透明だが、わずか23万人足らずの自衛官だけで日本の国防を全うできるとはとても思えない。少なくとも、自衛官が命を賭して任務を達成しようとする時、その力の根源となるのは（直接の参加はなくとも）「国を守る強い意志」に基づく、大方の国民の支持（共感）にあることを知っていただきたいと考える。

「世界価値観調査」のデータは、日本人が「精神的破壊」を受け、今なお自虐史観に陥ったまま立ち直れていないことを示す証拠として注目している。

周辺国の精神的破壊

戦後日本人の「精神的破壊」からいかに脱却するかについてはのちほど取り上げよう。ここで懸念されるのは、日本人の「精神的破壊」だけを注目しても、問題の本質を発見することはできないことにあると考える。日本の周辺国には、先の大戦とその後遺症を原因とする精神的破壊を受け、今なお立ち直っていない国が存在しているからである。

中国の習近平主席は、就任するや「中華民族の偉大な復興」を掲げ、「中国は屈辱の歴史を歩まされた。貶めたのは日本だ」として日本も標的にしている。韓国も日本の植民地時代の清算をめざし、公然と「反日無罪」を掲げる。北朝鮮に至っては、国交もないことから彼らの本意を知る手段がないが、依然として、わが国に敵対心を持っていることは明らかだ。

ロシアも同様である。終戦間際の対日侵攻は、伝統的な南下政策、共産主義の拡大、そして日露戦争の復讐の「合わせ技」だったと考えるが、ロシア帝国からソ連に国の体制が変わっても、トインビー的な視点でいえば、日露戦争の復讐的要素は変わらなかったのであり、1945年9月2日、日本が休戦協定を調印した日、スターリンは「日露戦争の敗北の汚点を一掃する日が来た」と、有名な「ソ連国民に対する呼びかけ」を実施したのだった。

注目すべきは、これらの国に共通している精神的破壊は、戦意そのものを失ってしまったわが国の精神的破壊とは次元が違い、トインビーがいう「国民共通の憎しみと無慈悲と敵意に満ちた精神状態」を再び作り出すレベルにとどまっていることである。

現に、前述の価値観調査の「自国のために戦う意識」では、ロシアが56パーセント、韓国が63パーセント、中国に至っては74パーセントを超えている。かなり作為的数字と推測されるが、14億人もの人口を抱える中国の場合、74パーセントは約10億人に相当する。

また、これらの国々は、自国に有利なように歴史を歪曲している点でも共通している。歴史はヒストリーでなく、中国ではプロパガンダ、韓国ではファンタジーなどと揶揄されるゆえんである。ロシアも2021年7月、「ソ連」と「ナチス」の同一視を禁じる法を制定した。なかでも、力による現状変更路線によって、周辺国との緊張感を増大させ続けている中国の習近平政権が共産主義体制の正当性の保持とかつてのような版図の拡大を企図していることは明白である。また最近、韓国で話題になった『反日種族主義』の著者たちは、まさに「国民共通の憎しみと無慈悲と敵意に満ちた精神状態」を振りかざすと「再び（悪夢の）歴史を繰り返すぞ」と警鐘していると考えるが、大方の韓国人に届かないようだ。

これらの周辺諸国は、日本人の多くがすでに自国への誇りを失い、自国防衛のために戦う意欲まで失った精神状態にある〝隙〟につけ入ることを国是としているように見受けられる。

説明するまでもないが、中国との尖閣諸島や沖縄の問題、韓国との竹島や歴史問題、北朝鮮との拉致問題、そしてロシアとの北方領土問題にはこのような共通の背景がある。残念ながら、これら共通の背景（要因）を解決せずして個々の問題の解決は困難と考える。

24 「国防史」から学ぶ四つの知恵

「静」と「動」の繰り返し

本書の狙いは、繰り返すが、世界の動きとつないで「日本国防史」を学び、史実をあぶり出し、なぜ日本が江戸、明治、大正時代を経て激動の昭和時代を経験せざるを得なかったのかを探求すること、そこから教訓や課題を学び、それらを未来にどう活かすか、を考えることにあった。

ここで日本の約500年の歴史を俯瞰すると、西欧人が日本周辺に出没し始めた16世紀以降、〝割と静かに時が流れる〟という意味の「静」と〝変化の激しい〟という意味の「動」が交互に繰り返しているように見える。

まず、戦国時代は国内が混乱し、その末期には西欧人の到来があるなど「動」、鎖国の江戸時代は「静」、幕末から明治維新、そして日清・日露戦争を含む明治時代は「動」、大正時代から昭和初期までは再び「静」、そして昭和前半は再び「動」、昭和後半以降現在までは再び「静」である。

知る限りにおいて、わが国の歴史をこのように俯瞰して分析している歴史書には出会ったことがないので、素人ゆえの乱暴なような見方であることをご容赦願いたい。

歴史を研究する立場からすると、「静」の時代の研究はおもしろくない。「動き」が少ないので研究材料が乏しいのだ。すでに大正時代の歴史書がないことを指摘したが、個人的には、昭和後期以降、つまり戦後の歴史の中にも、わくわくするようなテーマを見つけることはできない。

一方、日本の歴史は、過去に二度の「静」の時代に、来るべき「動」に備えた国家の態勢整備、つまり国防の備えを怠ったがために、国家の命運を根本から変えるような「動」の時代を迎えることになったと思えてならないのである。

鎖国によって「太平の眠り」をむさぼるあまり、市民革命や産業革命など欧米列国の大きなうねりに取り残された江戸時代、そして日清・日露戦争の勝利と大正デモクラシーに酔いしれて、西欧諸国の近代化や共産主義の拡大などに追随できなかった大正時代や昭和初期はその典型だったと考える。

「静」の時代は、国家としては安泰であり、戦争の心配なく平和を享受できる理想の時代であることはいうまでもないが、「歴史は繰り返す」との古事に倣えば、このまま未来永劫に現在の「静」が続くことはなく、いつか再び「動」の時代が来ることを覚悟する必要がある。

アメリカ人戦略家エドワード・ルトワックは、二つの説を唱えている。まず、「戦争は平和につながる」である。これまでの人類の歴史を観れば一目瞭然だが、「いったん戦争が始まると、（中略）

さまざまな資源や資産を消耗させるプロセスが始まる。そして戦争が終わるのは、そのような資源や資産がつき、人材が枯渇し、国庫が空になった時なのだ。そこで初めて平和が訪れる」（『戦争にチャンスを与えよ』）と説く。そして、「平和は戦争につながる」ことも忘れてならないと警鐘する。「なぜなら平和は、脅威に対して不注意で緩んだ態度を人々にもたらし、脅威が増大しても、それを無視する方向に関心を向けさせるからだ」（前掲書）とし、「『まあ大丈夫だろう』が戦争を招く」との有名なフレーズを掲げている。

日本においては、戦後、「脅威」という言葉自体の使用がはばかられるほど、長い間、いわゆる「平和ボケ」が続いている。当然ながら、「明日にでも戦争が起こる」などと言う気はさらさらないが、1日も長くこの国家の平和と安寧を続けるためにも、ルトワックが警鐘しているような状態に陥ることを厳に戒めつつ、効果的に備えるために最善の「知恵」を絞る必要があろう。

さて、この「知恵」の根源こそは歴史にある、と考えるので、日本の国防史の中で、先人たちが採用した政策や採用を怠ったために失敗した教訓や課題などから、「国防史から学ぶ知恵」を四つに絞り分析してみよう。

その1 「孤立しないこと」

「国防史から学ぶ知恵」の第1は「孤立しないこと」である。戦前の日本は、古くは日英同盟によって、日露戦争から第1次世界大戦までさまざまな恩恵を得たが、四か国条約によって日英同盟が破棄され、国際社会で孤立した。そして、大東亜戦争前後は、ソ連の脅威に備えることに最も敏感だった陸軍が主導して地球の反対側のドイツやイタリアと同盟を結ぶが、大陸政策の相違から利害が対立したアメリカ、そしてスターリンの陰謀の下、国民党軍と共産党軍の対立状態にあった中国とは同盟関係も親和関係も築くことができず、ドイツやイタリアの破綻とともに国際社会で完全に孤立し（史実を正確にいえば、日ソ中立宣言によりソ連とは見せかけだけの準同盟関係にあった）、ついには破綻した。

日本は現在、かつての敵国・アメリカと日米同盟、つまり運命共同体の関係にある。これを容認する考えは、明治維新の「日本の開花」を「軽薄」「虚偽」「上滑り」としながらも、「事実止むを得ない、涙を呑んで上滑りを滑って行かなければならない」とした夏目漱石の葛藤に似た感情がないわけではないが、現下の情勢から、国防上の備えのみならず、日本の生存・発展するための選択肢として対案がなく、最善の選択枝であることは論を俟たない。

現役時代、たびたび米軍人と議論する機会があった。日米同盟は「非対称・不平等」ではあるが、「日米双方の国益のために最も重要な同盟」との認識が揺らぐことは一度もなかったと記憶している。短期的にはアメリカ側から「日本の貢献の物足りなさ」に対する不満もあったが、アメリカ側の国益や長期戦略からも日米同盟は必要不可欠な同盟であるとみなしていた。

そのうえ少子高齢化が進む日本にあって、将来「一国平和主義」のような考えは夢のまた夢になる可能性がある。そのため、民主主義や基本的人権などの基本的価値観を共有する国々との関係強化は必須である。最近、日本が主導的に提唱してきた「自由で開かれたインド太平洋」構想がようやく現実のものとなりつつあり、G7の共同宣言（2021年6月）にみられるように、先進国のグローバルな責任の明示や欧州諸国がインド太平洋地域に関与を強めているのは喜ばしいことである。

今後、日米同盟同様に、オーストラリア、インド、そして欧州諸国とタイトな同盟関係までに発展させるためには、憲法上の制約など乗り越えなければならない壁がある。しかし、軍事的には共同訓練レベルでとどまっている現状から、国を挙げて環境の醸成に努めつつ共同開発を含めた装備品の共有化をはじめ、軍事・非軍事含めさまざまな形でこれらの国々、さらには東南アジア諸国と関係を強化して、共同防衛の〝実〟を上げる必要があろう。

逆に、孤立化を恐れる中国がこれらに割って入ろうとする「目に見えぬ侵略」はますます活発になることが予測される。特に、隣国にあってさまざまなチャンネルを持つ日本が最大限の警戒心を持つ必要があることはいうまでもなく、この点では相当の覚悟が必要であろう。政府や国民にそれらの覚悟があるかどうか正念場である。

その2 「相応の力をもつこと」

「国防史から学ぶ知恵」の2番目は「相応の力をもつこと」である。

「戦争の禁止」や「核兵器の廃棄」など、人類社会の理想に向かって一歩ずつでも歩み続けることは必要不可欠であるが、そう簡単に成熟した人類社会が到来するとはとても思えない。国際秩序の合意には、独立国たる各国の利害が必ずぶつかるし、合意の決め手は、人口とか経済力とか環境のような場合もあるが、国と国のバイタルな問題の場合、実際の戦争が生起するか否かは別にして、その合意に軍事力(特に核戦力)が「モノを言う」のが現実で、将来、そう簡単にこの構図が変わるとは思えない。それほど人類は賢くないし、歴史にも学ばないと考えるほうが妥当である。

さすがに最近は、「非武装中立」を声高に主張する人を見かけなくなったが、2021年1月に発効された「核兵器禁止条約」を日本は批准せず、被爆者など本条約の推進派が政府に詰め寄った。残念ながら、核兵器禁止条約が非保有国などの間で発効されても、現実の問題としてこの世から核兵器がなくなることはまずない。広島や長崎の悲惨な体験を二度と繰り返さないためにこそ、感情論に左右されず、「抑止力」としての核兵器の存在を肯定する政治判断がゆらぐことはないと確信する。

通常兵器も抑止力としての価値は同じである。そのためには、日本人の多くが持っている軍事力や軍隊を「戦争の道具」あるいは「殺人集団」として刷り込まれたマイナスイメージを払しょくする必要がある。元陸上幕僚長の冨澤暉氏は、自書『逆説の軍事論』の中で、軍隊を「武力の行使と準備により、任務を達成する国家の組織」と再定義することを提唱している。冨澤氏は、軍隊というと、戦闘機、軍艦、戦車などを使用して敵を攻撃する「武力行使」の手段のイメージが強いが、「準備」のほうが大切な意味を持っていると解説する。

そして、戦場で実際に武力を行使するのではなく、ある地域に武力を持った部隊が存在することが戦争を抑止し、平和にとって重要な役割を果たすことが多々あるとし、我を攻撃すれば、相手がそれ以上の損害を受けるリスクがあると考えて動けない。つまり、軍隊の存在は、こうした抑止力としての意味が大きいと結論づける。

このように、私たちは、人類社会の現実として「軍事力が不要な世界にはなっていない」と認識のもと、「軍事力は『抑止力』こそが最大の使命」と位置づけ、抑止力として必要な機能と量（レベル）を保持する必要がある。そして日進月歩する情勢下、さまざまな角度から有効性を常にチェックし、その価値を減じないようにしなければならない。なかでも日本は、核抑止については日米同盟に100パーセント依存しているが、中国や北朝鮮の核戦力拡充や米中関係などの情勢変化を踏まえ、そろそろ核アレルギーから脱却し、より有効な抑止戦略を議論する時期に来ているのではあるまいか。

人類の歴史を振り返れば、極端な軍事力の格差が侵略を誘引した例は枚挙に暇がない。すでに何度も触れたように、占領期そして独立初期から採用し続けてきた経済優先政策の見直しを含め、ハード・ソフト両面から「国防力」を強化する時期に来ている。

その一例として、国防の任務を自衛隊にのみ付与している現状を見直し、サイバー空間など自衛隊の能力のみでは国防の任務を全うできない事態を考える必要があるうえ、少子高齢化が進展する状況を踏まえ、自衛隊員OBや民間の人的資源やノウハウの有効活用を真剣に検討するなど、国防力強化のためにやらなければならないこと、やれることはまだまだたくさんある。

その3「時代の変化に応じ、国の諸制度を変えること」

「国防史から学ぶ知恵」の第3は「時代の変化に応じ、国の諸制度を変えること」である。

昨今のコロナ禍騒動のなか、一切の法的拘束力を持たない緊急事態宣言に代わり、「ロックダウン」のような強制措置の是非が議論された。戦後、いかなる事態にあっても「国家によるプライバシーの侵害防止」を最優先した「絶対的な自由」が早くも足かせになっているが、先崎彰容氏は「人間には『絶対的な自由』などありえない、自らが生きる時代と場所（国家）という制約を受け入れざるを得ない」と指摘する（『国家の尊厳』）。まさに、日本だけが「異質な国」なのであり、新型コロナなどよりはるかに厳しい、国家の生存を揺るがすような非常事態に直面した時に備え、公的利益を優先し、法的拘束力によって私権を制約する制度を急ぎ構築する必要があろう。

国の制度を変えることは膨大なエネルギーを要する。よって、戦争や天変地異などを経験し、それまでの体制の欠陥が一挙に露呈した時に初めて、エネルギーが集約され、国の制度の改革に踏み出すことができたと歴史は教えてくれる。すでに触れたように、日本の場合、一度作り上げた制度をなかなか変えないという国柄があるが、その結果がいかなる事態を招いたかについても、より一層、歴史に学ぶ必要があると考える。

「治に居て乱を忘れず」とか「備えあれば憂いなし」など先人たちはさまざまな故事を残しているが、逆をいえば、ルトワックの分析のように、多くの場合、「治にあって乱を忘れ」、その結果、事前の予想以上の「乱」を繰り返し体験してきたのが人類の歴史であるといえよう。

改めて、生あるものに寿命があるように、あらゆる国の制度にも寿命があると考えるべきである。日本の場合、どうしても国の制度の骨幹たる「日本国憲法」がこのままでいいのか、を議論することが最大の課題と考える。筆者自身も元自衛官の立場から「憲法はこうあってほしい」との考えを持たないわけではない。少なくとも、「憲法に自衛隊を明記する」とか「憲法第9条第2項の取り扱いをどうするか」などの議論にとどまらず、わが国の国柄（国体というべきか）、歴史、国民性などを考察し、「そもそも憲法をいかに制定すればいいのか」について、時間をかけて根本から議論すべきと考える。

その際に、議論を牽引していただきたい憲法学者の多くが「護憲」の立場を保持しているのが最大のネックかも知れないが、心ある「憲法学」の先生方には、わが国の行く末を真剣に考え、学者としての良心に基づき、蛮勇を振るっていただきたいと切に願っている。

2021年6月、ようやく「国民投票法改正案」が成立するとともに、安全保障上重要な土地の買収対策として、売買時に事前届け出を課す「土地規制法」も整備されたが、憲法を中心に、周辺国に〝隙〟を見せない国家の諸制度を構築することによって、いささかなりともよこしまな行動を誘発しないようにすることが肝要である。そのことが即、アメリカなど同盟国と相互の信頼関係を構築し、将来の安寧や平和を担保する、すなわち現在の「静」を1日でも長く持続させる手段であると断言したい。

ついでに、戦前の「統帥権の独立」、つまり軍隊の暴走の歯止めとしての「シビリアンコントロール」についても触れておこう。

現代のシビリアンコントロールの最大の問題は、コントロールする側の政治家、それを選ぶ国民、そして官僚に軍事的知識が乏しいことにあると考える。将来、自衛隊が昭和初期のように暴走する可能性は万が一にも絶対ないと断言できるが、実際に起こる可能性が高いのは、軍事的知識の乏しいシビリアンが、感情のなすがままのポピュリズムに煽られて誤った命令・指示を出すか、あるいは危機に際して瞬時に的確な判断が出来ず、右往左往することではないだろうか。

これまでも、尖閣諸島防衛に関して「防衛放棄」とも取れる政府の指示があり、結果としてその後の事態がますます深刻化したという事例があった。このような場合、政府（の誰か）が独断で判断するのではなく、外務、防衛省など関係省庁とよく議論し、国家戦略といわないまでも対処戦略を確立したうえで、必要な命令指示を出すべきである。その意味では、安倍晋三内閣時代に「国家安全保障局」を整備したのは慧眼だったと考える。

第2次世界大戦中、イギリス陸軍参謀総長のアラン・ブルックは、いつもチャーチルに臆することなく直言したことで有名だが、「チャーチルの考えを忖度して迎合するなら私の価値はない」旨の発言をし、かつそのようなアラン・ブルックを重宝したチャーチルの懐の深さを知るエピソードが残っている。

コントロールする側とされる側が癒着するのではなく、緊張感を保持しつつも深い信頼関係を構築することが理想である。そして、コントロール側の誤った命令・指示に対して、軍事のプロとして軍事的合理性に基づく客観的な判断を実施し、「No」あるいは「Yes」と言える自衛隊（官）でなければならない。当然、そのうえで、コントロールする側の最終「決心」に従うのはコントロールされる側の道理であろう。

また、国防の担い手としていかなる任務遂行（戦い）においても、現場（戦場）での判断は自衛官たちに託される。適切なシビリアンコントロールのもとで、自衛官たちが的確に状況判断し、必要な行動ができるような枠組みをしっかり確立してほしいと願っている。

その4「健全な国民精神を涵養すること」

「国防史から学ぶ知恵」の最後に、どうしても「健全な国民精神を涵養する」ことを挙げなければならないと考える。

議会制民主主義の創始国・イギリスの歴史家トーマス・カーライルの名言として「この国民にしてこの政府あり」という言葉が残っている。戦前においても、ポピュリズムが国の舵取りに多大な影響を与えたことを指摘したが、将来の日本においても、さまざまな知恵を活かして日本の未来を創造する成否の鍵を握っているのは、政治家でも学者でもマスコミでもなく、「主権者」である国民である。

日本は敗戦と占領期を経験し、多大な犠牲のうえに民主主義国家として生まれ変わったが、自ら選択し、あるいは奪い取った民主主義ではなかったためか、その精神は必ずしも健全とはいえない面が残ってしまった。すでに紹介したように、マッカーサーの「日本の奴隷的な封建主義が日本の悲劇をもたらした」との誤解（無理解）の結果、愛国心、誇り、道徳、歴史、文化など長い年月をかけて育まれ、脈々と受け継がれてきた日本の「心」を奪い取り、その空白に埋め込んだのが、マッカーサー流の「民主主義の精神」であり、それが国民の精神的破壊につながった。

実際のところ、国民の精神は思ったほどひどく破壊されたわけではない一面もある。東日本大震災時に世界から称賛されたような「他人を思いやる精神」など、昔ながらの日本人の「心」が残っているうえ、アメリカでは「世界に日本という国があってよかった」として「日本は世界の模範」と再評価する声もある（ハーバード大学アマルティア・セン教授など）。

しかし、行き過ぎた占領政策によって植え付けられた「贖罪意識」が依然として多くの国民の心の中に居座っていることも事実であろう。日本は、吉田ドクトリンによって経済復興優先、つまり物質的な破壊の再興を目指した結果、見事に立ち直り、一度は世界第2位のGDPを誇るところまで復活した。いっとき、「もはや戦後は終わった」という言葉ももてはやされた。しかし、これはあくまで一度目の敗北、つまり「物理的破壊」の回復に過ぎなかったのである。

大事なのは、二度目の敗北による精神的破壊の復活である。当然ながら、「国民共通の憎しみと無慈悲と敵意に満ちた精神状態を作り出す」レベルまで国民の精神が蘇ることはまったく必要ない。それこそが、「自国の歴史を失った民族は、先人から学ばないのでまた同じ失敗を繰り返す」状態になるからだ。

一方、贖罪意識を前面に出して「自らの意思で、二度と戦争を起こさない」と宣言しても、それが受動的な戦争を回避する手段となるわけではないことは理解する必要がある。

戦争は、国益と国益、国家の意志と意志とのぶつかり合いである。こちら側に戦う意志がない限り、いわゆる「不戦敗」を宣言すれば、戦争は回避できる。しかし、その結果として、国家の独立や国民の生命・財産を失う、あるいは、自由と民主主義・基本的人権・法の支配などの基本的価値観、さらには国家としての尊厳まで失う可能性があるのは必定だ。しかもその影響は一国にとどまらず、周辺国や同盟国あるいは国際社会全体に及ぼすと考えるべきであろう。

無益な戦争など避けて国と国が仲良くすることは理想であり、これに対してまったく異論はない。よって外交などあらゆる手段を尽くして平和を維持する重要性について声を大にして訴えたい。他方、国と国の関係は、これまでの人類の歴史が示すように「争い」の繰り返しだったし、今後も「争い」がなくなることはまずないと考えるべきだ。

核兵器の出現によって、かつてのような「総力戦」が発生する可能性は皆無に近いと考えるが、核による恫喝、そして核戦争に至らない限定戦や局地戦が発生する可能性は依然、低くないだろう。戦場となる領域も宇宙空間からサイバー空間などまで拡大し、将来戦はますます複雑な様相を呈するだろう。

時代がどのように変化しても、戦争を防ぐには「戦争に訴えても戦争を防ぐ」との強固な意志をもって、盤石な抑止体制を整備するしか有効な手段はない。そして、このパラドックスを理解するレベルまで、大方の国民の精神的破壊を復活させ、そのレベルを有する「健全な国民精神」を涵養する必要があると考える。

しかし、そこに立ちはだかるさまざまな障壁があるのも明白だ。なかでも、人一倍プライドの高い学者や有識者たちに自らの意識を変え、思想・哲学や歴史観の修正を促すことは困難だろうし、それらを受け、教育の現場も簡単に変わるとは思えない。そのうえ、今後とも周辺国は、贖罪意識に満ちた日本の国民精神をフリーズさせ続けるために「歴史戦」をはじめ、虎視眈々とさまざまな活動をすることだろう。

そのような障壁を動かし、取り除くことができるのは、大方の国民のボトムアップであろう。幸い、インターネットの普及などもあって若い世代にはあまり先入観やこだわりがなく、ピュアな精神を有している人たちが増えていることを心強く感じる。この輪を広げて、欧米列国と同じような「国家観」や「戦略眼」や「したたかさ」を身に着け、平時にあっては勇気を持って国の諸制度を見直し、備え、有事にあっては的確に決心し、国の舵取りを行なうことができる、強いリーダーたちを選出し、そのリーダーたちのもとで二度と失敗しない日本を再構築するのが、日本の将来の安寧や平和を担保する道であると確信する。

戦後70年あまりが過ぎた今、依然としてマインドコントロールされていることに気づき、健全な国民精神を涵養する意義を理解し、覚醒する時期に来ている。覚醒とは、愛国心、誇り、道徳、歴史、文化などの日本の「心」の復活とイコールであろう。多くの国民に一日も早く「自分たちが覚醒することが、日本の未来を創造する唯一の道である」ことを悟ってほしいと切に願っている。

愛する日本を守るために、あとに続く世代のために、そして手遅れになる前に、である。

おわりに

このテーマについて書く資格があるかどうか正直、かなり悩んだ。そのような時、偶然にもインターネットで「歴史観はどのように身に着けるか」について書かれたものを見つけた。答えは「歴史の本を読むしかない」とあった。「日本の教育現場に求めても無駄、歴史学はほとんど無視されている。日本の歴史をまともに教えられる人は限られている」と続き、歴史観を鍛える第1原則は「歴史の本を読むこと」、第2原則は「とにかく量をこなすこと、歴史小説でも何でも歴史に関するものを全部読んでみる、そのうち何が本当かがわかる。この段階になると自分の呼吸に見事に重なる歴史に出会うはず」とあった。そして「鍛錬は10年ぐらいかかるので、10代の若いうちに始めるがよろしい」と解説していた。

すでに触れたように、筆者の歴史探求は、40代後半と少し出遅れたが、まさにここに記されているような道をたどった。史実を求めて手当たり次第に歴史書などに触れているうちに、「歴史と史実は違う」こと、「史実は一つ」なのだが、「歴史は物語」であり、「100人いれば100

の歴史がある」ことを実感した。そして「あらゆる歴史を史実かどうか疑ってみる」という癖までついた。

当たり前だが、史実を100パーセント解明するのは土台無理な話で、「歴史」と「史実」の隙間に、後世の歴史家らの想像とか解釈とか、何がしかの意図が入る。これこそが歴史家らの史観とか、視座といわれる部分で、歴史が歪曲されるところでもあると考えるようになった。

歴史家たちは、史実を自分なりのストーリーで組み立てなおし、一度作り上げた先入観（視座）をもって、後追いでそのストーリーに適合する「一次史料」をあさり、引用し、他方、それに反する史料は排除する傾向にあるようだ。筆者は、そのような一次史料まで探求する時間も意思もなかったので、他人のことをとやかく言える資格はない。本文でもたびたび引用したように、「自身の呼吸と見事に重なる歴史」を選択し、それと相反する歴史があることを知りながらも引用はせず、切り捨てた。

このような経験を積み重ね、また昨今、歴史を政治や外交の一手段として活用している国が存在することから、「歴史を学ぶ意義」を改めて考えた。要約すると、①過去の歴史を習得して同じ失敗をしない、②周辺国との歴史戦に対して理論武装する、③植え込まれた「精神的破壊」（贖罪意識、誇りの喪失、戦う意欲低下など）から脱却する、の3点だろうとの結論に至った。

あくまで体験からだが、あてがわれた歴史でなく、史実をしっかり学べば、押し付けられた価値観や判断基準で歴史をさばき、先人たちを侮蔑したりすることはできなくなる。逆に、先人たちが求め、辿り、多大な犠牲を払った結果、今日の日本のみならず世界全体の平和と繁栄があることが理解でき、日本が人類史上で果たした偉業に誇りを持つこともできるようになる。

特に、大東亜戦争における、無辜の民を含む多くの先人たちの犠牲を無駄にせず、教訓・敗因・課題などを学び、知恵を習得し、それらの知恵を未来に活かさなければならないとの気持ちが自ずと湧いてくる。また、史実を知れば、執拗な「歴史戦」に対して臆することなく堂々と反論もできる。

私たち日本人は、自らの思想・哲学（価値観）や歴史観がいつ芽生えたか、その発芽の瞬間を思い出し、それが正しかったのか、ほかの考えや選択肢はなかったのか、など一度立ち止まって自問自答する時を迎えていると考える。そのため、1人でも多くの国民が歴史を学び直し、正しい歴史観を涵養し、さまざまな知恵を身に着けてほしいと願っている。「健全な国民精神を涵養する」原動力は、「正しい歴史観を涵養する」ことにあると筆者は考える。

後世、「昭和後期から平成・令和の時代に将来への備えを怠ったために、私たちの世代はそのツケを負わされた」と批判されないためにも、その第一歩として「歴史を取り戻す」ことが、今に生きる世代の責任であり、慧眼でもあると確信する。

併せて、現代の「国防」の担い手の中核たる自衛官たちにエールを送っておきたい。

すでに触れたように、自衛隊では「戦史」は教えるが「歴史」は教えない。まず改めて、「戦史だけでは不十分」であり、軍事の専門家として階層・階級を問わず歴史を学ぶ意義を強調しておきたい。

なかでも、「国防史」に重点を置き、①日本が長い歴史の中でいかに独立を維持してきたか、②歴史の中で政治・軍事のリーダーたちが国の命運を左右する戦争を選択した覚悟と決意はどこにあったか、③その戦争を回避できなかった要因はどこにあったか、④それぞれの戦争にいかに対処し、いかに処理したか（「戦史」の部分）、それに⑤軍事のプロとして、軍事的視点で歴史に学び、未来に活かす知恵を涵養する、つまり自衛官こそ、昭和の軍人たちの未熟さや過ちや反省を含め、二度と失敗を繰り返さないためにも、しっかりと歴史を学ぶ必要があると考える。

そのうえで、シビリアンコントロールのもと、自衛官としての則を越えないよう謙虚さを保持しつつ、①防人の先輩にあたる先人たちに敬意と感謝の気持ちとその末裔であるとの自覚と誇りを持ち、②軍事の専門家として歴史から学ぶ知恵と発想を涵養しつつ、③それらを受け継ぎ、後世に伝えていく、それこそが現代の防人のあるべき姿であり、未来へつながる道であると思うのである。

科学技術の進歩などにより知恵や発想は時代によって変わるが、防人としての持つべき精神は変わることはない。先人たちが辿ってきた歴史からそれらを学び、未来に活かすためにも、ＯＢの１人として、改めて「自衛官よ！歴史を学ぼう」と声を大にして伝えておこう。

本書は公益社団法人自衛隊家族会の防衛情報紙『おやばと』に月１回、計36回にわたり連載した「我が国の歴史を振り返る」、そして、同じタイトルでメールマガジン『軍事情報』から毎週木曜日、110回にわたり配信、またそれを要約しつつ『戦略検討フォーラム』でも発信してきたメルマガを、テーマを「世界の動きとつなげて学ぶ 日本国防史」に絞り、再編集したものである。

この間、徹頭徹尾変わらぬ「歴史を見る視座」は唯一、「史実はどうだったか」の一点だった。これについてもすでに告白したように、その難しさを何度も体験した。本書は、そのような筆者自身の葛藤の体験史でもあるが、世界の動きと日本の動きを同時並行的に追ったことで、その時代時代の政軍のリーダーたちの立場に立って、歴史を見る目が育ったことは間違いなく、これまでの歴史書と違った歴史が見えてきたと自負している。

本書は、ページの制約をあって「通史」としてまとめたものだが、時代時代のトピックスやエピソードの中に、歴史を学ぶ面白さや楽しみもあり、これらは味わった人でないとなかなか理解できない一面もある。また筆者は、次第に「歴史の現場」に足を運ぶことに興味を持ち始め、国内のみならず、海外の「現場」に足を運ぶようになった。国内においては、安土城跡のてっぺんに立ち、初めて織田信長の心境に触れたような気分を味わうなど、多くの古城や古戦場を訪問した。海外においては、大航海時代の出港地、ポルトガルのリスボンやユーラシア大陸最西端のロカ岬をはじめ、北京郊外の盧溝橋、上海、真珠湾、香港、シンガポール、ポツダム、そして東西冷戦の象徴であるベルリンの壁やブランデンブルク門、モスクワの赤の広場、クウェート、イラク、シリアなどの中東諸国までそれぞれの現場に立ち、当時の「風」を感じた。

私の歴史探訪は、『アメリカの鏡：日本』から始まったことは紹介したが、ある日突然、この本を読むよう促してくれた札幌在住の自衛隊協力者・前鼻多喜美女史をはじめ、背中を押してくれた恩人がたくさんおられる。その筆頭は、並木書房会長の奈須田敬氏である。氏は生前、「昭和を研究するのに昭和だけを調べても答えは見つからない」と口癖のように話しておられたことが頭にこびりつき、大航海時代までさかのぼって歴史を探求するきっかけを作っていただいた。まず奈須田会長に本書出版のご報告させていただき、多くの恩人たちに感謝申し上げたい。

また、この20年の間、高名な歴史家、歴史研究家、小説家などの皆様が心血を注いで書き上げられた数多くの書籍との出会いがあった。それらの書籍の一文字一文字に込められた思いや言葉の数々がすべて「栄養源」となった。心血を注がれた諸先輩に改めて敬意を表したい。

最後に、本書の元となった「我が国の歴史を振り返る」を連載していただいた公益社団法人自衛隊家族会、メルマガ『軍事情報』主宰者・エンリケ氏や『戦略検討フォーラム』のオーナー・片岡秀太郎氏に心より謝意を表し、感謝申し上げたい。特に、エンリケという名前は、大航海時代のパトロンだったポルトガルのエンリケ王子からとった名前と聞いているが、サイトのオーナーとしてまさにパトロン的な役割を果していただいている。そして、並木書房編集部に心より敬意を表し、感謝申し上げたい。さらには、古い人間ゆえ、ふだん面と向かっては気の利いた言葉一つも言えない妻に対して一生に一度の思い出として感謝の言葉を伝えたい。

本書が自衛官を含む一人でも多くの読者に、「歴史」、なかでも日本の「国防史」を学ぶ入門書として、いささかなりとも歴史を学ぶ面白さを提供できたのであれば望外の喜びである。

結びに、長い日本の歴史の中で、その時代時代に日本の国防のために身を捧げられ、その事実さえ歴史の彼方に消えてしまった、膨大な数の先人たちに心より敬意を表し、感謝申し上げ、哀悼の誠を捧げたい。

令和3年10月

宗像久男

参考資料

「アメリカの鏡・日本」ヘレン・ミアーズ著／伊藤延司訳／角川ONEテーマ21
「歴史とは何か」岡田英弘著／文藝春秋
「世界の歴史」（8～15巻）／筑摩書房
「西洋の没落」（1～2巻）／五月書房
「軍事思想史入門」浅野祐吾著／原書房
「現代戦争史概説 上・下」陸戦学会
「近代戦争史概説」陸上自衛隊幹部学校修親会
「戦闘戦史 攻撃 前編・後編 陸上自衛隊富士修親会
「戦闘戦史 防御 前編・後編 陸上自衛隊富士修親会
「新しい歴史教科書」西尾幹二著／扶桑社
「新版中学社会 新しい歴史教科書」杉原誠四郎ほか13名共著／自由社
「百年の遺産」岡崎久彦著／産經新聞社
「いっきに学び直す 日本史」安藤達郎著／佐藤優企画／山岸良三監修／東洋経済新報社
「読む年号 日本の歴史」渡部昇一著／WAC
「元号でたどる日本史」グループSKIT編著／PHP文書
「かくて歴史は始まる」渡部昇一著／クレスト社
「戦国日本と大航海時代」平川新著／中公新書
「キリスト教と戦争」石川明人著／中央新書
「一神教と戦争」橋爪大三郎・中田孝共著／集英社新書
「図解！江戸時代」歴史ミステリー倶楽部／三笠書房
「江戸と幕末」冨成 博著／新人物文庫
「海の日本史 江戸湾」石村智・谷口榮・蒲生眞紗雄共著／洋泉社
「最強の日本史」八幡和郎著／扶桑社新書
「わかりやすく読む 留魂録」大川咲也加著／幸福の科学出版
「日本開国」渡辺惣樹著／草思社文庫

「世界の歴史25 アジアと欧州世界」加藤祐三、川北稔共著／中央公論社
「日本史の内幕」磯田道史著／中公新書
「教科書が教えない歴史」藤岡信勝著／産經新聞社
「明治天皇の世界史」倉山満著／ＰＨＰ新書
「日本の『運命』について語ろう」浅田次郎著／幻冬舎
「論語と算盤」渋沢栄一著／守屋淳訳／ちくま新書
「勝海舟」子母沢寛著／新潮社
「西郷隆盛」北康利著／ＷＡＣ
「学問のすすめ」福沢諭吉著／岬龍一郎訳・解説／ＰＨＰ
「福翁自伝」福沢諭吉著／富田正文校訂／岩波文庫
「福沢諭吉 快男子の生涯」川村真二著／日経ビジネス文庫
「武士道」新渡戸稲造著／ＰＨＰ
「経済で読み解く明治維新」上念司著／ＫＫベストセラーズ
「幕末と明治維新 10のツボ」歴史の謎研究会編／青春文庫
「明治維新という幻想」森田健司著／洋泉社
「偽りの明治維新」星亮一著／だいわ文庫
「陸奥宗光とその時代」岡崎久彦著／ＰＨＰ文庫
「参謀教育」林三郎著／芙蓉書房
「日清戦争」大谷正著／中公新書
「日露戦争史」横手慎二著／中公新書
「日露戦争を演出した男モリソン 上・下」ウッドハウス暎子著／東洋経済新報社
「日本宰相列伝１ 伊藤博文」中村菊男著／時事通信社
「日本宰相列伝２ 山県有朋」御手洗辰雄著／時事通信社
「日本宰相列伝３ 大隈重信」渡辺幾治郎著／時事通信社
「日本宰相列伝４ 桂太郎」川原次吉郎著／時事通信社
「日本宰相列伝５ 西園寺公望」木村毅著／時事通信社
「明石元二郎」野村敏雄著／ＰＨＰ文庫
「剣の刃」シャルル・ド・ゴール著／小野繁訳／葦書房

「辛亥革命とG・E・モリソン」ウッドハウス暎子著／東洋経済新報社
「坂の上の雲 全8巻」司馬遼太郎著／文春文庫
「『坂の上の雲』に隠された歴史の真実」福井雄三著／主婦の友社
「ヴィルヘルム2世」竹中亨著／中公新書
「かくて昭和史は蘇る」渡部昇一著／PHP文庫
「日本史の論点」中公新書編集部編／中公新書
「大正時代」山口謠司編著／徳間書房
「第一次世界大戦はなぜ始まったのか」別宮暖朗著／文春新書
「反・民主主義論」佐伯啓思著／新潮新書
「小村寿太郎とその時代」岡崎久彦著／PHP文庫
「秀原喜重郎とその時代」岡崎久彦著／PHP文庫
「甦れ、我がロシアよ」ソルジェニーツイン著／木村浩訳／日本放送出版協会
「大英帝国衰亡史」中西輝政著／PHP研究所
「平和はいかに失われたか」ジョン・アントワープ・マクマリー原著／アーサー・ウォルドロン編著／北岡伸一監訳／衣川宏訳／原書房
「日本の近代9 逆説の軍隊」戸部良一著／中央公論社
「政治と軍事―明治・大正・昭和初期の日本―」角田順著／光風社
「真実の満洲史」宮脇淳子著／岡田英弘監修／ビジネス社
「真実の中国史」宮脇淳子著／岡田英弘監修／ビジネス社
「地ひらく 石原莞爾と昭和の夢」福田和也著／文藝春秋
「文明の生態史観」梅棹忠夫著／中公文庫
「シナ大陸の真相」K・カール・カミカワ著／展転社
「紫禁城の黄昏」レジナルド・F・ジョンストン著／岩倉光輝訳／本の風景社
「嵐に書く」古森義久著／講談社文庫
「マオ 上・下」ユン・チアン、ジョン・ハリデイ共著／土屋京子訳／講談社
「『南京事件』の探求」北村稔著／文春新書
「南京戦史資料集Ⅱ」財団法人偕行社
「多田駿伝」岩井秀一郎著／小学館
「永田鉄山 昭和陸軍『運命の男』」早坂隆著／文春新書

「戦争史大観」石原莞爾著／中公文庫
「わかりやすいソ連史」中山正琿著／日本工業新聞社
「宇垣一成」棟田博著／光人社
「昭和陸軍の軌跡」川田稔著／中央新書
「日本人はどのようにして軍隊をつくったのか」荒木肇著／出窓社
「空気と戦争」猪瀬直樹著／文春新書
「決定版 日中戦争」波多野澄雄ほか4名共著／新潮社
「戦争の歴史 日本と中国」黄文雄著／WAC
「昭和の精神史」竹山道雄著／新潮叢書
「日中戦争は侵略ではなかった」黄文雄著／WAC BUNKO
「ノモンハンの夏」半藤一利著／文藝春秋
「本当のことがわかる昭和史」渡部昇一著／PHP
「日本史を歩く」岡島茂雄著／高木書房
「戦前日本のポピュリズム」筒井清忠著／中公新書
「学校では教えてくれない日本史の授業」井沢元彦著著／PHP文庫
「大日本史」山内昌之、佐藤優共著／文春新書
「論点別 昭和史」井上寿一著／講談社現代新書
「山本五十六と米内光政」高木惣吉著／光人社
「米内光政 上・下」阿川弘之著／新潮社
「井上成美」阿川弘之著／新潮社
「伊藤整一」星亮一著／PHP
「英雄の素顔 ナポレオンから東條英機まで」児島襄著／ダイヤモンド社
「戦士の遺書」半藤一利著／ネスコ
「指揮官」児島襄著／文藝春秋
「参謀」児島襄著／文藝春秋
「大艦巨砲主義の盛衰」奥宮正武著／朝日ソノラマ
「太平洋戦史の読み方」奥宮正武著／東洋経済新報社
「日本軍はなぜ満洲大油田を発見できなかったか」岩瀬昇著／文春新書

「石油で読み解く『完敗の太平洋戦争』」岩間敏著／朝日新書
「日米開戦 陸軍の勝算」林千勝著／中公新書
「大日本帝国の国家戦略」竹田知弘著／彩図社
「それでも、日本人は『戦争』を選んだ」加藤陽子著／朝日新聞社
「日本人はなぜ戦争をしたか 昭和16年の敗戦」猪瀬直樹著／小学館
「戦前日本の安全保障」川田稔著／講談社現代新書
「アメリカの戦争」田久保忠衛著／恒文社21
「戦争調査会」井上寿一著／講談社現代新書
「GHQ焚書図書開封9 アメリカからの『宣戦布告』」西尾幹二著／徳間書店
「日米開戦の真実」佐藤優著／小学館
「ハルノートを書いた男」須藤眞志著／文春新書
「消えた宿泊名簿」山口由美著／新潮社
「零式艦上戦闘機」マーチン・ケイディン著／加登川幸太郎訳／並木書房
「太平洋戦争の大嘘」藤井厳喜／DIRECT
「日米戦争を策略したのは誰だ！」林千勝著／WAC
「大東亜戦争は日本が勝った」ヘンリー・S・ストークス著／藤田裕行訳／ハート出版
「なぜアメリカは対日戦争を仕掛けたのか」ヘンリー・S・ストークス、加瀬英明共著／祥伝社
「戦争犯罪国はアメリカだった！」ヘンリー・S・ストークス著／藤田裕行訳／ハート出版
「アメリカはいかにして日本を追い詰めたか」ジェフリー・レコード著／渡辺惣樹訳／草思社
「日米戦争を起こしたのは誰か」加瀬英明、藤井厳喜、稲村公望、茂木弘道共著／勉誠出版
「日本は誰と戦ったのか」江崎道朗著／KKベストセラーズ
「ヴェノナ」ジョン・アール・ヘインズほか共著／中西輝政監修／山添博史ほか3名訳／PHP電子
「ゾルゲ事件」尾崎秀樹著／中公文庫
「戦争と共産主義」三田村武夫著（復刻版）／Kindle
「真実の日米開戦」倉山満著／宝島社
「日本国紀」百田尚樹著／幻冬舎
「日米・開戦の悲劇」ハミルトン・フィッシュ著／岡崎久彦監訳／PHP文庫
「経済で読み解く大東亜戦争」上念司著／KKベストセラーズ

「『太平洋戦争』は無謀な戦争だったのか」ジェームズ・B・ウッド著／茂木弘道訳／WAC
「日本の戦争 何が真実なのか」田中英道著／育鵬社
「人種戦争 太平洋戦争もう一つの真実」ジェラルド・ホーン著／藤田裕行訳／加瀬英明監修／祥伝社
「日本人だけが知らない戦争論」苫米地英人著／フォレスト出版
「天皇と東條英機の苦悩」塩田道夫著／日本文芸社
「それでも東条英機は太平洋戦争を選んだ」鈴木壮一著／勉誠出版
「立憲君主 昭和天皇 上・下」川瀬弘至著／産經新聞出版
「昭和天皇」古川隆久著／中公新書
「世界史の中の昭和天皇」エドウィン・ホイト著／樋口清之監訳／クレスト社
「現代を見る歴史」堺屋太一著／プレジデント社
「ルーズベルト」大森実著／講談社
「ルーズベルト ニューディールと第二次世界大戦」新川健三郎著／清水新書
「第二次世界大戦回顧録 抄」ウィンストン・チャーチル著／毎日新聞社編訳／中公文庫
「戦略の本質」野中郁次郎ほか6名共著／日経ビジネス文庫
「近現代史から見た 日本戦略論」鎌田徹著／創栄出版
「軍令部総長の失敗」生出寿著／徳間書店
「日本海軍の功罪」千早正隆他共著／プレジデント社
「大東亜戦争『敗因』の検証」佐藤晃著／芙蓉書房出版
「歴史と戦略」永井陽之助著／中公文書
「陸軍良識派の研究」保坂正康著／光人社
「続・陸軍大学校」高山信武著／上法快男編／芙蓉書房
「作戦要務令」日本文芸社編／日本文芸社
「誰も書かなかった日本陸軍」浦田耕作著／PHP研究所
「日本陸軍がよくわかる事典」太平洋戦争研究会編／PHP文庫
「小説 陸軍 上・下」火野葦平著／中公文庫
「日本軍と日本兵 米軍報告書は語る」一ノ瀬俊也著／講談社現代新書
「失敗の本質 日本軍の組織論的研究」戸部良一ほか6名共著／ダイヤモンド社
「帝国陸軍の最後 進攻編～終末編」伊藤正徳著／角川文庫

「日本陸海軍 あの人の『意外な結末』」日本博学倶楽部著／ＰＨＰ文庫
「日本陸軍史百題 なぜ負けたのか」武岡淳彦著／亜紀書房
「作戦の真相 証言記録太平洋戦争」第二次世界大戦ブックス特別版
「アメリカの戦争責任」竹田恒泰著／ＰＨＰ新書
「アメリカの戦略思想」ウルス・シュワルツ著／岩島久夫訳
「大東亜戦争肯定論 上・下」林房雄著／やまと文書
「黎明の世紀」深田祐介著／文藝春秋
「天皇と原爆」西尾幹二著／新潮文庫
「昭和天皇実録」三四巻 宮内庁
「太平洋戦争の謎」佐治芳彦著／日本文芸社
「太平洋戦争の意外なウラ事情」太平洋戦争研究会／ＰＨＰ文庫
「渡部昇一の新憂国論」渡部昇一著／徳間書店
「二十世紀論」福田和也著／文春新書
「昭和という国家」司馬遼太郎著／ＮＨＫブックス
「渡部昇一の昭和史（正）（続）」渡部昇一著／ＷＡＣ
「昭和史」半藤一利著／平凡社
「戦争と外交の世界史」出口治明著／かんき出版
「令和を生きるための昭和史入門」保坂正康著／文春新書
「日本の運命を変えた七つの決断」猪木正道著／文藝春秋
「歴史家の立場」会田雄次著／ＰＨＰ研究所
「国際法で読み解く世界史の真実」倉山満著／ＰＨＰ新書
「孤高の外相 重光葵」豊田穣著／講談社
「重光・東郷とその時代」岡崎久彦著／ＰＨＰ文庫
「戦争の記憶」キャロル・グラック著／講談社現代新書
「菊と刀」ルーズ・ベネディクト著／長谷川松治訳／現代教養文庫
「占領期」五百旗頭真著／講談社学術論文
「日本占領期」福永文夫著／中公新書
「國破れてマッカーサー」西鋭夫著／中公文庫

「戦争責任」家永三郎著／岩波現代文庫
「戦争責任我にあり 東條英機夫人メモの真実」平野素邦著／光文社
「にっぽんのヒトラー東条英機 上下巻」亀井宏著／光人社
「天皇と戦争責任」児島襄著／文藝春秋版
「天皇百話」鶴見俊輔・中川六平編／筑摩書房
「WGIPと『歴史戦』」高橋史朗著／モラロジー研究所
「運命を創る」安岡正篤著／プレジデント社
「閉ざされた言語空間」江藤淳著／文春文庫
「超訳 日本国憲法」池上彰著／新潮新書
「東京裁判史観の虚妄」江崎道朗著／祥伝社新書
「連合国戦勝史観の虚妄」ヘンリー・S・ストークス著／祥伝社新書
「誰も知らない憲法9条」潮匡人著／新潮社
「秘録 東京裁判」清瀬一郎著／中公文庫
「東京裁判、東條英機の証言」Kindle
「パール判事の日本無罪論」田中正明著／小学館文庫
「東京裁判 日本の弁明」小堀佳一郎著／講談社学術文庫
「戦犯裁判の錯誤」ハンキー卿著／長谷川才次訳／上島喜郎解説／経営科学出版
「戦犯の孫」林英一著／新潮新書
「吉田茂とその時代」岡崎久彦著／PHP文庫
「日本を決定した百年」吉田茂著／中公文庫
「反日メディアの正体」上島喜郎著／経営科学出版
「共産中国はアメリカがつくった」ジョゼフ・マッカーシー著／木原俊裕訳／副島隆彦監修・解説／成甲書房
「日本が二度と立ち上がれないようにアメリカが占領期に行ったこと」高橋史朗著／致知出版社
「講座 日本歴史 現代1」歴史研究会・日本史研究会編集／東京大学出版会
「日本人に謝りたい」モルデカイ・モーゼ著／久保田政男訳／日新報道
「プリンシプルのない日本」白洲次郎著／新潮文庫
「日本人が知らない最先端の世界史」福井義高著／祥伝社
「駐日米国大使 ジョセフ・グルーの昭和史」太田尚樹著／PHP

「日本の大皇政治」ディビッド・タイタス著／大谷堅志郎訳／サイマル出版会
「日本人に生まれて、まあよかった」平川祐弘著／新潮新書
「日本はなぜ敗れるのか」山本七平著／角川ＯＮＥテーマ21
「北方領土問題」岩下明裕著／中公新書
「平和のための戦争論」植木千可子著／ちくま新書
「保守と大東亜戦争」中島岳志著／集英社新書
「終戦論」ギデオン・ローズ著／千々和泰明監訳／佐藤友紀訳／原書房
「日本の戦争」皿木喜久著／産経新聞社
「戦争の哲学」本郷健著／原書房
「国家と戦争」小林よしのり、福田和也、佐伯啓思、西部邁共著／飛鳥新社
「いま戦争と平和を語る」半藤一利著／井上亮編／日本経済新聞出版社
「昭和・戦争の失敗の本質」半藤一利著／新講社
「日本人は、なぜ同じ失敗を繰り返すのか」半藤一利、江坂彰共著／光文社
「祖國再生」瀬島龍三著／ＰＨＰ文庫
「大東亜戦争の実相」瀬島龍三著／ＰＨＰ研究所
「瀬島龍三回想録 幾山河」瀬島龍三著／産經新聞社
「大東亜戦争の総括」歴史・検討委員会編／展転社
「昭和精神史」桶谷秀昭著／文藝春秋
「戦争と平和」百田尚樹著／新潮新書
「戦後支配の正体」宮崎正弘、渡辺惣樹共著／ビジネス社
「情報・戦略論ノート」岡崎久彦著／ＰＨＰ
「戦争論」クラウゼヴィッツ著／淡徳三郎訳／徳間書房
「歴史認識とは何か」細谷雄一著／新潮選書
「歴史の教訓」岡崎久彦著／ＰＨＰ
「歴史の教訓」アーネスト・メイ著／進藤榮一訳／中央公論社
「歴史と私」伊藤隆著／中公新書
「世界史から考える」高坂正堯著／新潮社
「国際政治」高坂正堯著／中公新書

「歴史をつかむ技法」山本博文著／新潮新書
「歴史という教養」片山杜秀著／河出新書
「歴史の教訓」A・J・トインビー著／松本重治訳／岩波書店
「現代が受けている挑戦」A・J・トインビー著／吉田健一訳／新潮文庫
「歴史の愉しみ方」磯田道史著／中公新書
「歴史の教訓」兼原信克著／新潮新書
「国の死に方」片山杜秀著／新潮新書
「世界史としての日本史」半藤一利、出口治明共著／小学館新書
「あなたの習った日本史は古い」荒木肇著／並木書房
「こうして歴史問題は捏造される」有馬哲夫著／新潮新書
「日本辺境論」内田樹著／新潮新書
「反日種族主義」李栄薫編著
「日本の正論」平川祐弘著／河出書房新社
「最速で見につく世界史」角田陽一郎著／アスコム
「ついに『愛国心』のタブーから解き放される日本人」ケント・ギルバード著／PHP新書
「日本覚醒」ケント・ギルバード著／宝島社
「日本人が知らない集団的自衛権」小川和久著／文春新書
「ハーバードでいちばん人気の国・日本」佐藤智恵著／PHP新書
「天下国家を論ず」奈須田敬著／並木書房
「ざっくばらん」（通巻第178〜334号）／並木書房
「戦争と平和」長谷川慶太郎著／日本実業出版社
「ハーバード日本史教室」佐藤智恵著／中公新書ラクレ
「歴史戦」産経新聞社／産経新聞社
「誰も書かなかった日本の戦争」田原総一朗著／ポプラ社
「強い国家をめざす」中西輝政著PHP
「人間はなぜ戦争をするか」日下公人著／クレスト者
「憲法学の病」篠田英明著／新潮新書
「逆説の軍事論」冨澤暉著／バジリコ

「誇りあれ、日本よ 李登輝・沖縄訪問全記録」日本李登輝友の会編／まどか出版
「君主論」マキャヴェリ著／池田廉訳／中公文書
「戦争にチャンスを与えよ」エドワード・ルトワック著／奥山真司訳／文春新書
「第三の敗戦」堺屋太一著／講談社
「国家と教養」藤原正彦著／新潮新書
「戦後 歴史の真実」前野徹著／扶桑社文庫
「戦争の教科書」松島悠佐著／ゴマブックス
「敗戦は罪なのか―オランダ判事レーリンクの東京裁判日記」三井美奈著／産経新聞出版
「国家の尊厳」先崎彰容著／新潮新書

宗像久男（むなかた　ひさお）
1951年、福島県生まれ。1974年、防衛大学校卒業後、陸上自衛隊入隊。1978年、米国コロラド大学航空宇宙工学修士課程卒。陸上自衛隊の第８高射特科群長、北部方面総監部幕僚副長、第１高射特科団長、陸上幕僚監部防衛部長、第６師団長、陸上幕僚副長、東北方面総監等を経て2009年、陸上自衛隊を退職（陸将）。日本製鋼所顧問を経て、現在、至誠館大学非常勤講師、パソナグループ緊急雇用創出総本部顧問、セーフティネット新規事業開発顧問、ヨコレイ非常勤監査役、公益社団法人自衛隊家族会理事、退職自衛官の再就職を応援する会世話人。

世界の動きとつなげて学ぶ日本国防史

2021年10月15日　印刷
2021年10月20日　発行

著　者　宗像久男
発行者　奈須田若仁
発行所　並木書房
〒170-0002東京都豊島区巣鴨2-4-2-501
電話(03)6903-4366　fax(03)6903-4368
http://www.namiki-shobo.co.jp
印刷製本　モリモト印刷
ISBN978-4-89063-413-2